电网设备金属材料检测技术基础

主　编　骆国防

副主编　何　志　史佩钢

　　　　王朝华　冯　超

上海交通大学出版社

内容提要

全书共 8 章,内容包括电网设备概述、材料学基础、焊接技术、缺陷种类及形成、理化检验、无损检测、腐蚀检测及表面防护、失效分析。

本书着重对专业检测人员所必须具备的基本知识及各种检测技术进行全面而系统的讲解,知识覆盖面广,通俗易懂,实用性强。本书可供从事电网设备金属材料检测的工程技术人员和管理人员学习和培训使用,也适合其他行业从事金属检测工作的相关人员学习参考,还可供大专院校相关专业师生阅读参考。

图书在版编目(CIP)数据

电网设备金属材料检测技术基础/骆国防主编. —上海:上海交通大学出版社,2020

ISBN 978-7-313-23806-1

Ⅰ.①电…　Ⅱ.①骆…　Ⅲ.①电网-电力设备-金属材料-检测
Ⅳ.①TM241

中国版本图书馆 CIP 数据核字(2020)第 177481 号

电网设备金属材料检测技术基础
DIANWANG SHEBEI JINSHU CAILIAO JIANCE JISHU JICHU

主　　编：骆国防
出版发行：上海交通大学出版社　　　　　　　地　　址：上海市番禺路 951 号
邮政编码：200030　　　　　　　　　　　　　电　　话：021-64071208
印　　制：常熟市文化印刷有限公司　　　　　经　　销：全国新华书店
开　　本：710mm×1000mm　1/16　　　　　印　　张：20
字　　数：388 千字
版　　次：2020 年 11 月第 1 版　　　　　　　印　　次：2020 年 11 月第 1 次印刷
书　　号：ISBN 978-7-313-23806-1
定　　价：79.00 元

编 委 会

主　　编

骆国防

副　主　编

何　志　史佩钢　王朝华　冯　超

编写组成员

江　森　荆　迪　缪春辉　张武能　杨庆旭

乔亚霞　徐　帅　邢继宏　郝文魁　林德源

谢　亿　王志惠　虞　飞　任　啸　李　春

前　　言

　　我国电力行业的金属技术监督工作始于 20 世纪 50 年代末,经过六十多年的发展取得了显著的成绩,为电力设备长期稳定、健康运行提供了坚强的技术支撑和保障。近年来,国家电网有限公司从公司层面开展金属材料技术监督工作,检测、发现和解决了相当多的电网设备及材料中出现的问题,引起了公司的高度重视,有力地推动了金属材料检测工作向基层及各级供电公司的有效开展。

　　为了能更好地开展电网设备金属材料专业的检测工作,2019 年我们组织了国网系统内各相关专业的权威专家编写出版了《电网设备金属检测实用技术》(中国电力出版社出版)一书,该书"从理化检测、无损检测、腐蚀检测三大类 14 小类电网设备金属检测'实用技术'的基本知识及原理、检测设备和器材、检测工艺、典型案例等四部分进行了全面而又系统的讲解"。但是,在现场复杂环境及多变工况条件下,对于涉及的检测及结果判断、原因分析、评价、最终建议及后续处理措施等不是仅仅靠某一种检测技术就能在现场解决的,更重要的是依靠具备全面的专业知识背景,能对全过程进行掌控并给出闭环处理措施方案的复合型专业技术人才,而目前相当多的专业技术人员因受限于所学的理论知识和较匮乏的现场工作经验,造成其专业知识、技术体系没有完全有效地融合,应对和解决问题的综合能力有所欠缺。有鉴于此,我们再次组织了国网系统内金属材料专业方面的专家,结合其自身多年来的知识储备、现场工作经验及检测技术的最前沿发展和利用情况,对电网设备金属材料检测中涉及的所有学科、专业、检测技术等进行全面的总结、梳理,对于之前已经在《电网设备金属检测实用技术》书中涉及的内容,此次编写过程中就不再赘述或点到为止,此次编写的侧重点在于全专业、多角度、成体系、综合地介绍电网设备金属监督及金属材料检测所必须具备和掌握的一些专业基础理论及各种检测技术的基本知识。

本书内容按照先基础理论后专业技术的顺序进行由浅入深的编排和撰写。全书共8章,全面而系统地介绍了电网设备概述、材料学基础、焊接技术、缺陷种类及形成、理化检验、无损检测、腐蚀检测及表面防护、失效分析等相关内容。通过本书的学习,从业人员在全面掌握相关基础理论知识及各种专业技术的同时,还能逐步建立起属于自己的专业知识体系,同时提高解决问题的综合能力。

本书由国网上海市电力公司电力科学研究院高级工程师骆国防担任主编并负责全书的统稿和审核,欧菲斯办公伙伴控股有限公司高级工程师何志、上海电力股份有限公司高级工程师史佩钢、国网河南省电力公司电力科学研究院高级工程师王朝华、国网湖南省电力有限公司电力科学研究院高级工程师冯超共同担任副主编。国网安徽省电力有限公司电力科学研究院缪春辉、国网新源华东琅琊山抽水蓄能有限责任公司邢继宏负责第1章编写,冯超、史佩钢负责第2章编写,江苏方天电力技术有限公司杨庆旭负责第3章编写,杨庆旭、骆国防负责第4章编写,缪春辉、冯超负责第5章编写,骆国防、国网河南省电力公司电力科学研究院张武能及王朝华负责第6章编写,冯超、上海漕泾热电有限责任公司荆迪及徐帅负责第7章编写,冯超负责第8章编写。

本书在撰写过程中得到了欧菲斯办公伙伴控股有限公司江淼、秦皇岛市盛通无损检测有限责任公司李春的大力支持,在此对他们表示感谢。本书在编写过程中参考了大量文献及相关标准,在此对其作者表示衷心感谢,同时也感谢上海交通大学出版社和编者所在单位给予的大力支持。

限于时间和作者水平,书中不足之处,敬请各位同行和读者批评指正。

编　者

2020 年 6 月

目　　录

第 1 章　电网设备概述

在电力系统中,电能的生产、输送、分配、使用、调整和保护等需要多种电气设备来实现。电气设备按功能的不同,分为一次设备和二次设备两种类型。

直接用于生产、输送、分配和使用电能的设备称为一次设备,如发电机、开关、输电线路等。一次设备主要包括以下装置。

(1) 生产和转换电能的设备。如变换电压、传输电能的电力变压器,将电能变成机械能的电动机,将机械能转换成电能的发电机等。

(2) 接通和开断电路的开关设备。如用在不同条件下开、闭或切换电路的断路器、熔断器、隔离开关等。

(3) 限制短路电流或过电压的设备。如限制短路电流的电抗器、限制过电压的避雷器等。

(4) 载流导体。如架空输电导线、管母线及电力电缆等。

(5) 接地装置。如避雷针与大地之间连接的接地体和接地线。

对一次设备和系统的运行状况进行测量、控制、保护和监察的设备统称为二次设备。二次设备包括以下装置。

(1) 测量设备。如电压表、电流表、电能表等。

(2) 继电保护和自动装置。如各种继电器等,用于监视一次系统的运行情况,迅速反映异常和事故,其作用于断路器,进行保护控制。

按照设备结构特点,又可将电气设备分为线圈类设备、开关类设备、结构类设备和导线、地线以及电力电缆等。

本章将简要介绍主要电网设备的原理、特点、类型、结构和作用。

1.1　线圈类设备

1.1.1　变压器

电力变压器(见图 1-1)是利用电磁感应的基本原理来改变交流电压的装置。变压器可以将电能转换成高电压低电流形式传输,因此减小了电能在输送过程中的损失,使得电能的经济输送距离增加。

图 1-1 电力变压器

1)变压器的作用

变压器是一种静止的电气设备,它把一种电压等级的交流电能转变为同频率的另一种电压等级的交流电能。当远距离传输大功率电能时,使用升压变压器升高电压,可减小输电电流,降低电能在输电线路上的损耗,节省输电导体材料。电能传输至用户处后,采用降压变压器降低电压等级以满足电力用户的用电电压需求。

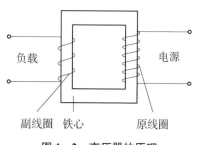

图 1-2 变压器的原理

2)变压器的原理

为方便讨论变压器的原理,以单相双绕组变压器为例,变压器由铁心(或磁芯)和两个线圈组成(见图 1-2),接电源的线圈称为原线圈,接负载的线圈称为副线圈。

在忽略漏磁通、线圈的电阻、铁心的损耗、空载电流(副线圈开路原线圈线中的电流)的条件下,变压器就是理想的变压器。当变压器的原线圈接在交流电源上时,铁心中便产生交变磁通(交变磁通用 ϕ 表示)。副线圈中的 ϕ 与原线圈相同,为

$$\phi = \phi_m \sin \omega t \tag{1-1}$$

式中, ϕ_m 为最大磁通量, ω 为角频率。由法拉第电磁感应定律可知,原、副线圈中的感应电动势 e_1 和 e_2 为

$$e_1 = -N_1 \frac{\mathrm{d}\phi}{\mathrm{d}t} \tag{1-2}$$

$$e_2 = -N_2 \frac{\mathrm{d}\phi}{\mathrm{d}t} \tag{1-3}$$

式中，N_1、N_2 为原、副线圈的匝数。可知原、副线圈电压 U_1 和 U_2 为

$$U_1 = -e_1 \tag{1-4}$$

$$U_2 = e_2 \tag{1-5}$$

由上式可得

$$\frac{U_1}{U_2} = -\frac{N_1}{N_2} = -k \tag{1-6}$$

即变压器原、副线圈电压有效值之比等于其匝数比，且原、副线圈电压的位相差为 π。其中 k 为变压器的变比。

在空载电流可以忽略的情况下，有

$$\frac{I_1}{I_2} = -\frac{N_2}{N_1} \tag{1-7}$$

即原、副线圈电流有效值大小与其匝数成反比，且相位差为 π。

理想变压器原、副线圈的功率相等，本身无功率损耗。而实际变压器总存在损耗，变压器效率为

$$\eta = \frac{P_2}{P_1} \tag{1-8}$$

式中，P_1 和 P_2 分别为输入和输出功率，实际使用的电力变压器的效率很高，可达 90% 以上。

3) 变压器的分类

变压器按用途可分为电力变压器和特殊变压器。其中，电力变压器用于电网升压和降压用，特殊变压器包括电炉变压器、整流变压器、工频试验变压器、调压器、矿用变压器、中频变压器、高频变压器、仪用变压器、电抗器等。电磁互感器属于电力系统常用的特殊变压器。

按冷却方式可分为干式变压器和油浸变压器。其中干式变压器依靠空气对流进行自然冷却或利用风机进行冷却，多用于小容量变压器。油浸式变压器利用变压器油作为冷却介质和绝缘介质，有油浸自冷、油浸风冷、油浸水冷、强迫油循环冷却变压器等。

按相数可分为单相变压器和三相变压器。单相变压器用于单相负荷和三相变压器组。三相变压器用于三相系统的升、降电压。

4）变压器的基本结构

电力系统中广泛使用的油浸式电力变压器，其基本部件由铁心、绕组、油箱、冷却装置、绝缘套管和保护装置等组成（见图1-3）。铁心和绕组是变压器实现电能传递的主体，称为器身。

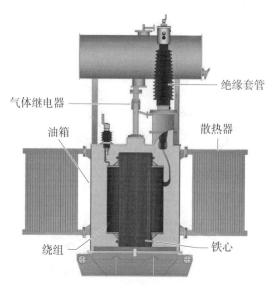

图1-3　电力变压器的部件

（1）铁心。铁心既是变压器的主要磁路，又是它的支撑结构（见图1-4），变压器的一、二次绕组都套在铁心上，为提高磁路磁导率和降低铁心内涡流损耗，铁心通常用表面绝缘的薄硅钢片叠制而成，高电压等级的变压器铁心一般采用取向硅钢片，其

图1-4　变压器铁心

具有更低的铁损。铁心分铁心柱和铁轭两部分,铁心柱上套绕组,铁轭将铁心连接起来,使之形成闭合磁路。为防止运行中变压器铁心、夹件、压圈等金属部件感应悬浮电位过高而造成放电,这些部件需单点接地。为了方便试验和故障查找,大型变压器一般将铁心和夹件分别通过两个套管引出接地。

(2)绕组。绕组是变压器电路部分,一般用绝缘铜线绕制而成,小容量变压器绕组采用漆包铜线,中大容量变压器采用纸包或纱包铜线绕制。根据高低压绕组在铁心柱上的排列方式不同,变压器的绕组可分为同心式和交叠式两种。同心式高低压绕组,一般低压绕组在内,高压绕组在外同心地套在铁心柱上,中间用绝缘纸套筒隔开。交叠式的高低压绕组交替地套在铁心柱上,这种绕组都做成饼式,高低压绕组之间间隙较多,绝缘复杂,但这种绕组漏电抗小,引线方便,机械强度好,结构稳定,多用于电炉、电焊机等特种变压器中。

(3)油箱和冷却装置。油浸式变压器的器身浸泡在充满变压器油的油箱内,变压器油既是绝缘介质,又是冷却介质,通过受热后的对流或强制流动,将铁心和绕组的热量传导、输送至箱体和冷却装置,再传导到空气中。

油箱的结构与变压器的容量、发热情况密切相关,变压器容量越大,产生热量越多,散热问题就越需要慎重考虑。50 kVA 以下变压器一般采用平板式油箱,50 kVA 及以上变压器一般采用排管式油箱,在油箱侧壁上焊接若干散热用的管子,以增大油箱散热面积。1 000 kVA 及 1 000 kVA 以上的变压器排管已不能满足散热需要,需采用散热器式油箱,8 000 kVA 以上的变压器一般采用风冷冷却,即在变压器的散热器上安装风扇,以加强散热效果。此外,大型电力变压器还采用油泵强迫油循环冷却等方式来增强冷却效果。强迫冷却的装置一般称为冷却器,非强制冷却的装置称为散热器。

(4)绝缘套管。绝缘套管是油浸式变压器箱外的主要绝缘装置(见图 1 - 5),变压器绕组的引出线必须穿过绝缘套管与外部其他设备或线路相连,绝缘套管起到变压器外壳与引出线绝缘的作用,同时固定引出线。套管的结构形式主要取决于电压等级,1 kV 及以下一般采用纯陶瓷套管,10~35 kV 通常采用空心充气或充油套管,110 kV 及以上大多采用电容式套管。为增加表面放电距离,高压绝缘套管外部做成多级伞形。

图 1 - 5　绝缘套管

（5）分接开关。电力电压器一般在高压侧绕组中引出分接头与分接开关相连，变压器的分接开关用来改变高压绕组的匝数，调整电压比，调节变压器的输出电压。中小型变压器一般有三个分接头，大型电力变压器则采用多个分接头。分接开关的操作部分一般装在变压器的端部，操作经传动杆传导至分接开关的油室内。

分接开关有两种，一种是无载分接开关，另一种是有载分接开关（见图 1－6），无载分接开关必须在切断电源后进行调压操作，因此无载分接开关又称无励磁分接开关。有载分接开关可以在不停电的情况下进行调压操作。

图 1－6　有载分接开关（箭头所指部件）

典型变压器还具有各类保护装置，如储油柜（油枕）、吸湿器、压力释放阀、净油器、气体继电器、油流继电器、油位计及测温元件等，以上各部件保障了电力变压器的安全稳定运行。

1.1.2　电磁式互感器

电磁式互感器（简称"互感器"）是将电网高电压、大电流的电气参数转换成低电压、小电流的特殊变压器，常用于计量、测量仪表及继电保护、自动装置等，是一次系统和二次系统的联络元件，其一次绕组接入电网，二次绕组分别与测量仪表、保护装置等互相连接。互感器与测量仪表和计量装置配合，可以测量一次系统的电压、电流和其他电气参数；与继电保护和自动装置配合，可以构成对电网各种故障的电气保护

图 1-7　六氟化硫电流互感器(左一、左二)和电压互感器(右一)

和自动控制系统(见图 1-7)。

1)互感器的作用

互感器通过将高电压变成低电压、大电流变成小电流,在电力系统中有如下作用。

(1)远方监控。由于二次设备可用低电压、小电流的控制电缆来连接,因此二次设备布线相对简单、安装较为方便,便于集中管理,可以实现对一次系统的远程控制和电气参数测量。

(2)二次接线方便。因为二次回路不受一次回路的限制,可采用星形、三角形或 V 形接线,因而接线灵活方便。同时,对二次设备进行维护、更换以及调整试验时,无需中断一次系统的运行,仅需适当地改变二次线路即可实现。

(3)隔离作用。使一次设备和二次设备实现电气隔离。一方面使二次设备和工作人员与高电压部分隔离,加上互感器二次侧一般还要接地,保证了设备安全和操作人员的人身安全。另一方面二次设备如果出现故障也不会影响到一次侧,提高了一次系统和二次系统的安全性和可靠性。

2)互感器的工作原理

电磁式互感器是一种特殊变压器,其原理与变压器相同,如图 1-8 所示,电流互感器利用变压器缩小电流的原理制造,电压互感器利用变压器缩小电压的原理制造。电磁式电流互感器一次绕组 N_1 串联在电力线路中,匝数较少,二次绕组 N_2 匝数较多;而电磁式电压互感器则是一次绕组并联在电力线路中,匝数较多,而二次绕组与测量仪表或继电器电压线圈并联,匝数较少。

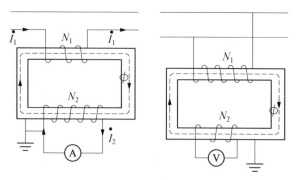

图 1‑8 电流互感器和电压互感器原理

为了使用方便和节约材料,10 kV 及其以上的电流互感器常用多个没有磁联系的独立铁心和二次绕组组成一台有多个二次绕组的电流互感器。这样,一台互感器可同时做测量和保护用。通常 10～35 kV 的电流互感器有两个二次绕组,63～110 kV 的有 3～5 个二次绕组,220 kV 及其以上的有 4～7 个二次绕组。电压互感器也会有几个二次绕组的情况。

相对于二次侧的负荷来说,电压互感器的一次内阻抗较小甚至可以忽略,可以认为电压互感器是一个电压源。而电流互感器的一次内阻很大,可以认为是一个内阻无穷大的电流源。电压互感器正常工作时的磁通密度接近饱和值,故障时磁通密度下降。电流互感器正常工作时磁通密度很低,而短路时由于一次侧短路电流变得很大,使磁通密度大大增加,有时甚至远远超过饱和值。因此,电流互感器二次侧可以短路,但不能开路;电磁式电压互感器二次侧可以开路,但不能短路。

3)互感器的分类

互感器分为电压互感器和电流互感器两大类。电压互感器可在高压和超高压的电力系统中用于电压和功率的测量等,电流互感器可用于交换电流的测量、交换电度的测量等。

互感器按用途可分为测量用互感器以及保护用互感器,按绝缘介质可分干式互感器、浇注绝缘互感器、油浸式互感器和气体绝缘互感器等。

通常专供测量用的低电压互感器是干式,高压或超高压密封式气体绝缘(如六氟化硫)互感器也属于干式。浇注式互感器一般适用于 35 kV 及以下的电压互感器,35 kV 以上的互感器通常为油浸式。

由电压互感器和电流互感器组合并形成一体的互感器称为组合式互感器,也有把与组合电器配套生产的互感器称为组合式互感器。

除电磁式互感器外,电网中大量应用的还有电子式互感器。

4）互感器的典型结构

电压互感器、普通电流互感器的基本结构与变压器很相似,都有两个绕组,一次绕组和二次绕组。两个绕组绕在铁心上。两个绕组之间以及绕组与铁心之间都有绝缘,使两个绕组之间以及绕组与铁心之间都有电气隔离。穿心式电流互感器无一次绕组,依靠高压导线直接励磁,二次绕组缠绕在圆形(或其他形状)铁心上。此外,互感器部件还有构架、壳体、接线端子等。

1.1.3　电抗器

电抗器也称为电感器(见图 1-9),当导体通电时会在周围空间产生感应磁场,所以所有能载流的电导体都有一般意义上的感性。然而通电长直导体的电感非常小,所产生的磁场不强,因此实际的电抗器采用导线绕成螺线管形式,称空心电抗器;有时为了让螺线管具有更大的电感,在螺线管中插入铁心,称为铁心电抗器。电抗分为感抗和容抗,比较科学的名称是感抗器(电感器)和容抗器(电容器),然而由于先有了电感器,并且约定俗成地称为电抗器,所以现在所说的电容器就是容抗器,而电抗器专指电感器。

图 1-9　电抗器

1）电抗器的分类

电抗器按结构及冷却介质可分为空心式、铁心式、干式、油浸式等,例如干式空心电抗器、干式铁心电抗器、油浸铁心电抗器、油浸空心电抗器、夹持式干式空心电抗器、绕包式干式空心电抗器等。按接法分为并联电抗器和串联电抗器,串联电抗器通常起限流作用,并联电抗器经常用于无功补偿。

按具体用途细分,电抗器可分为限流电抗器、滤波电抗器、平波电抗器、功率因数补偿电抗器、串联电抗器、平衡电抗器、电抗器接地电抗器、消弧线圈、进线电抗器、出线电抗器、饱和电抗器、自饱和电抗器、可变电抗器(可调电抗器、可控电抗器)、轭流电抗器、串联谐振电抗器、并联谐振电抗器等。

2）电抗器的作用

在电路中电抗器是用于限流、稳流、无功补偿及移相等的一种电感元件。电力系统中,电抗器按功能的不同可分为以下两种。

一是限制系统的短路电流,这类电抗器通常装在出线端或母线间,可确保短路故障时故障电流不致过大,并能使母线电压维持在一定的水平。用于限制短路电流的电抗器称为限流电抗器或串联电抗器。

二是补偿系统的电容电流,这类电抗器多在 330 kV 及其以上的超高压输电系统中应用，补偿输电线路的电容电流，防止线路端电压的升高，从而使线路的传输能力和输电线的效率都能提高，并使系统的内部过电压降低。用于补偿电容电流的电抗器称为补偿电抗器或并联电抗器。另外在并联电容器的回路中通常串联电抗器，它的作用是降低电容器投切过程中的涌流倍数和抑制电容器支路的高次谐波，同时还可以降低操作过电压，在某些情况下，还能限制故障电流。

1.2 开关类设备

1.2.1 隔离开关

隔离开关（见图 1-10）主要用于隔离电源、倒闸操作、连通和切断小电流电路，无灭弧功能。隔离开关在断开位置时，触头间有符合规定要求的绝缘距离和明显的断开标志；其在关合位置时，能承载正常回路条件下的电流以及承载在规定时间内异常条件下的电流。

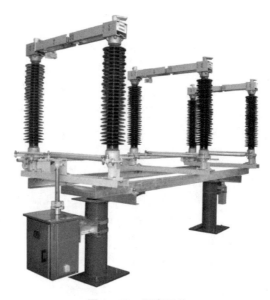

图 1-10 隔离开关

1）隔离开关的作用

隔离开关因为没有专门的灭弧装置，所以只能在断开前或关合过程中电路无电流或接近无电流的情况下断开和关合电路，而不能接通或断开正常的负荷电流。隔离开关的主要作用有三方面。

（1）隔离作用。将需要检修的电力设备与带电的电网隔离，以保证检修人员的安全。

（2）换接作用。换接线路或母线，将负荷从一条母线转移到另一母线上，必须注意的是，隔离开关的换接操作必须在等电位情况下方能进行，采取先合后拉的顺序操作。

（3）关合与断开作用。由于隔离开关没有灭弧装置，所以只能用它关合和断开小电流回路的电流。如分、合避雷器、电压互感器和空载母线等。

2）隔离开关的类型

按安装方式的不同隔离开关可分为户外隔离开关与户内高压隔离开关。户外隔离开关能承受风、雨、雪、污秽、凝露、冰及霜等的作用，适于安装在露天使用。按绝缘支柱结构的不同隔离开关可分为单柱式隔离开关、双柱式隔离开关、三柱式隔离开关。

3）隔离开关的结构

隔离开关结构包括绝缘部分、导电部分和操动部分。

隔离开关的绝缘主要有两个方面，一是对地绝缘，二是断口绝缘。对地绝缘一般是由支柱绝缘子构成，通常采用瓷质绝缘子，也有采用环氧树脂作为绝缘材料。断口绝缘是指具有明显可见的间隙断口的绝缘，通常以空气为绝缘介质。隔离开关断开后，断口间的击穿电压必须大于相对地之间的击穿电压，这样当电路中发生危险的过电压时，首先是相对地发生放电，从而避免触头间的断口先被击穿，保证检修人员安全。

隔离开关的导电部分通过支柱绝缘子固定在底座上，用于关合和断开电路，由可转动的导电杆以及动触头、固定在底座上的静触头和用来连接母线或设备的接线端子等组成。对电压等级较高的隔离开关，由于对地距离较远，为了便于母线和电气设备的检修，隔离开关还带有接地刀闸（地刀），用其来代替接地线，而且还要在两者之间装设机械闭锁装置，以保证操作顺序的正确性。

隔离开关的操动机构通过传动装置控制刀闸的分、合。传动机构接受操动机构的操作力，通过拐臂、连杆等传递给触头实现分合闸。可根据运行需要，采取三相联动或分相操动方式。

1.2.2 断路器

高压断路器（见图 1-11）指额定电压在 3 kV 及以上能关合、承载和断开运行回路，正常负荷电流，且能在规定时间内关合、承载和断开规定的过载电流和短路电流的开关设备。

1）断路器的功能

（1）导电功能。在正常的闭合状态时断路器应为良导体，不仅对正常负荷的电

图 1-11 高压断路器

流,而且对规定短路电流都能承受其发热和电动力作用,保持可靠接通状态。

(2)绝缘功能。相与相间、相对地间及断口间具有良好的绝缘性能,能长期耐受最高工作电压,短时耐受操作过电压。

(3)断开功能。闭合状态任何时刻,能在不发生危险过电压条件下,保证在尽可能短的时间内安全断开规定的短路电流。

(4)关合功能。在开断状态,应能在断路器触头不发生熔焊条件下,在短时间内安全地接通规定的电流。

2)断路器的作用

(1)控制作用。根据需要将部分线路或电器投入或退出运行,改变电网的运行方式或者将部分设备恢复或停止供电。

(2)保护作用。当电网中部分电气设备或线路发生故障时,断路器能在继电保护的配合下,快速将故障排除。

3)断路器的类型

断路器根据安装地点分为户内式和户外式;根据灭弧介质分为油断路器、压缩空气断路器、SF_6 断路器、真空断路器;根据用油量的多少,可分为多油式和少油式两种。

(1)真空断路器,利用真空(气压小于 133.3×10^{-4} Pa)的高介电强度来灭弧的断路器。真空断路器的优点是可以频繁操作、维护工作量小、体积小等。在电压等级较低($3 \sim 35$ kV)、要求频繁操作、户内装设的场合,真空断路器将是今后一个时期的主流产品。

（2）SF_6 断路器，其采用具有优良灭弧性能和绝缘性能的六氟化硫（SF_6）气体作为灭弧介质。这种断路器具有断开能力强、全断开时间短、体积小、运行维护量小等优点，但其结构复杂，价格较贵。泄漏出的 SF_6 气体与空气作用会生成有毒的低氟化合物，给人类带来危害，但随着 SF_6 回收技术的发展，SF_6 断路器的缺点正在克服，对于 110 kV 以上的高压系统，SF_6 断路器是主要发展方向之一。

4）断路器的结构

断路器主要由灭弧室、操动机构、套管等部件组成，另外根据工程需要，还可配置电流互感器、并联电容器、合闸电阻等元件。当前普遍在运的断路器主要使用自能式灭弧室、弹簧操动机构。

（1）自能式灭弧室。其由加热室和压气室以及静弧触头、绝缘喷嘴、静主触头、管状动弧触头、动主触头、活塞以及压力释放阀等组成（见图 1-12）。断开短路电流时，利用短路电流电弧自身的能量加热 SF_6 气体，在加热室建立高气压，形成气流，熄灭电弧。断开小电流时，电弧自身能量小，不足以加热 SF_6 气体，建立灭弧所需要的气压需依靠活塞压气，在压气室形成助吹气压来熄灭电弧，不易产生截流过电压。自能式灭弧室得益于较小的操作力（为压气式的 50%～20%），可采用结构简单的弹簧操作机构；机械部件受力较小，不易损坏，断路器的使用寿命长，可靠性高。

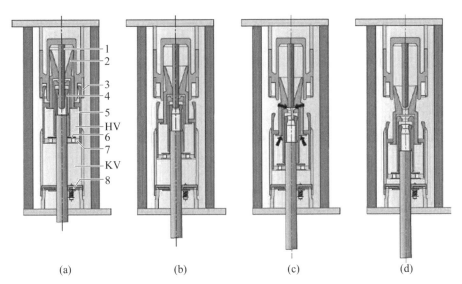

HV—加热室；KV—压气室；1—静弧触头；2—绝缘喷嘴；3—静主触头；4—管状动弧触头；5—动主触头；6—逆止阀板；7—活塞；8—压力释放阀。

图 1-12　断路器灭弧室组成及分合闸过程中各部件位置

（a）合闸位置；（b）主触头分离；（c）弧触头分离；（d）分闸位置

（2）操动机构。提供分、合闸操作的能量，一般采用弹簧储能，通过传动机构将分合闸动作传递给动触头（见图 1 - 13）。

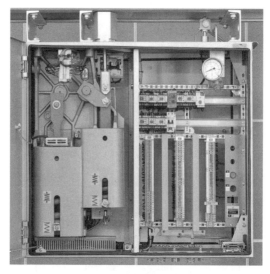

图 1 - 13　弹簧操动机构

1.2.3　气体绝缘全封闭组合电器

气体绝缘全封闭组合电器简称 GIS，由断路器、隔离开关、接地开关、互感器、避雷器、母线、连接件和出线终端等组成，这些设备或部件全部封闭在接地的金属外壳中，在其内部充有一定压力的 SF_6 绝缘气体，故也称 SF_6 全封闭组合电器（见图 1 - 14）。

图 1 - 14　气体绝缘全封闭组合电器

1) GIS 设备的主要特点

(1) 小型化。因采用绝缘性能良好的 SF_6 气体做绝缘和灭弧介质,所以能大幅度缩小变电站的面积,为室内变电站提供了可能。

(2) 可靠性高。由于带电部分密封于惰性 SF_6 气体中不与外部接触,不受外部环境的影响,不会发生锈蚀等故障,提高了可靠性。此外由于所有元件组合成为一个整体,安装在钢筋混凝土基础上,具有优良的抗地震性能。

(3) 安全性好。带电部分密封于接地的金属壳体内,检修人员没有触电危险。而 SF_6 气体为不燃烧气体,所以无火灾危险。

(4) 抗干扰能力强。带电部分以金属壳体封闭,对电磁和静电实现屏蔽,抗无线电干扰能力强。

(5) 安装周期短。由于实现小型化,可在工厂内进行整体装配和试验合格后,以单元或间隔的形式运达现场,可缩短现场安装工期,同时具备高可靠性。

(6) 维护方便,检修周期长。因其结构布局合理,灭弧系统先进,大大提高了使用寿命,因此 GIS 设备的检修周期相对较长,设备维护工作量小,且由于小型化,离地面低,日常检修维护方便。

2) GIS 设备的结构

GIS 设备的典型结构如图 1 - 15 所示。

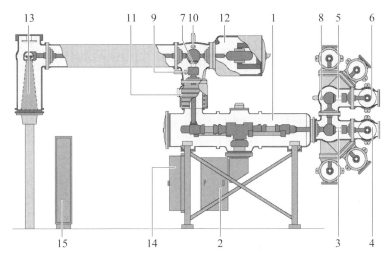

1—断路器;2—弹簧机构;3 和 5—母线隔离开关;4 和 6—母线;7—出线侧;8—检修接地开关;9—接地开关;10—快速接地开关;11—电流互感器;12—电压互感器;13—电缆连接模块;14—断路器控制柜;15—就地控制柜。

图 1 - 15　GIS 设备的典型结构图

（1）断路器。断路器组件由灭弧室和操动机构组成，如图 1-15 中部件 1 和部件 14 所示。根据需要将部分线路或电器投入或退出运行，改变电网的运行方式或者将部分设备恢复或停止供电。

（2）接地开关和隔离开关。接地开关可以配手动或电动弹簧机构，主要用于检修时接地使用。接地开关可用作一次接引线端子，可在不需要放掉 SF_6 气体的条件下用于检查电流互感器的变比和测量电阻等。

隔离开关可以配手动或电动弹簧机构，主要用于无负载电流时分合回路。

（3）避雷器。避雷器一般为氧化锌型封闭式结构，采用 SF_6 绝缘，有垂直或水平接口，主要由罐体盆式绝缘子安装底座及芯体等部分组成，其中芯体是由氧化锌电阻片作为主要元件，具有良好的伏安特性和较大的通容量。

（4）气隔。GIS 设备的每一个间隔用不通气的盆式绝缘子（气隔绝缘子）划分为若干个独立的 SF_6 气室，即气隔单元。各独立气室在电路上彼此相通，在气路上则相互隔离。设置气隔具有以下优点。

① 可以将不同 SF_6 气体压力的各电器元件分隔开。

② 特殊要求的元件（如避雷器等）可以单独设立一个气隔。

③ 在检修时可以减少停电范围，减小检修工作量。

④ 可以减少检查时 SF_6 气体的回收和充放气工作。

⑤ 有利于安装和扩建工作安排。

每一个气隔单元有一套元件，即 SF_6 密度计、自封接头、SF_6 配管等。其中，SF_6 密度计带有 SF_6 压力表及报警接点。除可在密度计上直接读出所连接气室的 SF_6 压力外，还可通过引线将报警触点接入就地控制柜。当气室内 SF_6 气压降低时，可通过控制柜上光字牌指示灯及综自系统报文发出"SF_6 压力降低"的报警信号，如压力降至闭锁值以下，则发出闭锁信号，同时切断断路器控制回路，将断路器闭锁。

1.3 结构类设备

1.3.1 输电铁塔

输电线路铁塔是输电用的塔状建筑物。其结构特点是各种塔形都是空间桁架结构，杆件主要由角钢或钢管组成，材料一般使用 Q235A、Q345A 等，也有部分铁塔采用低合金高强度结构钢，钢管塔一般应用于高电压等级的输电线路。铁塔杆件间采用螺栓连接，角钢塔由角钢、联接钢板（联板）和螺栓组成，钢管塔由钢管、联板和螺栓组成，个别部件如塔脚等由几块钢板焊接成一个组合件，因此输电铁塔的热镀锌防腐、运输和施工架设都很方便。铁塔一般在其中一根主材上设置脚钉或爬梯，以方便施工作业人员登塔作业。

1）铁塔分类

铁塔按照原材料可分为角钢塔和钢管塔，而按其在输电线路中的用途和功能可分为直线、耐张、转角、终端、换位、跨越6种类别的杆塔。

直线杆塔是指用于支承导线和架空地线的杆塔。其导线和架空地线在直线杆塔处不断开，采用悬垂线夹和绝缘子悬挂于塔头或横担上。

耐张杆塔是指承受张力的杆塔。其导线和架空地线在耐张杆塔处断开，两基耐张塔之间的线路称为耐张段，导地线采用耐张线夹和绝缘子串固定在耐张杆塔上，耐张塔的作用是减小线路连续档的长度，便于线路施工和维修。当发生倒塔事故时，耐张杆塔可减小串倒的范围。

转角杆塔是指使线路改变走向形成转弯的杆塔。其导线和架空地线是断开的，称为耐张转角杆塔；导线和架空地线不断开的，称为悬垂转角杆塔。

终端杆塔是指线路起始或终止的杆塔。其终端杆塔一般位于发电厂或变电站的门形构架（龙门架）后，线路一侧的导线和架空地线张拉于终端杆塔上，而另一侧以很小的张力与门形构架相连。

换位杆塔是指用来改变线路中三相导线排列位置的杆塔。其导线在换位杆塔上不断开时称为直线换位杆塔，导线断开的称为耐张换位杆塔。

跨越杆塔是指用来支承导线和架空地线跨越江河以及高速公路和铁路等障碍的杆塔。为满足净空高度要求，跨越杆塔一般都比较高。其导线及架空地线不直接张拉于杆塔上时称为直线跨越杆塔，直接张拉于杆塔上时称为耐张跨越杆塔。为减小杆塔承载，节省材料，降低工程造价，一般多采用直线跨越杆塔，在两基直线跨越杆塔前后分别设锚塔，锚塔高度较低，属于耐张杆塔。

2）铁塔的形式

铁塔按其不同的外观形状可分为酒杯形、猫头形、干字形、上字形、单柱形、门形、悬链形等，图1-16所示分别为酒杯形铁塔和干字形铁塔。

（1）酒杯形铁塔。其三相导线水平方式布置，塔的整体轮廓像酒杯的铁塔，塔上架设两根架空地线。它是220 kV及其以上电压等级输电线路的常用塔形，由于其三相横向排列，且地线提供的防护范围广，特别适用于重冰区或多雷区。

（2）猫头形铁塔。它与酒杯形塔在结构上比较相似，塔上架设两根架空地线，与酒杯形塔不同的是其导线呈等腰三角形布置，塔形呈猫头状，它也是220 kV及以上电压等级输电线路的常用塔形。

（3）干字形铁塔。塔最上方架设两根架空地线，导线按上下排列，其形状如"干"字。该塔形结构简洁，适用于多回路的线路，有较好的经济性，是220 kV及500 kV电压等级输电线路的常规塔形，广泛应用于直线、跨越、耐张及转角塔。

图 1-16 酒杯形铁塔(左)和干字形铁塔(右)

(4)上字形铁塔。杆塔上只架设一根架空地线,导线呈不对称布置,下层导线横担的以上部位呈"上"字形。它适用于轻雷及轻冰地区导线截面较小的输电线路,常用于 35 kV 及以下电压等级的配网输电线路。

(5)单柱形铁塔。它是采用单个柱体来支持导线及架空地线的杆塔,常用于单根架空地线及导线呈三角形排列的情况,如图 1-17 所示。其适用于 110 kV 及其以下电压等级的电力线路,常配合拉线维持其稳定,具有较好的经济性(占地面积小、造价低廉)。在城郊的 220 kV 及其以下电压的线路中,考虑到占地较少、外形美观、环境协调以及施工和维护简便,广泛采用断面为等多边形的单柱钢管杆,该杆型由每节长 8～12m 的数节杆段组成,杆段之间一般采用法兰盘连接,也有一些采用插入连接,整体采用镀锌防腐。在城市及城郊的钢管杆塔的线路中,对于受力较大的转角杆,也有采用双柱钢管的杆形。

(6)门形铁塔。也叫拉门塔,用两个柱体来支撑导线及架空地线的杆塔,常用于双架空地线及导线呈水平排列的情况,如图 1-17 所示。一般用于 220 kV 及其以上电压等级的输电线路,需采用拉线来固定杆塔,柱体带一定倾斜度,提升结构稳定性。这种杆塔适用范围比较大,相比导地线排列相似的酒杯形铁塔,门形杆塔因基础占地少、塔材使用少而具有很好的经济性。

(7)拉线 V 形铁塔。V 形塔是门形杆塔的特例,简称拉 V 塔,常用于 500 kV 的输电线路,在 220 kV 输电线路中也有少量使用,拉 V 形塔基础规模小,具有施工方便、耗钢量低于其他拉线门形塔等优点。但它加上拉线后总体占地面积较大,在河网及大面积机耕地区使用受到限制。因其便于利用直升机吊运和安装,这种塔形在国外还用于人烟稀少的地域。

图 1-17 单柱形塔(钢管杆)和门形塔

(8)悬链铁塔。其属于拉线塔的一种,这种塔形取消了传统形式的钢制横担,采用钢索和绝缘子串悬挂导线,将三相导线布置在两根钢柱中间,钢柱以拉线固定,悬链固定在两杆之间。这种结构改善了塔头电气间隙,适用于 500 kV 及其以上的超高压和特高压输电线路,它比常规塔形节省钢材,但占地大,同时为了导线的稳定,绝缘子宜采用"V"形串,因此绝缘子用量多,运行维护比较复杂。

3)铁塔结构

铁塔主要由塔头、塔身和塔腿三大部分组成,如果是拉线铁塔还含拉线部分。

塔头:从塔腿往上塔架截面变化(出现折线)以上部分为塔头,如果没有截面突变,那么下横担以上部分为塔头。

塔身:塔腿和塔头之间的部分称为塔身。

塔腿:基础上面的第一段塔架称为塔腿。

拉线:拉线可用来平衡杆塔的横向荷载和导线张力,减少杆塔根部弯矩。

1.3.2 紧固件

紧固件是用作紧固连接且应用极为广泛的一类机械零件(见图 1-18)。在铁塔、金具以及各类设备的内部和操作机构上面,都可以看到各式各样的紧固件。其特点是品种规格繁多,性能用途各异,而且标准化、系列化、通用化的程度极高。因此,通常把已有国家标准的一类紧固件称为标准紧固件,或简称为标准件。

紧固件主要用来紧固两个或两个以上零件(或构件),使之连接成为一件整体,其通常包括以下零件。

(1)螺栓。由螺帽和螺杆(带有外螺纹的圆柱体)两部分组成的一类紧固件。需

图 1-18 紧固件

与螺母配合而用于紧固连接两个带有通孔的零件,这种连接形式称螺栓连接。如把螺母从螺栓上旋下,就可以使这两个零件分开,这种连接属于可拆卸连接。

(2)螺柱。无头部,仅两端均外带螺纹的紧固件。连接时,它的一端必须旋入带有螺孔的零件中,另一端穿过带有通孔的零件,然后旋上螺母,使得这两个零件紧固连接成一件整体。这种连接形式称为螺柱连接,也是属于可拆卸连接。主要用于被连接零件之一厚度较大、要求结构紧凑,或因拆卸频繁,不宜采用螺栓连接的场合。

(3)螺钉。有时也称为螺丝,是由螺帽和螺杆两部分构成的一类紧固件,但通常不与螺母配合。螺钉的种类较多,按螺帽上开口类型分为十字螺钉、内六角螺钉等;按使用方式不同可分为自攻螺钉、普通螺钉等。螺钉连接也属于可拆卸连接。一些特殊用途的螺钉称为特殊用途螺钉,如供吊装用的吊环螺钉。

(4)螺母。带有内螺纹孔,一般形状为扁六角柱形,也有呈扁方柱形或扁圆柱形,配合螺栓、螺柱使用,用于紧固连接两个零件,使之成为一个整体。

(5)垫圈。形状呈扁圆环形的一类紧固件。置于螺栓、螺钉或螺母的支撑面与连接零件表面之间,起着增大被连接零件接触表面积,降低单位面积压力和保护被连接零件表面不被损坏的作用。另一类弹性垫圈,起着阻止螺母回松的作用。

(6)销。主要起零件的定位作用,有的也可供零件连接、固定零件、传递动力或锁定紧固件之用。输电线路的悬垂线夹常需配销子,防止松脱。

(7)铆钉。由头部和钉杆两部分构成的一类紧固件,用于紧固连接两个带孔的零件(或构件),使之成为一个整体。这种连接形式称为铆钉连接,简称铆接,属于不可拆卸链接。如果需要把铆接在一起的两个零件分开,则须破坏零件上的铆钉。变电设备的各种户外箱体常采用铆接。

(8)组合件。组合件是组合供应的一类紧固件,如将某种螺栓、自攻螺钉与平垫圈(或弹簧垫圈、锁紧垫圈)组合供应。

(9) 焊钉。由钉杆和钉头(或无钉头)构成的紧固件,用焊接方法把它固定连接在一个零件(或构件)上,再与其他零件进行连接或焊接。

1.3.3　电力金具

电力金具是连接和组合电力系统中的各类装置并起到传递机械负荷、电气负荷及防护作用的金属(或非金属)附件。

电力金具应用广泛,多由钢、铁、铜或铝制成。金具种类繁多,用途各异,大部分金具在运行中需要承受较大的作用力,有的还要同时保证接触良好以提供通流,它关系着输变电的安全,有时即使一只损坏,也可能造成重大故障。因此,金具的质量、金具的正确使用和安装,对电网的安全有重要影响。

电力金具按用途可分为线路金具和变电金具;按主要性能和用途,大致可分为以下几类。

(1) 悬吊金具,又称支持金具或悬垂线夹(见图 1- 19)。其主要用来悬挂导线或地线于绝缘子串上,多用于直线杆塔。跳线悬挂于绝缘子串上也会使用悬垂线夹。

(2) 锚固金具,又称紧固金具。螺栓耐张线夹是其中典型的一种(见图 1-20),主要用来紧固导线的终端,使其固定在绝缘子串上,也用于架空地线终端的固定及杆塔拉

图 1-19　悬垂线夹

线的锚固。锚固金具承担导线、架空地线的全部张力,部分锚固金具兼作导电用。此类金具对于架空输电线路至关重要,需对其自身质量和施工质量高度关注。

(3) 连接金具,又称挂线零件。如图 1-21 所示的球头挂环,用于绝缘子连接成串或金具与金具、金具与铁塔的连接。连接金具主要承受机械载荷,易发生疲劳断裂,通常应做调质热处理,以达到良好的综合性能。

图 1-20　螺栓耐张线夹

图 1-21　球头挂环

（4）接续金具。接续金具专用于接续各种裸导线、地线（见图1－22）。接续管承担与导线相同的电气负荷，大部分接续金具承担导线或地线的全部张力，与锚固金具一样具有很高的重要性。

图1－22　接续管

（5）防护金具。防护金具用于保护导线、绝缘子等，如保护绝缘子用的均压环、防止导线振动用的防振锤（见图1－23）、防止导线磨损的护线条等。

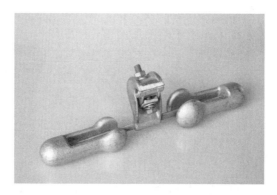

图1－23　防振锤

（6）接触金具。接触金具用于硬母线、软母线与电气设备的出线端子相连接，导线的"T"接及不承力的并线连接等。由于这些连接处是电气接触，因此，要求接触金具有较高的导电性能和接触稳定性，如图1－24所示为铜铝过渡设备线夹。

图1－24　铜铝过渡设备线夹

1.4　导线、地线以及电力电缆

1.4.1　架空绞线

架空绞线是用于架空输电线路,起传导电流或屏蔽防护作用的绞线,如图 1-25 所示。

图 1-25　架空绞线

导线承担传导电流的功能,必须具有足够的截面以保持合理的通流密度。导线都处在高电位,为了减小电晕放电引起的电能损耗和电磁干扰,导线还应具有较大的曲率半径。超高压输电线路,由于输送容量大、工作电压高,多采用分裂导线(即用多根导线组成一相导线,使用最多的是 2 分裂、3 分裂或 4 分裂导线,特高压输电线路则常采用 6、8、10 或 12 分裂导线)。架空地线主要用于防止架空线路遭受雷电袭击引起事故,它与接地装置共同起到防雷的作用。

架空绞线分为架空导线和架空地线,架空导线一般有钢芯铝绞线、铝合金绞线、钢芯铝合金绞线、防腐型钢芯铝绞线以及一些新型导线,其中,碳纤维芯铝绞线是使用较为广泛的一种新型导线。架空地线一般为镀锌钢绞线、铝包钢绞线和钢芯铝绞线,如图 1-26 所示。

图 1-26 镀锌钢绞线(左)、钢芯铝绞线(中)和碳纤维芯铝绞线(右)

1.4.2 绝缘架空线

配电用架空线的对地绝缘一般是靠空气绝缘,以前的配电线路(10 kV 以下或 1 kV)一般也采用裸导线,但由于市区配电环境复杂,常常发生短路接地及雷击线路的情况,导致供电可靠性降低及人身安全事故。所以,现在一般 10 kV 以下的架空线路都采用绝缘导线,即所谓绝缘架空线(见图 1-27)。

图 1-27 绝缘架空线

1) 架空绝缘线的特点

(1) 绝缘性能好。架空绝缘导线由于多了一层绝缘层,有比裸导线更良好的绝缘性能,可减少线路相间距离,降低对线路支撑件的绝缘要求,提高同杆架设线路的回路数。

(2) 防腐蚀性能好。架空绝缘导线由于外层有绝缘层,比裸导线受氧化腐蚀的程度小,抗腐蚀能力较强,可延长线路的使用寿命,适合沿海以及大气污染严重的地区使用。

(3) 防外力破坏。可减少受树木、飞飘异物等外在因素的影响,减少相间短路或接地事故。

（4）机械强度好。绝缘导线虽然由于绝缘层增加了自重，但坚韧的绝缘层使整个导线的机械强度仍然较好。

2）架空绝缘线的结构

架空绝缘线由线芯、绝缘层和护套组成。

线芯：一般为铝绞线或钢芯铝绞线，与架空绞线相似。

绝缘层：按其耐受电压程度的要求，以不同的厚度包裹在导体外面，使带电导线与外界隔绝，10 kV 的架空绝缘线在绝缘层和线芯之间有半导电层。

架空绝缘线的护套包裹在绝缘层外，起保护绝缘层的作用。

绝缘导线在通电以后会有发热现象，因此，比较理想的绝缘材料应同时具有良好的绝缘和耐热性能，且在抗老化性、机械性能等方面具有良好表现。绝缘导线采用的绝缘材料一般为耐气候型聚氯乙烯、聚乙烯、高密度聚乙烯、交联聚乙烯等，其中以聚氯乙烯和交联聚乙烯最为常见。

1.4.3　电力电缆

电力电缆的使用至今已有百余年历史。1879 年，美国发明家 T. A. 爱迪生在铜棒上包绕黄麻并将其穿入铁管内，填充沥青混合物制成电缆，并将此电缆敷设于纽约，这种原始电力电缆开创了地下输电。到 20 世纪 80 年代，电力电缆行业已制成 1 100 kV、1 200 kV 的特高压电力电缆，图 1 - 28 所示为电缆沟内排列的电力电缆。

图 1 - 28　电力电缆

相比架空输电线路,电力电缆主要优点如下。

(1) 占地少。其一般埋设于土壤中或敷设于室内、沟道、隧道中,线间绝缘距离小,无须杆塔,占地少,基本不占地面上空间。

(2) 可靠性高。受气候条件和周围环境影响小,传输性能稳定。

(3) 具有向超高压、大容量发展的更为有利条件,如低温、超导电力电缆等。

(4) 分布电容较大。

(5) 维护工作量少,电击可能性小。

但是由于电力电缆本身价值高昂,加上开挖电缆沟和电力电缆敷设成本远高于架空输电线路,因此电力系统的主要输电形式仍然是架空输电。

1) 电力电缆的分类

(1) 按绝缘材料分有如下三种电缆:

油浸纸绝缘电力电缆。以油浸纸做绝缘的电力电缆,其应用历史最长,安全可靠、使用寿命长、价格低廉。主要缺点是敷设受落差限制。但自从开发出不滴流浸纸绝缘后,解决了落差限制问题,使油浸纸绝缘电缆得以继续广泛应用。

塑料绝缘电力电缆。绝缘层为挤压塑料的电力电缆,这也是最常用的电力电缆。常见塑料有聚氯乙烯、聚乙烯和交联聚乙烯。塑料电缆结构简单、制造加工方便、重量轻、敷设安装方便,不受敷设落差限制,被广泛用作中低压电缆。其最大缺点是存在树枝化击穿现象,限制了它在更高等级电压上的使用。

橡皮绝缘电力电缆。其绝缘层为橡胶附加各种添加剂,经充分混炼后挤包在导电线芯上,经过加热硫化而成。它柔软,富有弹性,适合频繁移动、敷设弯曲半径小的场合。常用作绝缘的胶料有天然胶-丁苯胶混合物,乙丙胶、丁基胶等。

(2) 按电压等级分有如下五类电缆:

低压电缆,适用于固定敷设在交流 50 Hz、额定电压 3 kV 及以下的输配电线路上作为输送电能用。

中低压电缆(一般指 35 kV 及其以下),有聚氯乙烯绝缘电缆、聚乙烯绝缘电缆、交联聚乙烯绝缘电缆等。

高压电缆(一般为 110 kV 及其以上),包括聚乙烯电缆和交联聚乙烯绝缘电缆等。

超高压电缆(275~800 kV),多为交联聚乙烯绝缘电缆。

特高压电缆(1 000 kV 及其以上),如超洁净的交联聚乙烯绝缘电缆。

2) 电力电缆的结构

其基本结构由线芯(导体)、绝缘层、屏蔽层和保护层四部分组成,如图 1-29 所示。

(1) 线芯。线芯是电力电缆的导电部分,用来输送电能,是电力电缆的主要部

图 1 - 29　电力电缆结构

分,通常采用铜芯制作,国外也有采用铝芯制作的电力电缆。

（2）绝缘层。绝缘层是将线芯与大地以及不同相的线芯间在电气上彼此隔离,保证电能输送,是电力电缆结构中不可缺少的组成部分。绝缘层的质量是电力电缆重要指标之一。

（3）屏蔽层。15 kV 及以上的电力电缆一般都有导体屏蔽层和绝缘屏蔽层。

（4）保护层。保护层的作用是保护电力电缆免受外界杂质和水分的侵入,以及防止外力直接损坏电力电缆,包括铠装层、保护套等。

第 2 章　材料学基础

2.1　金属材料

金属材料是由金属元素或以金属元素为主要成分组成,具有金属特性的材料。金属材料的性能取决于其成分和结构属性。不同的金属材料有不同的结构、不同的性能,其用途也不相同。

金属材料应用广泛,种类很多,按化学成分可分为黑色金属材料和有色金属材料,常见的黑色金属主要是铁元素材料或以铁元素为主的材料,如各种钢材以及生铁。有色金属是指除钢铁材料以外的其他金属,如金、银、铜、铝、镁、钛、锌、锡、铅等。

2.1.1　黑色金属

黑色金属材料是工业上对铁、铬、锰及其合金的统称。由于可用的铁碳成分跨度大,从近无碳的工业纯铁到含碳量超过 4% 的铸铁,都可以加入合金元素并进行热处理,钢铁材料的应用范围很广。

1) 铁碳平衡图

铁碳平衡图又称铁碳相图或铁碳状态图,如图 2-1 所示。它以温度为纵坐标,以碳含量为横坐标,表示由铁和碳组成的二元合金在接近平衡条件(铁-石墨)和亚稳态条件下(或极缓慢冷却条件下),在不同温度下的相及这些相之间的平衡关系。

由图 2-1 可知,纯铁有两种同素异构体,体心立方的 α-Fe 在 912℃以下稳定存在;面心立方的 γ-Fe 在 912~1 394℃稳定存在。铁素体(F)指的是当碳溶于 α-Fe 时形成的固溶体;奥氏体(A)则是溶于 γ-Fe 时形成的固溶体。碳含量超过铁的溶解度后,剩余的碳可能以稳定态石墨形式存在,也可能以亚稳态渗碳体(Fe_3C)形式存在。虽然铸铁中石墨含量丰富,但在普通钢中很难形成这样的稳定相。

图 2-1 铁碳相图中的组织包括:珠光体,共析转变的产物,是 α-Fe 与 Fe_3C 机械混合而成,用 P 表示;莱氏体,共晶转变的产物,由奥氏体与渗碳体机械混合而成,用符号 Ld 表示;低温莱氏体,由莱氏体与 Fe_3C 组成的共晶体,用 Ld′ 表示。Fe_3C_I、

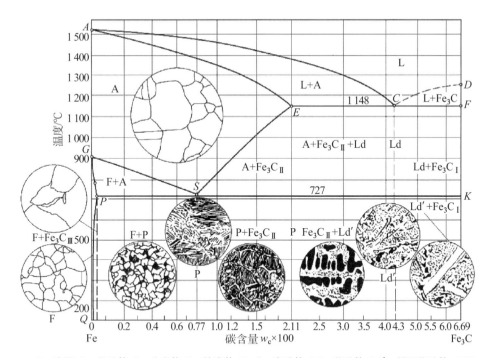

图 2－1　简化铁碳平衡图①

L—液相；A—奥氏体；P—珠光体；F—铁素体；Fe_3C—渗碳体；Ld—莱氏体；Ld′—低温莱氏体；ACD—液相线；AECF—固相线；ECF—共晶线；GP—铁素体转变为奥氏体的开始线或奥氏体转变为铁素体的终了线；GS—奥氏体转变为铁素体的开始线或铁素体转变为奥氏体的终了线；ES—渗碳体在奥氏体中的溶解度曲线；PSK—共析线；PQ—渗碳体在铁素体中的溶解度曲线。

Fe_3C_{II}、Fe_3C_{III} 分别指的是一次、二次和三次渗碳体，一次渗碳体 Fe_3C 由液相直接析出形成，从奥氏体中析出的 Fe_3C 称为二次渗碳体，三次渗碳体是从铁素体中析出的。

Fe-Fe_3C 平衡图有重要的意义并得到广泛的应用。根据铁碳平衡图，钢定义为碳含量低于 2.11%（质量分数）的铁碳二元合金。工业用钢按其化学成分可分为碳钢和合金钢。当钢中除碳外其他合金元素的总含量小于 1.5%（质量分数）时，称为碳钢；否则，划分为合金钢。含碳量为 2.11%～6.67%（质量分数）的铁碳合金称为铸铁。

　2）碳素钢

碳素钢是指含碳量小于 2.11% 的铁碳合金。实际使用的碳素钢，其含碳量一般不超过 1.5%。

碳素钢的分类如下。

（1）按含碳量分：低碳素钢，含碳量不高于 0.25% 的钢；中碳素钢，含碳量为 0.25%～0.60% 的钢；高碳素钢，含碳量不低于 0.60% 的钢。

---

① 图 2-1 中"＋"表示同时存在两种及以上的物质。

（2）按用途分。

碳素结构钢：含碳量为 0.06%～0.38%，属于低碳素钢和中碳素钢，多用于制造各类工程构件及机器零件，可分为普通碳素结构钢和优质碳素结构钢两类。

碳素工具钢：含碳量为 0.65%～1.35%，主要用于制造各种刀具、量具和模具。其含碳量较高，属于高碳素钢，热处理后具有高的硬度和耐磨性，随着含碳量的增加，其韧性逐渐下降。

铸造碳钢：含碳量为 0.15%～0.60%。当铸件的强度要求较高，铸铁不能满足性能要求时，应采用铸钢。由于铸钢的铸造性能不佳，且炼钢设备价格昂贵，近年来有以球墨铸铁代替钢的趋势。

（3）按质量分（根据钢中有害杂质硫、磷含量区分）：普通钢，含硫量不高于 0.055%，含磷量不高于 0.045%，或硫、磷含量均不高于 0.050%；优质钢，硫、磷含量均不高于 0.040%；高级优质钢，含硫、磷杂质最少，含硫量不高于 0.030%，含磷量不高于 0.035%。

（4）按冶炼方法分为平炉钢、转炉钢和电炉钢三大类，根据炉衬材料的不同又可分为碱性材料和酸性材料。

（5）根据炼钢的脱氧程度，可分为沸腾钢、镇静钢和半镇静钢。

3）合金钢

有目的地在碳钢中添加一些元素，使获得的合金具有所需求的性能，这种通过在碳钢中加入合金元素而得到的钢称为合金钢。添加到钢中的合金元素可以是金属的，也可以是非金属的。常见的添加元素有锰、硅、铬、镍、钨、钼、钒、钛、铌、铜、铝、钴、硼、氮等。

（1）合金钢的分类。

① 按合金元素含量分：低合金钢，合金元素总含量低于 5%；中合金钢，合金元素总含量为 5%～10%；高合金钢，合金元素总含量高于 10%。

② 按用途可分为合金结构钢、合金工具钢、特殊性能合金钢。

（2）合金元素在钢中的作用。

合金元素的作用通过合金元素与钢中铁、碳两种基本元素的相互作用以及合金元素之间的相互作用实现。当钢中加入合金元素后，由于成分变化对钢的相变过程以及组织产生影响，钢的性能将发生相应变化。

合金元素与碳的作用直接决定了它在钢中的存在形式。合金元素按其对碳的亲和力可分为非碳化物形成元素和碳化物形成元素。非碳化物形成元素与碳的亲和力很弱，一般不与碳结合，如镍、硅、铝、钴等。碳化物形成元素与碳的亲和力依次由弱到强的元素有铁、锰、铬、钼、钨、钒、铌等，与碳的亲和力越强，所形成的碳化物越稳定。

（3）合金元素对钢的性能影响。

① 力学性能影响。在钢中加入合金元素的主要目的之一是提高钢的强度，其强化作用一般通过以下几方面表现出来。

a. 形成合金铁素体，产生固溶强化。当合金元素溶解在铁素体中后，由于合金元素与铁之间存在晶格类型和原子半径的差异，铁素体发生晶格畸变，产生固溶强化，增加了铁素体的强度和硬度，但降低了塑性和韧性。硅、锰能显著提高铁素体的强度和硬度，当硅含量超过 1%、锰含量超过 1.5% 时，会使铁素体韧性显著下降。镍的特殊之处在于它能在 5% 含量范围内显著增强铁素体的同时提高其韧性。

b. 形成合金碳化物，产生弥散强化。当合金碳化物以弥散小颗粒在钢中分布时，钢的强度、硬度和耐磨性均有显著提高，而韧性没有降低，这称为弥散强化。

c. 阻碍奥氏体晶粒长大，产生细晶强化。钛、铌、钒等强碳化物元素形成的稳定化合物以及铝形成的稳定化合物 AIN、Al_2O_3 弥散分散在奥氏体晶界，会严重阻碍奥氏体晶粒的生长，最终组织晶粒细小，产生细晶强化。

d. 提高钢的淬透性，保证马氏体强化。合金元素可以降低铁、碳原子的扩散速度。除钴之外，所有溶解在奥氏体中的合金元素都不同程度地增加过冷奥氏体的稳定性，使得 C 曲线①的位置向右移动（见图 2 - 2），从而降低了临界冷却速度，提高了钢的淬透性。这表明，这些合金元素可以增加大截面工件淬火（淬透）后马氏体层的深度，保证淬火组织的一致性，实现复杂工件在慢冷介质下的淬火，对减少变形和开裂的趋势起到积极作用。

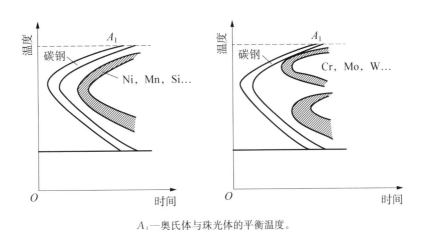

A_1—奥氏体与珠光体的平衡温度。

图 2 - 2　合金元素对 C 曲线的影响示意图

---

① C 曲线是指过冷奥氏体的等温转变动力学曲线。

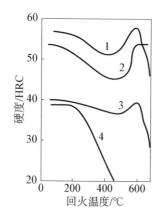

1—C(0.43%),Mo(5.6%);2—C(0.32%),V(1.36%);3—C(0.11%),Mo(2.14%);4—C(0.10%)。

图2-3 合金元素对钢回火硬度的影响示意图

能使淬透性显著增强的元素有钼、锰、铬,其次是镍。微量的硼(低于0.005%)可显著提高淬透性。当同时加入多种元素时,钢的淬透性要比每种元素单独存在时的淬透性大得多。因此,淬火钢应采用多元微量合金化的原则。

e. 提高钢的回火稳定性。淬火钢在回火时抵抗硬度下降的能力称为钢的回火稳定性。因为合金元素溶入马氏体,阻碍原子的扩散,马氏体回火过程中位错不容易分解,碳化物不易析出,即便析出后也很难粗化。因此合金钢回火时硬度下降较慢,回火稳定性较高(见图2-3)。

合金钢的回火稳定性高于碳钢,说明在相同的回火温度下,合金钢可以保持较高的强度和硬度。在同等硬度下,合金钢的回火温度高于碳钢,因而具有更好的塑性和韧性。合金钢回火后的综合力学性能优于碳钢。

合金元素钒、硅、钼、钨等能显著提高钢的回火稳定性。

f. 产生二次硬化。一些合金钢的硬度在回火过程中上升,这称为二次硬化。二次硬化的原因是含钒、钼、钨等强碳化物形成元素的合金钢在回火过程中析出了与马氏体存在共格关系且具有高度分散性的特殊碳化物。

综上,合金材料的强化方法主要有固溶强化、弥散强化、细晶强化和位错强化。不同的强化方式对金属的强化效果不同。

在以上分析的合金元素对钢的强化作用中,成分合金化本身所产生的固溶强化效果是有限的(强化量不超过200 MPa),远不能满足工程对高强钢的要求。

合金化元素最重要的作用是提高钢的淬透性,保证钢的马氏体强化。通过淬火、回火热处理可以充分发挥合金元素的强化作用,热处理之后合金钢具有优异的力学性能。

② 合金元素对钢的工艺性能影响。

a. 对铸造性能的影响。铸造性能是指金属在铸造过程中的流动性、收缩和偏析倾向等方面的综合工艺性能,主要与结晶温度及其范围有关。由于合金元素对相变过程的影响,铸件性能普遍较差。

b. 对锻造性能的影响。锻造性能主要取决于金属在锻造过程中的塑性和变形抗力。许多合金钢,特别是含有大量碳化物的合金钢,其锻造性能明显下降。

c. 对焊接性能的影响。焊接性能主要包括焊接区硬度和焊接后裂纹的敏感性。加入碳、磷、硫等元素会使焊接性能恶化,而钛、锆、铌、钒则可改善其焊接性能。但总的说来,合金钢的焊接性能不如碳钢。

d. 对切削性能的影响。合金钢一般具有较高的强度和韧性,因此大部分合金钢的切削性能比碳钢差。但适量的硫、磷、铝等元素可以促进切屑的断裂和润滑,提高切削加工性。

③ 对钢的热处理工艺性能影响。在加热过程中,合金元素一般会提高钢的临界温度,增加结构的稳定性。因此,可以提高加热温度和加热时间,使更多的合金元素溶解在奥氏体中,细化组织。

锰等元素会降低钢的临界温度,增加钢的过热敏感性,使钢容易过热,产生晶粒粗化。硅是一种能够促进石墨化和降低表面硬度的元素,使钢在加热时容易脱碳。通过加入钼、钨、钒、钛等碳化物形成元素,可以减少锰、硅的过热和表面脱碳倾向。

合金元素提高了钢的淬透性,可以对大截面工件在缓和介质(如油)中淬火,不仅可以获得马氏体,还可以避免工件的变形和开裂,这对金属的强化具有重要意义。但是钴会增加淬火钢中残余奥氏体的比例,虽然可以降低淬火内应力和淬火变形,但对钢的硬度和尺寸稳定性有不利影响。因此,应采取措施减少残余奥氏体,如淬火后及时冷处理或多次回火。

回火过程中,合金元素提高了钢的回火稳定性,产生二次硬化,对工具钢的红硬度有重要的积极影响。但部分合金元素会使钢出现回火脆性。随着回火温度的升高,钢的强度和硬度下降,塑性增加,但冲击韧性不是单调增加的。

当回火后温度降低过快时,杂质元素来不及聚集,可以消除这种回火脆性。对于大型工件无法实现回火后迅速冷却时,宜向钢中加入钼、钨等合金元素,可防止杂质元素的局部聚合,降低回火的脆性。同时还可降低锑、磷、锡、砷的含量,提高钢的纯度。

④ 合金元素对钢的特殊性能影响。钢的特殊性能一般指钢的某些物理性能和化学性能,合金元素加入后对它们产生不同程度的影响。

a. 提高耐蚀性。足够的铬能明显提高基体的电极电位,铬、硅、铝等元素可在钢表面形成稳定致密的氧化膜,防止钢被介质腐蚀。合金化提高了钢的耐腐蚀性,从根本上预防腐蚀。钼与铬协同作用能提高不锈钢的抗氯化物腐蚀的能力。不锈钢中的钼在氯化物环境下的抗点蚀和缝隙腐蚀的能力是铬的 3 倍以上。

b. 提高抗氧化性。铬、硅、铝等元素能够优先与氧化合,形成致密高熔点的氧化膜(Cr_2O_3、SiO_2、Al_2O_3)覆盖在钢的表面,减少氧与金属基体的接触,提高了钢的耐热性。

c. 提高高温强度。铁、镍、钴等高熔点金属具有较高的原子结合力,在高温下不易产生塑性变形(抗蠕变),因此常用作耐热合金基体。钨、钼等所形成的弥散且分布稳定的碳化物不仅可以提高钢的强度,而且可以提高钢的再结晶温度。合金化元素增加了钢的抗蠕变能力,从而提高了钢的高温强度(也称为热强度)。

d. 影响电磁性。合金元素会影响钢的电、热、磁等性能。如添加硅、铝等元素将显著提高材料电阻率,硅、镍等元素可以降低磁晶各向异性常数,从而提高磁导率,降低磁损,利用这个特性制成的电工硅钢片作为磁性材料而广泛应用。

4)合金结构钢

根据用途和热处理方法的不同,常用的合金结构钢有以下几种。

(1)低合金结构钢。其成分特点为低碳、低合金。加入的合金元素主要有锰、钒、钛等。低碳、低合金使钢具有良好的塑性、韧性、焊接性能和耐蚀性。加入的合金元素可以提高钢的强度。通过成分合金化后,低合金结构钢的强度比普通碳素钢的高 $30\% \sim 50\%$,故又称为低合金高强度钢。

(2)合金渗碳钢。主要用于齿轮、凸轮、活塞销等具有较强表面磨损且承受动载荷的零件。这种钢选用低碳成分,经过表面渗碳成分调整,结合淬火和低温回火热处理,可使零件表面具有良好的耐磨性、疲劳强度、韧性和足够的强度。

(3)合金调质钢。经淬火和高温回火处理后,钢的组织为回火索氏体,具有高强度和良好的韧性,即具有良好的综合力学性能。

(4)合金弹簧钢。弹簧要求材料具有高弹性极限、疲劳极限和足够的韧性。因此,弹簧钢采用中、高碳成分来保证强度,通过淬火和中温回火得到回火屈氏组织,以满足使用性能要求。

(5)滚动轴承钢。滚动轴承钢是制造各类滚动轴承的滚动体及内、外套圈的专用钢。滚动轴承在交变应力作用下工作,由于相对滑动,各部分之间存在很强的摩擦,同时也受到润滑剂的化学腐蚀。因此,轴承钢必须具有较高的硬度和耐磨性、高弹性极限和接触疲劳强度、足够的韧性和耐腐蚀性。

(6)超高强度钢,指屈服极限大于 1 400 MPa,强度极限大于 1 500 MPa,具有合适韧性的合金钢。它是在合金调质钢的基础上加入多种元素形成和发展起来的。

5)合金工具钢

为了满足高硬度和耐磨性的使用要求,工具钢均为高碳成分,一般经过淬火和低温回火后使用。碳素工具钢能达到较高的硬度和耐磨性,但其淬火变形倾向大,并且韧性和红硬性差(只能在 200℃以下保持高硬度)。因此,大尺寸、高精度、承受高冲击载荷和高工作温度的刀具应选用合金工具钢。

合金工具钢按主要用途可分为工具钢、模具钢和量具钢。各种工具钢没有严格的使用界限,可交叉使用。

6)特殊性能钢

特殊性能钢是具有特殊的物理或化学性能的高合金钢,种类很多,应用较多的有不锈钢、耐热钢、耐磨钢等。

不锈钢：指能够抵抗大气、酸、碱或其他介质腐蚀的合金钢。

耐热钢：耐热性是金属材料在高温下抗氧化性和高强度的总称。在加热炉、钢炉、燃气机等高温装置中，许多零件要求耐热性。耐热钢分为抗氧化钢和热强钢两类。

耐磨钢：一些机械部件工作中会受到较强的冲击和磨损，对耐磨性和抗冲击性要求较高。高锰钢 ZGMn13 是典型的耐磨钢，其含碳量为 1.0%～1.3%，含锰量为 13% 左右，高锰量是为了保证热处理后获得单相奥氏体组织。

7）铸铁

铸铁是指含碳量为 2.11%～6.67% 的铁碳合金。工业铸铁一般含碳量为 2.5%～3.5%。在铸铁中，碳主要以石墨的形式存在，有时也以渗碳体形式存在。铸铁除含碳外，还含有 1%～3% 的硅、锰、磷、硫等元素。合金铸铁还含有镍、铬、钼、铝、铜、硼、钒等元素。碳和硅是影响铸铁组织和性能的主要元素。常见的铸铁主要有如下几种。

灰口铸铁：铸铁中石墨呈片状，抗拉强度低，塑性差，但减震性、减摩性好。

球墨铸铁：铸铁中石墨呈球状，综合力学性能好，接近于钢。

蠕墨铸铁：综合力学性能好，且有良好的铸造性能。

可锻铸铁：可用来制造形状复杂的零件。

2.1.2　有色金属和特种金属材料

2.1.2.1　铝及铝合金

1）纯铝

铝是地壳中含量最高的金属元素（占地壳总质量的 8.2%），有以下特点。

（1）密度较小，约为 2.7g/cm³，是钢铁密度的 1/3 左右，熔点为 660℃，结晶后具有面心立方晶格，无同素异构转变，故铝合金热处理的原理与钢不同。

（2）具有良好的导电性和导热性，仅次于银、铜、金。铝在室温下的电导率约为纯铜的 62%，但按单位质量导电能力计算，则铝的导电能力约为纯铜的 200%。

（3）具有良好的耐大气腐蚀能力，在空气中铝表面形成致密的氧化膜，隔绝了铝与空气的接触，阻止被继续氧化，从而起到保护作用。但纯铝不耐酸、碱、盐的腐蚀。

（4）强度低（抗拉强度 σ_b 仅 80～100 MPa），塑性好（断后伸长率 δ＝60%，断面收缩率 ψ＝80%），可通过冷热加工制成线、板、带、棒、管等型材，经冷变形加工硬化后强度可提高到 150～250 MPa，而塑性则降低 50%～60%。

纯铝的主要用途是制作线材和配制各种要求轻、导热、导电、耐大气腐蚀的部件。工业用纯铝的纯度为 99.7%～98%。

2）铝合金

在铝　加入一定量的合金元素（硅、铜、锰等），进行冷变形加工或热处理，可大大提高其力学性能,其强度甚至可以达到钢的强度指标,抗拉强度 σ_b 可达 400~700 MPa,可用于制造承受大负荷的机械零件和构件。

铝合金按照成分不同具有不同牌号,1×××表示铝含量为 99% 以上的纯铝系列,如 1050、1100;2×××表示铝-铜合金系列,如 2014;3×××表示铝-锰合金系列,如 3003;4×××表示铝-硅合金系列,如 4032;5×××表示铝-镁合金系列,如 5052;6×××表示铝-镁-硅合金系列,如 6061、6063;7×××表示铝-锌合金系列,如 7001;8×××表示除上述以外的合金体系。

以 4××× 系列为例,当硅含量较低时(如 0.5%),铝硅合金具有较好的延展性,常用作变形合金;当硅含量较高时(如 7%),铝硅合金熔体的填充性较好,常用作铸造合金;在硅含量大于铝-硅共晶点的铝硅合金中(硅含量 12.2%),如图 2-4 所示,部分硅以单质形态存在。当硅颗粒含量达到 14.5%~25% 时,添加一定量的镍、铜、镁等元素可改善其综合力学性能,可应用于断路器气缸和其他需要承受摩擦的部件。

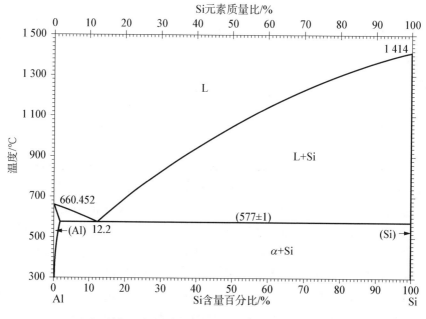

L—液相;L+Si—液相和硅单质;α+Si—α 相和硅单质。

图 2-4 铝-硅平衡相图

根据铝合金的成分及生产工艺特点,可将铝合金分为变形铝合金和铸造铝合金两大类。

(1)变形铝合金。不可热处理强化的变形铝合金主要是防锈铝合金,可热处理强化的变形铝合金主要有硬铝、超硬铝和锻铝合金。

① 防锈铝合金(LF)。以"铝防"汉语拼音首字母"LF"加顺序号表示,属 Al -
Mn、Al - Mg 系合金。锰的加入主要用于提高合金的耐蚀性和产生固溶强化。镁的
加入产生了固溶强化,降低了密度。防锈铝合金的强度高于纯铝,具有良好的耐蚀
性、可塑性和焊接性,但切削加工性较差,这种合金不能通过热处理进行强化,只能通
过冷塑性变形进行强化。防锈铝合金主要用于制造零部件、容器、管材以及需要拉
伸、弯曲的零部件和产品。

② 硬铝合金(LY)。以"铝硬"汉语拼音首字母"LY"加序列号表示,属于 Al -
Cu - Mg 系合金。在时效过程中加入铜和镁产生强化效果,该合金通过热处理(时效
处理)或变形强化可获得较高的强度和硬度。硬铝耐腐蚀性较差。

③ 超硬铝合金(LC)。用"铝超"的汉语拼音首字母"LC"加顺序号表示,属 Al -
Cu - Mg - Zn 系合金。这类合金经淬火加人工时效后,可产生多种复杂的第二相,具
有很高的强度和硬度,切削性能良好,但耐腐蚀性较差。

④ 锻铝合金(LD)。用"铝锻"的汉语拼音首字母"LD"加顺序号表示,属 Al -
Cu - Mg - Si 系合金。该合金元素种类多,但含量少,因而合金的热塑性好,适于锻造,
故称锻铝。锻铝通过固溶处理和人工时效来强化。主要用于制造外形复杂的锻件。

(2) 铸造铝合金。其分四大类:Al - Si 系、Al - Cu 系、Al - Mg 系和 Al - Zn 系。
其中 Al - Si 系合金具有良好的力学性能和铸造性能,应用最广。

① 铝硅铸造铝合金,俗称硅铝明。在 Al - Si 系合金中,由铝和硅两种元素组成
的合金称为简单硅铝明,除硅以外还有其他元素的合金称为特殊硅铝明。

简单硅铝明的硅含量为 11%～13%,由于硅的脆性大,又呈粗针形,导致合金的
力学性能下降。为了提高该类合金的力学性能,在生产中常采用改性处理,即在浇注
前向合金液中加入钠盐或锶盐,能有效地改变硅的不利形态,使其趋向短杆状。

简单硅铝明经变质处理后的强度提高并不是很多,且不能热处理强化。为了进
一步提高铝硅合金的强度,可适当降低硅的含量,并向合金中加入能形成强化相的
铜、镁、锰等合金元素,制成特殊硅铝明。这种合金不仅可变质处理,还可进行淬火-
时效强化。

② 其他铸造铝合金。Al - Cu 系合金具有良好的高温性能,但铸造性能和耐腐蚀性
较差,且密度高。主要用于制造高强度或高温条件下工作的零件,如金属铸模。Al -
Mg 系合金强度高,耐腐蚀性好,比重低,铸造性能差。主要用于制造在腐蚀性介质中工
作的零件。Al - Zn 系合金强度高,热稳定性和铸造性能好,但密度高,耐腐蚀性差。

2.1.2.2 铜及铜合金

1) 纯铜

纯铜又称紫铜,因其是用电解法获得的,故又称电解铜。其密度为 8.9 g/cm³,熔
点为 1 083℃,固态时晶体结构为面心立方晶格,无同素异构转变。

纯铜的强度低,σ_b 为 200～250 MPa,塑性高,伸长率 δ 为 35%～45%,便于承受冷、热锻压加工。

纯铜的化学稳定性较高,在大气、水蒸气、水和热水中基本不受腐蚀,在海水中易受腐蚀。

纯铜具有良好的导电性和导热性,导电性仅次于银。工业纯铜一般加工成棒、线、板、管或其他型材,用于制造电线、电缆、电气元件和熔制铜合金。根据杂质的含量,工业纯铜可分为四种:T1、T2、T3、T4。"T"为铜的汉语拼音首字母,数字序号越大,表示铜的纯度越低。

2) 铜合金

纯铜由于强度低,不适合制作结构件,因此常加入适量的合金元素制成铜合金。根据化学成分的不同,分为黄铜、青铜和白铜。

(1) 黄铜。以锌为主要合金元素的铜合金,呈金黄色,故称黄铜。按其化学成分的不同,分为普通黄铜和特殊黄铜两种。

① 普通黄铜。锌和铜组成的合金称为普通黄铜。在铜中加入锌,不仅提高了强度,而且提高了塑性。当锌含量增加到 30%～32% 时,合金塑性最高;当增加到 40%～42% 时,塑性下降,合金强度增大。

普通黄铜的牌号用"黄"的汉语拼音字首"H"加数字表示,数字表示铜的含量,H68 表示铜含量为 68%,其余为锌。普通黄铜的力学性能、工艺性和耐蚀性都较好,应用较广泛。Zn 含量超过 20% 的黄铜,其应力腐蚀开裂敏感性较大,应避免用于承力部件。

② 特殊黄铜。在普通黄铜基础上加入其他合金元素的铜合金,称为特殊黄铜。铅、铝、锰、锡、铁、镍、硅等合金元素的加入可以提高黄铜的强度,其中铝、锰、锡、镍还能提高黄铜的耐蚀性和耐磨性。

特殊黄铜可分为压力加工和铸造两种类型。前者添加较少的合金元素,使其能溶于固溶体中,保证较高的塑性;后者不要求较高的塑性,为了提高合金的强度和铸造性能,可以加入更多的合金元素。特殊黄铜的牌号仍以"H"开头,后面是添加元素的化学符号,数字表示铜含量和添加元素含量。

(2) 青铜。锡青铜是人类历史上应用最早的铜锡合金,其外观呈青黑色,故称为锡青铜。含铝、铍、铅、硅等的铜基合金,称为特殊青铜。

① 锡青铜。锡青铜的力学性能随锡含量的变化而变化。当锡含量低于 5% 时,铝在铜中溶解形成固溶体,合金的强度和塑性随锡含量的增加而增加。当锡含量超过 5% 时,合金组织中出现硬而脆的铜锡化合物,塑性急剧下降;当含锡大于 20% 时,锡青铜的强度也急剧下降。

工业用锡青铜的含锡量为 3%～14%。含锡量小于 8% 的锡青铜具有较好的塑性,适用于锻压加工;含锡量大于 10% 的锡青铜塑性低,只适用于铸造。

在铸造过程中,锡青铜铸件由于结晶范围大,流动性差,容易形成分散的细小收缩孔,收缩率非常小,因此适用于形状复杂、外形尺寸要求严格的铸件。但不适合密封要求高的铸件。

锡青铜比黄铜和纯铜具有更好的耐大气、海水和水蒸气腐蚀性能。撞击时不产生火花,无冷脆现象,耐磨性高。

② 特殊青铜。特殊青铜分为铝青铜和铍青铜。

铝青铜。铝青铜强度可与钢相比,具有较高的冲击韧性和疲劳强度,耐腐蚀,耐磨,受冲击时无火花。在铸造过程中流动性好,可获得致密的铸件。

铍青铜。铍青铜是一种 Be 含量为 1.7%~2.5% 的铜合金。由于铍在铜中的固溶性随温度的降低而急剧下降,铍青铜可以通过淬火和人工时效增强,其强度和硬度远超过其他所有铜合金,甚至可以与高强钢接近。它的弹性极限、疲劳极限、耐磨性、耐腐蚀性都很高,是一种综合性能很好的合金。此外,它还具有良好的导电性和导热性、耐寒性、无磁性、受冲击时不产生火花等一系列优点。

青铜的牌号用“青”字的汉语拼音首字母“Q”加主要元素符号及含量表示。铸造青铜,在牌号前加“Z”字。例如 ZQSn10 表示含锡量为 10% 的铸造用青铜。

2.1.2.3　特种金属材料

1）轴承合金

滑动轴承由轴承体和轴瓦构成,与滚动轴承相比较,具有承压面积大,工作平稳,噪声小,制造、修理、更换方便等优点,广泛用于发电机、调相机及其他动力设备的轴承。

轴瓦直接支承转轴,为了提高轴瓦的强度和耐磨性,往往在钢轴瓦内部浇铸或轧制出统一的衬套。用于制造轴承衬里的合金称为轴承合金。

常用的轴承合金有锡基与铅基轴承合金、铜基及铝基轴承合金等。

（1）锡基与铅基轴承合金。该轴承合金多分为锡基轴承合金和铅基轴承合金。

① 锡基轴承合金（锡基巴氏合金）。以锡为基础,加入锑、铜和其他合金元素。该结构由锑溶于锡中形成的固溶体和锡与锑、锡与铜形成的化合物组成。该合金有良好的磨合性、韧性、导热性、耐蚀性和抗冲击性,但承载能力较低。常用于最重要的轴承,如汽轮机、发动机、压气机等巨型机器的高速轴承。

② 铅基轴承合金（铅基巴氏合金）。以铅锑为基料,加入锡、铜等轴承合金元素,属于具有硬点结构的软基体。其硬度、强度和韧性均低于锡基合金,摩擦系数较高,但价格较便宜。

（2）铜基、铝基轴承合金。铜基和铝基轴承合金大多属于硬基体软颗粒结构,其承载能力高,但磨合能力差,铝基轴承合金的线膨胀系数大,容易与轴咬合,因此需要较大的轴承间隙。

2）粉末冶金与硬质合金

（1）粉末冶金。粉末冶金是利用金属粉末（或金属粉末与非金属粉末的混合物）作为原料，将几种粉末混匀压制成型，并经烧结而获得材料或零件的加工方法。

粉末冶金和金属冶炼与铸造有根本的区别。生产过程包括制粉、搅拌、压成型、烧结和烧结后处理。通过粉末冶金方法不仅可以生产各种具有特殊性能的金属材料，如硬质合金、摩擦材料、难熔金属材料、磁性材料、耐磨材料、无偏析高速钢、传热材料、耐热材料等，还可制造大量的机械零件，如衬套、齿轮、摩擦片、衬套、含油轴承等。电网常用的高压断路器，弧触头多选用粉末冶金工艺生产钨铜合金材料。

（2）硬质合金。硬质合金是将碳化钛（TiC）、碳化钨（WC）等高硬度、高熔点的碳化物粉末与钴金属粉末结合后经加压成型再烧结而成的粉末冶金产品。由于其工艺与陶瓷烧结相似，故又称烧结碳化物。硬质合金具有高硬度（69～81HRC）、高热硬度（高达 900℃～1 000℃）、高耐磨性和高抗压强度。

目前，常用的硬质合金有金属陶瓷硬质合金和钢结硬质合金。

① 金属陶瓷硬质合金。该硬质合金一般分为钨钴类硬质合金，钨、钴、钛类硬质合金及通用硬质合金。

钨钴类硬质合金。主要化学成分为碳化钨和钴。其代号用"硬""钴"汉语拼音字首"YG"加数字表示，数字代表硬质合金中含钴量的百分数。例如 YG6 表示钨钴类硬质合金，含钴量为 6％，其余为碳化钨。常用的牌号有 YG3、YG6、YG8 等。

钨、钴、钛类硬质合金。由碳化钨、碳化钛和钴组成。其牌号用"硬""钛"两字的汉语拼音字首"YT"加数字表示，数字表示硬质合金中碳化钛的百分数。例如 YT15 表示含碳化钛量为 15％的钨钴钛类硬质合金。常用的牌号有 YT5、YT15、YT30 等。

通用硬质合金。用碳化铌（NbC）或者碳化钽（TaC）或代替部分碳化钛形成。通用硬质合金又称万能硬质合金，其牌号以"硬""万"字拼音首字母"YW"加上序号。该合金刀具适用于加工各种钢材，尤其适用于切割耐热钢、高锰钢、不锈钢等难加工的钢材。

② 钢结硬质合金。钢结硬质合金是一种或几种碳化物（如 TiC、WC）为强化相，以合金钢（高速钢、铬钼钢等）为黏结剂制成的粉末冶金材料。其耐热、抗氧化性能、耐腐蚀性能突出，适合锻造加工和焊接，退火后还可切割加工，淬火和回火后的硬质合金具有高硬度和耐磨性。

2.1.3　金属材料的特点

1）金属的物理性能

（1）密度。密度小于 $5×10^3$ kg/m³ 的金属称为轻金属，如铝、镁、钛及其合金。密度大于 $5×10^3$ kg/m³ 的金属称为重金属，如铁、铅、钨等。金属材料的密度直接关系到由它们所制构件和零件的自重。

（2）熔点。纯金属有固定的熔点。难熔金属即熔点较高的金属，可用于制造高温部件，如钨、钼、钒等，广泛应用于火箭、导弹、燃气轮机和喷气飞机等。低熔点的金属称为易熔金属，如锡和铅，可用于制造熔断器和消防安全阀部件。

（3）导热性。金属材料传递热能的特性称为导热性，通常用导热性来衡量。导热系数符号为 λ，单位为 W/（m·K），导热系数越大，导热性能越好。金属中银的导热性最好，其次是铜和铝。合金的导热性比纯金属差。在热处理和热加工中，必须考虑金属材料的导热性，防止材料在加热或冷却过程中形成过大的内应力，造成零件变形或开裂。导热性好的金属散热性好。

（4）导电性。金属材料传导电流的能力称为电导率。电导率越高，材料导电性就越好。金属中导电性最好的是银，其次是铜和铝。合金导电一般不如纯金属好。高导电性金属（纯铜、纯铝）适用于制作导电零件和导线。电导率低的金属或合金（如钨、钼、铁、铬）适合用作加热元件。金属材料的导电性与温度有关，温度越低导电性越高。

（5）热膨胀性。热膨胀性指的是金属材料随温度变化时体积膨胀或收缩的特性。一般来说，金属受热膨胀，冷却收缩。用大膨胀系数材料制成的零件，其尺寸和形状随温度变化较大。轴与轴瓦之间的间隙大小应根据其膨胀系数差来控制。在热加工和热处理过程中称为要考虑材料的热膨胀，以减少工件的变形和开裂。

（6）磁性。金属材料在磁场作用下的行为称为磁性。金属材料可分为三类：铁磁材料（在外磁场中被强磁化，如铁和钴）、顺磁材料（在外部磁场弱磁化，如锰和铬）和抗磁性材料（可以抵抗或削弱外部磁场对材料本身的磁化作用，如铜和锌）。铁磁性材料可用于制造测量仪器、变压器的铁心等。抗磁材料用于需要免受电磁场影响的部件和结构材料，如磁屏蔽罩等。当铁磁材料的温度上升到一定值时，磁畴被破坏，成为顺磁体，这个转变温度称为居里点，例如，铁的居里点是 770℃。

2）金属的化学性能

（1）耐腐蚀性。金属材料在室温下抗氧化、抗水蒸气和其他化学介质的腐蚀和破坏的能力称为耐腐蚀性。碳钢和铸铁的耐腐蚀性较差，钛及其合金、不锈钢耐腐蚀性好。

（2）抗氧化性。金属材料在加热过程中抗氧化的能力称为抗氧化性，钢材可以通过加入铬、硅等合金元素来提高钢的抗氧化性。如合金钢 Cr9Si2 中含有质量分数为 9% 的 Cr 和质量分数为 2% 的 Si，可用于制造在高温下使用的内燃机排气阀、材料板等。

金属材料的耐腐蚀性和抗氧化性统称为化学稳定性，其在高温下的化学稳定性称为热稳定性。

2.1.4 材料力学基础

材料力学的主要任务是研究结构件在外力作用下的内力、变形和失效规律,提供基本理论和方法来设计具有合理的刚度和稳定性的组件。

实际构件在受到外力作用时会改变其几何形状和尺寸,即变形。为了突出变形小的工程构件的固体特性,通常将变形构件称为变形固体。实际构件中使用的材料有各种缺陷,从材料结构到力学性能,不同的位置、不同的方向都不同。由于问题的复杂性,在分析变形实体的强度、刚度和稳定性之前,有必要将其抽象为一个理想模型。以下是材料力学中关于变形固体的基本假设:

(1)连续性假设。假设构件内部的材料是致密的,没有间隙,即材料是连续分布的。

(2)均匀性假设。假设材料质量分布均匀,材料在各点的力学性能相同,构件中任意质点位置的力学性能可以代表整个构件的力学性能。

(3)各向同性假设。假设变形固体中的同一点在各个方向上具有相同的力学性质。

(4)小变形假设。工程中大多数构件在荷载作用下的几何形状和尺寸变化与构件本身的原始尺寸相比是很小的,这种变形称为小变形。

综上所述,材料力学的力学模型为连续、均匀、各向同性且限于小变形的变形固体,而非刚体。

1)材料力学的研究对象、构件分类和基本变形

材料力学的研究对象主要是各种杆件。杆件指的是一个方向维度比其他两个方向维度大得多的组件。杆内垂直于杆长方向的截面称为横截面,横截面的质心线称为轴。具有直轴的杆件称为直杆,具有相同截面的直杆称为等截面直杆。以曲线和折线为轴的杆分别称为弯曲杆和折叠杆,统称变截面杆。不同截面杆件称为变截面棒材(包括截面突变和渐变),如图2-5所示。

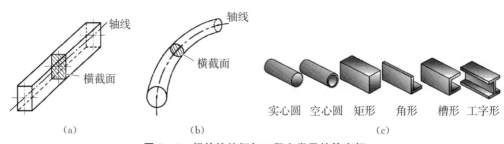

图 2-5 杆件的特征与工程上常见的等直杆

(a)等截面直杆;(b)变截面曲杆;(c)工程上常见的等直杆

杆件在不同外力作用下的变形形式不同,可分为以下四种基本变形形式或组合形式:轴向拉伸或压缩、剪切、扭转、弯曲,如图 2-6 所示。

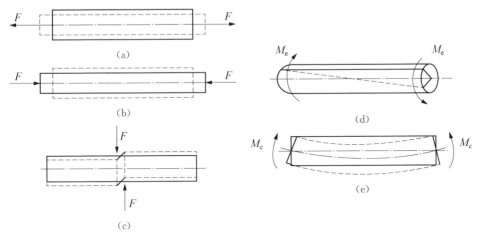

图 2-6　四种基本变形的受力特点与变形特征

(a) 轴向拉伸;(b) 轴向压缩;(c) 剪切;(d) 扭转;(e) 弯曲

2) 外力、内力与应力

(1) 外力。外力按其作用的方式可分为体积力和表面力。体积力包括构件的自重和惯性力,在计算时常用到材料的重度 ρ_g,其单位为 N/m^3 或 kN/m^3;表面力是在接触面连续分布的力,例如雪载荷、风载荷和水压力等,工程上常用单位为 N/m^2 或 kN/m^2。

由于材料力学主要研究的是杆件,其横向尺寸远小于纵向尺寸,体积力和表面力可以简化为线分布力,用分布力集度 q 来表达,其单位为 N/m 或 kN/m。

外力根据随时间变化的特点可分为静荷载和动荷载。静载荷是指由零缓慢增加到某一数值后仍保持不变或变化不大的载荷。如大坝上的静水压力、挡土墙上的土压力、建筑物上的雪荷载等。动荷载是指随时间变化具有显著数值变化的荷载。

(2) 内力。材料力学中的内力是指在外力作用下,使各组分内部相互作用的力,而不是分子之间的内聚力。内力与构件的强度、刚度和稳定性密切相关,因此在研究构件的各种基本变形时,首先要研究构件的内力。

图 2-7(a) 为一般情形下的构件,F_1、F_2、F_m、F_{m-1}、F_R' 为构件上的内力分布示意。若 $m—m$ 截面上内力为空间分布力系[见图 2-7(b)],将其向截面形心 O 点简化为力 F_R' 和力偶 M_o,如图 2-7(c)所示。分别将其沿 3 个坐标轴分解,就得到最一般情形下 $m—m$ 截面上的 6 项内力分量,如图 2-7(d)所示。

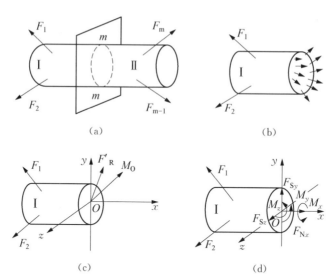

图 2 - 7　一般情形下杆件横截面上内力分量

(a) 一般情形下构件的内力分布；(b) 构件 m—m 截面上的内力分布；(c) 截面
受力简化为力 F'_R 和力偶 M_o；(d) 最一般情形下 m—m 截面上的 6 项内力分量

最一般情形下构件横截面上的 6 项内力分量分别为 F_{Nx}、F_{Sy}、F_{Sz}、M_x、M_y、M_z。F_{Nx} 是与轴线重合的内力分量，称为轴力，使杆件产生轴向变形；F_{Sy} 或 F_{Sz} 是与横截面相切的 2 个内力分量，称为剪力，均使杆件产生剪切变形；M_x 是横截面上的内力偶分量，称为扭矩，使杆件产生扭转变形；M_y 或 M_z 是纵向平面上的 2 个内力偶分量，称为弯矩，均使杆件产生弯曲变形。

（3）应力。为了进一步研究内力在截面上一点处的密集程度，我们用应力来研究内力集度。一般地，内力集度越高，构件破坏的可能性越大。

若内力在截面上是均匀分布的，那么截面上的内力除以截面面积就等于该截面上的应力。应力的单位在国际单位制中为 Pa、MPa、GPa。在工程上最常用单位为 MPa，且 $1\ Pa = 1\ N/m^2$，$1\ MPa = 10^6\ Pa$，$1\ GPa = 10^3\ MPa$，单位换算如图 2 - 8 所示。如：若力的单位为 N、长度的单位换算为 mm，则所求得的应力的单位必为 MPa；若应力的单位为 MPa、长度的单位换算为 mm，则所求得的力的单位必为 N；若应力的单位为 MPa、力的单位换算为 N，则所求得的长度的单位必为 mm。

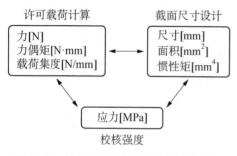

图 2 - 8　各类承载能力相关计算中的单位换算示意图

（4）位移、变形和应变。物体因受力引起形状和尺寸的改变称为变形。物体变形时，一方面，其内任意一点的位置将发生移动，这种点的位置移动量称为线位移；另一方面，其内的任一线段（或任一平面）将发生转动，这种转动角称为角位移。如图 2-9 中原来的 A 点、B 点分别移到 A' 点、B' 点，原来的线段 AB 转过一个角度 α 到 $A'B'$ 位置。AA' 为 A 点的线位移，BB' 为 B 点的线位移，角 α 为线段 AB 的角位移。

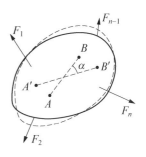

图 2-9　线位移与角位移

线位移和角位移不足以完全表示变形，因为构件作为刚体运动时也会产生线位移和角位移，所以物体的变形可以用线段伸长、缩短、角度变大和变小来描述。因此，线长变化称为线变形，角度变化称为角变形。

由于材料力学的对象是均匀连续的，所以可以把对象看作是由许多小的正六面体组成的。对于如图 2-10 所示的正六面体，其变形可以从两方面来描述：边长的变化、两条正交边之间角度的变化。

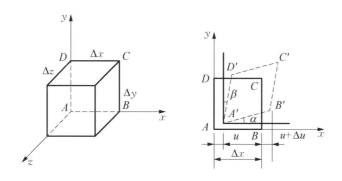

图 2-10　微小正六面体的变形与位移

应变是指物体局部在外力和非均匀温度场作用下的相对变形。

有两种主要类型的线应变和角应变。线性应变又称正应变，是小线段在一定方向上变形所产生的长度增量（伸长为正）与原长度之比。角应变又称剪切应变，是两条相互垂直的细线变形后夹角的变化量，用弧度表示，夹角减小其为正，夹角增大其为负。应变取决于所考虑的点的位置和所选择的方向。物体中某一点附近的微质量元在所有可能方向上的总应变称为某一点的应变状态。在超过某一点的截面中，剪切应变为零的截面称为应变主平面，其法向称为应变主方向，该方向上的正应变称为主应变。

根据应力应变分析，可解决复杂受力点强度计算问题，帮助设计复杂受力情况下的构件结构，或分析引起构件破坏的原因。

2.1.5 钢的热处理

钢的热处理是通过加热、保持和冷却固体金属来改变其内部结构以获得所需性能的过程,其能显著提高钢件的性能,充分发挥钢的潜能,延长钢件的使用寿命。

热处理的基本类型可以按加热和冷却方法的不同大致分为:普通热处理,退火、正火、淬火、回火;表面热处理,渗碳、氮化、碳氮共渗及火焰加热、感应加热等表面热处理。

在加热和保温后,采用不同的冷却方法可获得不同的组织和性能。因此,冷却是钢材热处理的关键工序,它决定了热处理后钢材的组织和性能。不同的冷却方法也是不同热处理工艺的主要区别。

1) 钢的退火和正火

(1) 退火。退火是一种热处理过程,在这个过程中,钢被加热,保持,然后在熔炉中慢慢冷却或埋在保温介质中,以获得接近平衡的组织。退火的目的是细化晶粒,改善组织;消除内应力,提高力学性能;降低硬度,提高切削性能;或为下一个淬火工艺做准备。由于退火的目的不同,退火过程分为以下几种。

① 完全退火。完全退火主要用于各种含亚共析成分的碳钢和合金钢的铸锻和热轧型材,有时也用于结构件的焊接。其目的是消除应力,细化晶粒,改善组织。也可作为一些不重要工件的最终热处理或一些重要零件的预备热处理。

完全退火工艺:亚共析钢加热到 A_{c3}[①] 以上 30～50℃,保温一定时间(时长主要取决于工件的有效厚度)后随炉缓慢冷却(或埋在石灰等保温介质中)至 500℃以下在空气中冷却。

完全退火全过程需要很长时间,特别是一些合金钢,往往需要几十小时甚至几天的时间。采用等温退火可大大节省时间。

② 球化退火。球化退火主要用于过共析碳钢和合金工具钢。其主要目的是降低硬度,提高切削性能,获得球化组织,为淬火做准备。

球化退火工艺:将过共析钢加热到 A_{c1}[②] 以上 30～50℃,保温一段时间后以不超过 50℃/h 的速率随炉冷却,最终得到的组织结构为球珠光体(球渗碳体分布在铁素体基体上)。

③ 去应力退火。又称低温退火,主要用来消除铸件、锻件、焊接件、热轧件和冷拉件等的残余应力。

去应力退火工艺:将钢件随炉缓慢加热(100～150℃/h)至 500～650℃,保温一

---

① A_{c3},亚共析钢奥氏体化的临界温度,超过该温度才能完全形成奥氏体。

② A_{c1},共析钢奥氏体化的临界温度。

段时间后,随炉缓慢冷却(50～100℃/h)至 200～300℃出炉。从以上工艺可看出,由于加热温度低于 A_{c1},所以在去应力退火中钢的组织并无变化。

(2)正火。是指将钢加热到 A_{c3} 或 A_{ccm}[①] 以上 30～50℃,保温一段时间,在空气中冷却的热处理工艺。它与退火的主要区别是正火的冷却速度稍快,所以正火组织较细,材料相应的硬度和强度也稍高。正火的目的是细化晶粒,调整硬度,消除网络渗碳体,为后续处理、球化退火和淬火做准备。

(3)退火和正火工艺的选择。退火与正火工艺很相似,实际应用时,可从以下三方面考虑选择。

① 切削加工性。一般认为硬度在 170～230HBS[②] 范围内的钢材,其切削加工性能较好。低碳钢和某些低碳合金钢常采用正火处理,适当提高硬度,改善切削加工性。

② 使用性能。亚共析钢正火处理的力学性能优于退火处理。如果零件性能要求不高,可采用正火作为最终热处理。但当零件形状复杂,正火冷却速度快时,有形成裂纹的危险时,则应进行退火。

③ 经济性。与退火相比,正火生产周期短,成本低,操作方便,应优先选用。

各种退火、正火的加热温度范围和工艺曲线如图 2-11 所示。

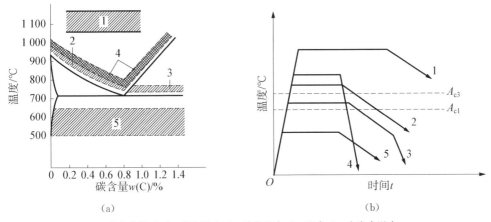

(a)　　　　　　　　　　　　　　　(b)

1—均匀化退火;2—完全退火;3—球化退火;4—正火;5—去应力退火。

图 2-11　退火、正火的加热温度范围和工艺曲线

(a)加热温度范围;(b)工艺曲线

2)钢的淬火

将亚共析钢加热到 A_{c3} 或共析钢和过共析钢加热到 A_{c1} 以上 30～50℃,保温后

---

① A_{ccm},过共析钢奥氏体化的临界温度。

② HBS,布氏硬度,根据压痕单位表面积上的载荷大小来计算硬度值。

快速冷却以获得马氏体的热处理工艺,称为淬火。

(1)淬火的目的。工具钢、轴承钢和工件经过表面热处理和化学热处理后,通过淬火和低温回火可提高硬度和耐磨性。对于磁钢、马氏体不锈钢等特殊材料,通过淬火可以提高其某些理化性能,如磁性、耐腐蚀性等。

(2)淬火加热的温度和保温时间。

① 加热温度的选择。如图 2-12 所示,对于亚共析碳钢,淬火加热温度一般为 $A_{c3}+(30\sim50)℃$。这样可获得均匀细小的马氏体组织。如果淬火温度过高,会产生粗大的马氏体组织,导致钢件变形严重。如果淬火温度过低,则在淬火组织中会出现铁素体组织,导致钢的硬度不足,强度偏低。

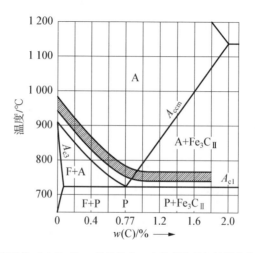

A—奥氏体;A+Fe$_3$C$_{II}$—奥氏体和二次渗碳体的机械混合物;F+A—铁素体和奥氏体的机械混合物;P—珠光体;F+P—铁素体和珠光体的机械混合物;P+Fe$_3$C$_{II}$为珠光体和二次渗碳体的机械混合物;A_{ccm}—过共析钢奥氏体化的理论温度;A_{c3}—亚共析钢奥氏体化的理论温度。

图 2-12 亚共析碳钢的淬火加热温度范围

对于过共析碳钢,淬火温度一般为 $A_{c1}+(30\sim50)℃$,可以得到均匀的细马氏体和粒状渗碳体的混合物。由于渗碳体的硬度高于马氏体,因此更有利于提高淬硬钢的硬度和耐磨性。对于合金钢,允许其淬火温度略高于碳钢,因为大多数合金元素(除了 Mn 和 P)阻止奥氏体晶粒长大。这样可以使合金元素充分溶解并均匀化,从而获得更好的淬火效果。

② 加热时间的选择。为了使工件内外各部分都完成组织转变,如碳化物溶解和成分的均匀化,就必须在淬火加热温度保温一定的时间。

(3)冷却介质及冷却方式。由 C 曲线可知,淬火后要得到马氏体组织,冷却速率必须大于临界冷却速率。但如果马氏体相变区（300℃～200℃）的冷却速度过快，则会造成较大的组织应力，导致工件变形开裂。为了使工件在淬火时的应力和变形最小，最佳淬火冷却速率如图 2 - 13 所示。

① 淬火冷却介质。常用的淬火介质有水、盐水、矿物油、各种硝盐或碱浴及各种有机或无机化合物的水溶液等。

② 常用的淬火方法。常用的淬火方法有单液淬火法、双液淬火法、分级淬火法、等温淬火法、局部淬火法、冷处理。

（4）钢的淬透性。钢在一定条件下淬火后，获得淬透层（也称淬硬层）深度的能力，称为钢的淬透性。一般规定，由钢的表面至内部马氏体组织量占 50％处的距离称为淬透层深度（又称为淬硬层深度）。淬透层深度越深，表明钢的淬透性越好。

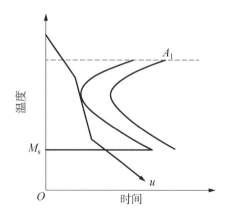

M_s—马氏体转变起始温度；u—临界冷却速度；A_1—奥氏体与珠光体的平衡温度。

图 2 - 13　钢的理想淬火冷却速度

3）钢的回火

钢的回火和淬火是分不开的，淬火后的零件，一般都要回火。回火是将淬火钢再加热到低于 A_1 的温度，然后冷却下来的热处理过程。回火的主要目的是降低脆性，消除或减小内应力，稳定工件的尺寸；调整硬度以提高韧性并获得工件所需的机械性能。

（1）回火的分类和应用。回火时，决定钢的性能的主要因素是回火温度。按照回火温度不同，回火可分为以下几类。

① 低温回火（150～250℃）。低温回火得到的组织为回火马氏体，其硬度（58～64HRC[1]）和耐磨性较高，内应力有所降低，韧性得到提高。主要用于量具、刀具等硬度和耐磨性较高的零件。

② 中温回火（350～500℃）。中温回火得到的组织为回火屈氏体，具有较高的弹性极限、屈服强度和适当的韧性。主要用于弹性零件及热锻模等。

③ 高温回火（500～650℃）。高温回火得到的组织为综合力学性能良好（强度充足、韧性高）的回火索氏体，硬度可达 25～40HRC。在高温下淬火回火的热处理过程称为调质处理。调质处理广泛应用于各种重要的结构件，特别是在交变载荷作用下工作的连杆、螺栓、齿轮和轴类等。

与正火钢相比，回火钢不仅强度高，而且比正火钢具有更高的塑性和韧性，这是

---

① HRC，洛氏硬度，是衡量材料软硬程度的性能指标。

由于回火钢的显微组织为回火索氏体,渗碳体呈颗粒状;而正火钢的显微组织是细片状珠光体,片状的为渗碳体。因此,重要的结构部件应该进行调质处理。

2.2 非金属材料

非金属材料是指工程材料中除金属以外的所有材料。机械工程中常用的非金属材料主要有有机高分子材料、无机非金属材料和复合材料。

2.2.1 有机高分子材料

有机高分子材料包括棉花、皮革、木材等天然高分子材料和合成纤维、合成橡胶、塑料等有机高分子合成材料。随着合成和加工技术的发展,出现了耐高温、高强、高模量及特殊性能和功能的高分子材料。

高分子材料是由称为单体的小分子聚合合成的。原料的单体大多是有机化合物。在有机化合物中,除碳原子外,其他主要元素是氢、氧、氮等。碳原子之间以及碳原子与其他元素的原子之间可以形成稳定的共价键。4价的碳原子可以形成大量不同结构的有机化合物。已知有机化合物的总数接近千万量级,新的有机化合物仍在合成中。

机械工程中使用的高分子材料主要是人工合成的有机高分子聚合物(简称高聚物),例如塑料、合成橡胶、合成纤维、涂料和胶接剂等。

1) 塑料

塑料是一种用合成树脂和一些添加剂制成的聚合物材料。树脂的种类、性能、成分比例决定了塑料的性能,工业用树脂主要是合成树脂,如聚乙烯、PVC等。

塑料添加剂的种类较多,常用的主要有以下几种。

① 填充剂:填充剂能使塑料达到预期的性能并降低成本。有机材料如木屑、纸屑、石棉纤维和玻璃纤维可作为填料,以增加塑料强度。例如,采用高岭土、滑石粉、氧化铝、石墨、铁粉、铜粉、铝粉等材料作为填料,得到的塑料具有较高的耐热性、导热性、耐磨性和耐腐蚀性。

② 增塑剂:增塑剂能提高树脂的可塑性、柔软性、流动性,降低脆性。常用的增塑剂有磷酸盐酯、甲酸酯和氯化石蜡。

③ 稳定剂(防老化剂):稳定剂可以提高塑料的耐光、耐热、耐氧等抗老化效果,延长塑料的使用寿命。常用的稳定剂有硬脂酸酯、环氧化合物等。

④ 润滑剂:添加少量润滑剂可提高塑料的流动性和脱模性能,使产品表面光滑美观。常见的润滑剂如硬脂酸。

除上述添加剂外,还有固化剂、发泡剂、抗静电剂、稀释剂、阻燃剂、着色剂等。

（1）塑料的特性。

① 质轻、比强度高。密度为 $0.9\sim2.2\ g/cm^3$，只有钢铁的 $1/8\sim1/4$。泡沫塑料的密度约为 $0.01\ g/cm^3$。尽管塑料的强度比金属低，但其比强度高。

② 化学稳定性好。能耐大气、水、碱、有机溶剂等的腐蚀。

③ 优异的电绝缘性。电气绝缘性能好，介质损耗小，其电气绝缘性能可与陶瓷、橡胶等绝缘材料媲美。

④ 减摩、耐磨性好。塑料的硬度低于金属，但大多数塑料摩擦系数小，有些塑料（如聚四氟乙烯、尼龙等）具有自润滑性。因此，塑料可以用来制造某些不需要润滑的部件。

⑤ 消声和吸振性好。塑料轴承和齿轮工作时平稳无声，大大减小了噪声污染。泡沫塑料常被用作隔声材料。

⑥ 成形加工性好：塑料有注射、挤压、模压、浇塑等多种成形方法，且工艺简单，生产率高。

⑦ 耐热性差。大多数塑料只能在 100℃ 以下使用，少数品种可用于 400℃ 左右；容易老化；导热性差，约为金属的 $1/500$；热膨胀系数高，达到金属的 $3\sim10$ 倍。

（2）常用塑料。常用塑料一般可分为热塑性塑料和热固性塑料。

① 热塑性塑料。常见的热塑性塑料有以下几类。

a. 聚乙烯（PE），根据生产工艺的不同，分为高压聚乙烯、中压聚乙烯和低压聚乙烯。高压聚乙烯化学稳定性高、柔软、绝缘、透明度、抗冲击性好，适用于吹塑薄膜、软管、瓶子。低压聚乙烯质地坚硬，有较好的耐磨性、耐腐蚀和绝缘性，适合制作管道、槽、电线和电缆皮等。

b. 聚氯乙烯（PVC），分为硬质和软质两种。硬质聚氯乙烯强度较高，绝缘性和耐蚀性好，耐热性差，可在 $15\sim60℃$ 温度范围内使用。软质聚氯乙烯强度低于硬质聚氯乙烯，伸长率大，绝缘性较好，广泛应用于制作电缆绝缘层。

c. 聚丙烯（PP），密度小，是常用塑料中最轻的一种。强度、硬度、刚性、耐热性均高于聚乙烯，可在 120℃ 以下长期工作。绝缘性好，且不受湿度影响，无毒无味，但低温脆性大，不耐磨，易老化。

d. 聚酰胺（PA），俗称尼龙或腈纶。强度、韧性、耐磨性、耐腐蚀性、吸振性、自润滑性、成形性好，摩擦系数小，无毒无味，可在 100℃ 以下使用。蠕变值大，导热性差，吸水性高，成形收缩率大。

e. 聚甲基丙烯酸甲酯（PMMA），俗称有机玻璃，透光性、着色性、绝缘性、耐腐蚀性好，在自然条件下老化发展缓慢，可在 $60\sim100℃$ 使用。不耐磨，脆性大，易溶于有机溶剂中，硬度不高，表面易擦伤。

f. ABS 塑料，是丙烯腈（A）、丁二烯（B）、苯乙烯（S）的三元共聚物。综合力学性能好,尺寸稳定性、绝缘性、耐水和耐油性、耐磨性好,长期使用易起层。

g. 聚甲醛(POM),耐磨性、尺寸稳定性、着色性、减摩性、绝缘性好,可在零下40~100℃长期使用。加热易分解,成形收缩率大。用于制造减摩、耐磨件及传动件。

h. 聚四氟乙烯(F-4),也称塑料王,有极强的耐腐蚀性,可抗王水腐蚀,绝缘性、自润滑性好,不吸水,摩擦系数小,可在195~250℃使用,但价格较高。用于耐腐蚀、减摩和耐磨件,以及密封件、绝缘件等。

② 热固性塑料。热固性塑料一般分为以下三类。

a. 酚醛塑料(PF)。俗称电木,强度、硬度、绝缘、耐腐蚀、尺寸稳定性好,可在高于100℃环境下工作;但是易碎,耐光性差,只能通过模压成形加工,价格低。常用于制造仪表外壳、电气绝缘板、酸泵、电气开关、水润滑轴承等。

b. 氨基塑料。俗称电玉,色泽鲜艳,晶莹剔透,绝缘性好,可在低于80℃环境下长期使用,耐水性差。用于制造绝缘件,如开关、插头等。

c. 环氧塑料(EP)。俗称万能胶,强度、韧性、绝缘性、化学稳定性好,能防水、防潮、防霉,可在-80~155℃长期使用,成形工艺简便,成形后收缩率小,黏结力强。

2) 橡胶

橡胶是在室温下能够实现可逆变形的高弹性聚合物材料,在很小的外力作用下可以产生较大的变形,消除外力作用可以恢复到它原来的状态。橡胶是一种完全无定形的聚合物,其玻璃化转变温度低,相对分子质量较大。

橡胶包括天然橡胶与合成橡胶两种。天然橡胶是从橡胶树、橡胶草等植物中提取胶质后加工制成;合成橡胶则由各种单体经聚合反应而得。

橡胶具有弹性大、吸振性强、耐磨性好、隔声性好、耐腐蚀和足够的强度等优点,可储能,其主要缺点是易老化。

橡胶的分类方式比较多,一般可按照下列原则分类。

按形态分为块状生胶、乳胶、液体橡胶和粉末橡胶。

按橡胶的外观形态分为固态橡胶(又称干胶)、乳状橡胶(简称乳胶)、液体橡胶和粉末橡胶四大类。

根据橡胶的性能和用途:除天然橡胶外,合成橡胶可分为通用合成橡胶、半通用合成橡胶、专用合成橡胶和特种合成橡胶。

根据橡胶的物理形态可分为硬胶和软胶,生胶和混炼胶等。

按性能和用途可分为通用橡胶和特种橡胶。

2.2.2 无机非金属材料

由无机物构成的固体材料称为无机非金属材料,无机非金属材料范围非常广泛。大多数无机非金属材料具有高熔点、高硬度、高化学稳定性、耐高温、耐磨性、抗氧化性、耐腐蚀、弹性模量大、强度高等优异性能。一些无机非金属材料也具有一些独特的物理化学性质,被广泛用作功能材料。常见无机非金属材料有陶瓷、水泥、玻璃等。

1) 陶瓷材料

根据原料的不同,陶瓷分为普通陶瓷和特种陶瓷。常见的陶瓷也称为传统陶瓷、硅酸盐陶瓷,其原材料是天然硅酸盐制品,如黏土、长石、石英、日用陶瓷、建筑陶瓷等。特种陶瓷是人工合成的金属氧化物、碳化物、氮化物、硅化物、硼化物等,具有一些独特的性能,可满足工程结构的特殊要求。常用的工业陶瓷可按如下分类。

(1) 普通陶瓷。质地坚硬、不氧化、不导电、耐腐蚀、成本低,加工成型性好。低强度,使用温度可达 1 200℃。广泛应用于电气、化工、建筑、纺织等行业。

(2) 氧化铝陶瓷。主要成分是 Al_2O_3。强度比普通陶瓷高 2~6 倍,硬度高;耐高温(陶瓷可在 1 600℃时长期使用,空气中使用温度最高为 1 980℃),高温蠕变小;耐酸、碱和化学药品腐蚀;绝缘性好;脆性大,不能承受冲击。

(3) 氮化硅陶瓷。化学稳定性好,除氢氟酸外,可耐无机酸(盐酸、硝酸、硫酸等)和碱液腐蚀;抗熔融非铁金属侵蚀,硬度高,摩擦系数小,耐磨性好,绝缘性好,热膨胀系数小,抗高温蠕变性高于其他陶瓷,最高使用温度低于氧化铝陶瓷。

(4) 碳化硅陶瓷。高温强度大,抗弯强度在 1 400℃时仍保持在 500~600 MPa,热传导能力强,有良好的热稳定性、耐磨性、耐腐蚀性和抗蠕变性。

(5) 氮化硼陶瓷。良好的高温绝缘性、耐热性、热稳定性、化学稳定性、润滑性,能抵抗多数熔融金属的侵蚀,硬度低,可进行切削加工。常用于制造热电偶套管、导体散热绝缘件等。

2) 水泥

凡细磨材料,加入适量水后,成为糊状体,既能在空气中硬化,又能在水中硬化,并能将砂、石材牢固地黏合在一起的水硬性胶凝材料,称为水泥。

水泥有很多种,根据其主要水硬性物质可分为硅酸盐水泥、铝酸盐水泥、硫代铝酸盐水泥、氟铝酸盐系水泥等;根据其用途和性能可分为普通水泥、特种水泥和专用水泥等三种。

3) 玻璃

玻璃是被熔融体以一定的方式冷却,随着黏度的逐渐增加而具有一定的结构特征非晶态固体物质。

工业用的玻璃常以无机矿物为主要原料,包括石英砂、硼砂、硼酸、重晶石、碳酸钡、石灰石等,加上添加少量的辅助材料(澄清剂、着色剂、乳浊剂等),通过破碎、筛分、混合、熔化、澄清和平滑处理后成形及热处理制成的产品。

(1) 玻璃的分类。按成分可以分为钠钙玻璃、硼硅玻璃(硬质玻璃)、特种玻璃、铅玻璃、高硅氧玻璃、石英玻璃、有色玻璃、无碱玻璃等。按用途可分为容器玻璃、平板玻璃、仪器及医疗玻璃、工艺美术玻璃、光学玻璃、特种玻璃、泡沫玻璃等。按性质和用途可分为建筑玻璃、技术玻璃、日用玻璃和玻璃纤维等。

（2）玻璃的性质。

力学性质。玻璃的理论强度很高，而实际强度仅为理论强度的1％以下。具有很高的抗压强度，而抗拉强度较低。硬度比较高，但脆性很大。

物理性质。玻璃是一种高度透明的物质，具有一系列重要的光学特性。通过改变玻璃的成分和处理方法可以改变玻璃的光学性能。玻璃在室温下通常是绝缘体。随着温度的升高，玻璃的电导率迅速增加，特别在玻璃化温度附近。玻璃的导热性差，抗热震性差，线膨胀系数小。

化学性质。玻璃化学性质比较稳定，耐酸（氢氟酸除外），但耐碱性较差。

2.2.3　复合材料

由两种或两种以上不同性质的材料经人工组合而成的多相固体材料称为复合材料。根据基体的不同分为非金属基复合材料和金属基复合材料；按照增强相的类型和形状分为颗粒复合材料、层压复合材料和纤维增强复合材料；根据其性能分为结构复合材料和功能复合材料。

1）性能

（1）比强度和比模量高。碳纤维和环氧树脂组成的复合材料，其比强度是钢的8倍，比模量（弹性模量与密度之比）是钢的3倍。

（2）抗疲劳性能好。碳纤维-聚酯树脂复合材料的疲劳强度为其抗拉强度的70％～80％，而大多数金属的疲劳强度为其抗拉强度的30％～50％。

（3）减振性能好。纤维与基体界面有吸振能力，可减小振动。例如，尺寸形状相同的梁，金属梁9 s停止振动，而碳纤维复合材料制成的梁2.5 s就可停止振动。

（4）高温性能好。在400～500℃时，铝合金的弹性模量和强度急剧下降。而碳纤维和硼纤维增强铝复合材料的弹性模量和强度在上述温度下基本保持不变。

此外，复合材料还有较好的减摩性、耐腐蚀性、断裂安全性和工艺性等。

2）常用复合材料

（1）纤维增强复合材料，可分为玻璃纤维增强复合材料和碳纤维增强复合材料。

① 玻璃纤维增强复合材料（俗称玻璃钢）。按黏结剂不同，分为热塑性玻璃钢和热固性玻璃钢。

热塑性玻璃钢以玻璃纤维为增强剂，热塑性树脂为黏合剂。与热塑性塑料相比，当基体材料相同时，热塑性玻璃钢的强度和疲劳强度提高2～3倍，冲击韧性提高了2～4倍，抗蠕变能力提高了2～5倍。

热固性玻璃钢以玻璃纤维为增强剂，热固性树脂为黏结剂。其密度小，耐腐蚀性、绝缘性、成形性好,比强度高于铜合金和铝合金,甚至高于某些合金钢。但热固性玻璃钢的刚度差,为钢的 1/10～1/5。耐热性不好(低于 200℃),易老化和蠕变。

② 碳纤维增强复合材料。与玻璃钢相比,其抗拉强度高,弹性模量是玻璃钢的 4～6 倍。玻璃钢在 300℃ 以上强度逐渐下降,而碳纤维在高温下强度较好。玻璃钢在潮湿的条件下会失去 15% 左右的强度,而碳纤维不会受到潮湿的影响。此外,碳纤维复合材料还具有优异的减摩、耐腐蚀、导热性和较高的疲劳强度。

(2) 层叠复合材料。由两层或两层以上不同材料复合而成。层叠强化复合材料的强度、刚度、耐磨性、耐腐蚀性、保温、隔声和减重等性能均能得到有效提高。常用的层叠复合材料有双层金属复合材料、塑料-金属多层复合材料和夹层结构复合材料等。

(3) 颗粒复合材料。由均匀分布在基体材料中的一种或多种材料的颗粒组成。金属陶瓷颗粒复合材料将金属的良好热稳定性、可塑性和陶瓷耐高温、耐腐蚀等相结合。

2.3　电网设备常用材料

电网设备按设备结构类型分可分为线圈类设备、开关类设备、结构类设备、线缆等。电网设备种类繁多,功能各异,因用途不同和服役环境不同需要使用不同的材料。

电网设备常用的金属材料有钢铁材料、铝及铝合金、铜及铜合金等。其中,钢铁材料在设备中主要起结构受力、机构传动和压力密封的作用。铜和铜合金、铝和铝合金常用来制作承受荷载和承担导电通流作用的部件。电网设备中常用的非金属材料包括陶瓷、玻璃、天然有机材料及合成高分子材料。

2.3.1　线圈类设备材料

线圈类设备主要有变压器、电抗器及电磁式互感器,这一类设备原理相通,选材也有相似之处。本节以变压器为例,简要介绍其用到的各类材料。

(1) 铁心。变压器铁心选材应遵从《全工艺冷轧电工钢》(GB/T 2521—2016),冷轧电工钢分为晶粒无取向钢带和晶粒取向钢带,《500 kV 及以上变压器用冷轧取向电工钢带》(YB/T 4518—2016)规定 500 kV 及以上的大型交流变压器、换流变压器铁心材料应选用冷轧晶粒取向钢带。根据《电力变压器用电工钢铁心》(GB/T 32288—2015),35 kV 及以下的配电变压器铁心选用冷轧晶粒无取向钢带。

硅钢是一种含碳极低的硅铁软磁合金,含硅量一般为 0.5%～4.5%。加入硅是为了提高钢材的电阻率和最大磁导率,降低矫顽力和铁心损耗(铁损)。

晶粒取向硅钢一般 Si 含量为 3％左右,低铁损要求钢中氧化物夹杂含量低,并须含有 0.03％～0.05％的碳和晶粒长大抑制剂如 MnS 等。抑制剂的作用是阻止初次再结晶晶粒长大和促进二次再结晶的发展,从而获得高的[0 0 1]取向。抑制剂本身对磁性有害,所以在完成抑制作用后,须经高温净化退火。采用第二相抑制剂时,板坯加热温度必须提高到使原来粗大第二相质点固溶,随后热轧或常化时再以细小质点析出,以便增强抑制作用,由于相变会破坏晶粒取向,因此在热处理过程中保持单相至关重要。冷轧成品厚度为 0.28 mm、0.30 mm 或 0.35 mm。冷轧取向薄硅钢带是将 0.30 mm 或 0.35 mm 厚的取向硅钢带,再经酸洗、冷轧和退火制成。当前国内可制作 0.23 mm 厚的晶粒取向硅钢带,日本已有 0.2 mm 厚晶粒取向硅钢带产品。

(2)绕组。电力变压器绕组常用导电良好的铜材或铝材制作,近年国内电力行业基本已不再采用铝材制作变压器绕组。《电力变压器用绕组线选用导则》(DL/T 1387—2014)规定 220 kV 及以下的交流油浸变压器、电抗器宜选用 1 号标准铜,330 kV 及以上的油浸式交流变压器及电抗器宜选用 A 级铜。A 级铜和 1 号标准铜都是阴极铜,通过电解提纯粗铜获得,A 级铜要求杂质总含量不大于 0.006 5％(铜含量大于 99.993 5％),其中 Ag 含量不大于 0.002 5％,是一种高纯铜材。1 号标准铜"Cu＋Ag"含量不小于 99.95％,1 号标准铜的"Cu＋Ag"含量与 T1 牌号的无氧铜要求一致。

《变压器铜带》(GB/T 18813—2014)推荐的两种绕组铜材分别是 TU1 和 T2 牌号的无氧铜,TU1 铜材"Cu＋Ag"含量不小于 99.97％,而 T2 铜材"Cu＋Ag"含量不小于 99.90％。该标准要求 TU1 铜材导电率不小于 100％ IACS,要求 T2 铜材不小于 98％ IACS。

《纸包绕组线 第 1 部分:一般规定》(GB/T 7673.1—2008)规定软铜圆线应采用 TR 型电工软圆线,软铜扁线应采用 TBR 型软扁铜线,软铜绞线应采用 TJR1 型电工软铜绞线,半硬铜线一方面需要较高的屈服强度,另一方面需要良好的导电性能。其中,TR 型电工软圆铜线要求电阻率不大于 0.017 241 $\Omega \cdot mm^2/m$(导电率不小于 100％ IACS)。

从设计上来说,变压器绕组需要考虑控制有载损耗以及发热,因此,铜材电阻率大小是设计上最需要关心的参数,以某变压器厂某型 110 kV 油浸变压器为例,绕组中设计电流密度为 3 A/mm^2,并要求铜线 75℃时的电阻率不高于 0.021 35 $\Omega \cdot mm^2/m$,折算成 20℃的导电率约为 98％ IACS。如果实际制造变压器选用的铜材电阻率过高,就会导致变压器负载损耗过大,并且可能造成变压器温度过高。

变压器的设计制造还需要考虑使用时的抗短路能力,在短路电流作用下,低压绕组常出现不可逆的变形,造成变压器失效。因此,低压绕组线圈在绕制时除了需要"压紧挤实垫好",还需要换位线、绕组线具有良好的力学性能。目前变压器行业一般采用加工硬化的方法来获得半硬铜线,但是有文献报道加工硬化的纯铜在高温变压器油中服役一年后屈服强度有一定程度衰减。从材料角度来看,掺杂强化的银铜TAg0.1~0.01 等材料具有良好的力学性能和导电性能,可能是良好的替代选项。

(3)油箱、油枕、散热器。油箱、储油柜柜体可采用碳素钢、低合金钢、不锈钢、低磁钢等制作,散热片、集油管、法兰可采用 Q235 等普通碳素钢等,需要注意的是,最低温度−20℃及以下地区宜选用 B 级及以上钢材。

(4)绝缘材料。绝缘故障引起的短路故障是变压器退出运行的主要原因,绝缘材料对变压器至关重要。油浸式变压器常用绝缘材料有陶瓷、绝缘纸板、电工层压木、上胶纸、绝缘胶、电缆纸、电工皱纹纸、环氧玻璃布板等。其中,电工绝缘纸板是以纯硫酸盐木浆为原料,通过真空干燥可以彻底干燥、去气和浸油,具有良好的电气性能和机械性能。电工层压木是采用色木、桦木及水曲柳等对变压器油无污染的优质木材经蒸煮、旋切干燥并涂以绝缘胶,经高温高压而成。环氧玻璃布板是玻璃纤维布用环氧树脂黏合经加温加压制作而成。

2.3.2 开关类设备材料

1)隔离开关

隔离开关的用材主要有钢材、陶瓷、铜及铜合金、铝及铝合金。其主要构件如下。

(1)导电部件。导电部件包括触头、导电杆、引流板。触头材料一般为铜或铜合金,导电性好。导电杆常用 6 系铝合金,如 6005 铝合金等。为了提高导电性,触头、导电杆等导流接触部位常采用表面镀银工艺。

(2)操动机构。操动机构包括弹簧、拐臂、连杆等部件。弹簧一般使用合金弹簧钢,特殊情况下根据设计要求或者使用功能可以选用其他钢材。拐臂、连杆一般采用Q235 钢材,其表面热浸镀锌以获得良好的防腐性能。对耐腐蚀等级较高的设备零件,应采用不锈钢锻造加工。

(3)支柱绝缘子。一般由绝缘体、金属附件及胶合剂三部分组成,绝缘体主要起绝缘、支撑、保护作用。金属附件一般使用铸铁、低碳钢、铝及铝合金等制作,起机械固定作用,胶合剂的作用是将绝缘体和金属附件胶合起来,常用胶合剂一般是与水泥成分相似的无机材料,也有采用低熔点的合金材料黏结。

2)断路器

断路器用到的材料主要有陶瓷、铜及铜合金以及钢材等。其主要构件如下。

(1)触头。断路器中主触头材料一般选用含铜量不小于 T2 牌号的纯铜,表面镀银处理。也有部分厂家选用导电性良好且屈服强度高的银铜、铬青铜制作主触头。

弧触头材料工作条件苛刻,通常选用钨铜复合材料制作。钨铜复合材料的高耐压强度和耐电烧蚀性能成为推动高压电器开关耐压等级和使用功率不断提高的重要根基,并使得钨铜复合材料成为高压电器开关中不可缺少的关键材料。钨铜复合材料是利用高纯钨粉优异的金属特性和高纯紫铜粉或银铜、铬青铜的可塑性、高导电性等优点,经静压成型、高温烧结、溶渗铜的粉末冶金工艺制作而成。其既保持了钨的耐高温、高硬度、低膨胀系数,又保持了铜的高导电、导热性和好的塑性。钨铜复合材料具有优良的耐电弧烧损性和抗熔焊性,断弧性能好,导电、导热好,在3 000℃以上的温度,复合材料中的铜会被液化蒸发,大量吸收热量,降低材料表面温度,所以这类材料也称为金属发汗材料。

实验发现,不同成分的触头材料有其最佳的适用场合,例如,在六氟化硫断路器中材料组分为Cu20~30/W80~70,在空气或真空开关中材料组分为Cu10/W90。近年来,为了提高电触头材料的使用寿命,触头厂家采用了更为先进的制造工艺,如纤维强化法、烧结轧制工艺、离子注入、电弧熔炼法等。

(2)操动机构。操动机构包括分合闸弹簧、拐臂、拉杆、传动轴、齿轮、机构箱体等。对用于分合闸弹簧的弹簧钢应进行磷化电泳防腐处理。弹簧钢是具有高疲劳极限、良好冲击韧性和一定塑性的钢材,其工艺性能和加工性能优异。按生产方法可分为热轧钢和冷拉钢。热轧钢的截面尺寸一般较大,弹簧由加热成型,然后经调质处理。冷拉型钢截面小,弹簧的制造采用液态成形,成型后一般只需要低温回火处理,工艺相对简单。

拐臂、拉杆、传动轴、凸轮等传动部件的材质,根据工作环境的条件,常用的材质是镀锌钢、不锈钢或铝合金。如户外使用的传动杆为镀锌钢,不锈钢多用于制造臂和传动轴,齿轮则选用中碳钢或低合金钢。

(3)瓷套。瓷套是中空的陶瓷部件,材质一般为普通陶瓷,也有部分厂家使用氧化铝陶瓷制作。

(4)灭弧喷口。对于六氟化硫断路器,灭弧喷口可以保证六氟化硫气体集中作用于电弧,是断路器的重要部件之一,断路器动作时,灭弧喷口会被电弧烧蚀,所以喷口多使用聚四氟乙烯材料制成。为了保证喷口耐烧蚀,常常向聚四氟乙烯中加入耐高温的无机填料,制成复合材料,常见的无机填料如氮化铝陶瓷颗粒等,可有效提升喷口寿命。

3)气体绝缘全封闭组合电器

气体绝缘全封闭组合电器由断路器、隔离开关、接地开关等组成,气体绝缘全封闭组合电器常用材料有铝合金、铜及铜合金、钢材以及树脂材料。其主要部分使用的金属材料如下。

(1)壳体。壳体包括筒体、波纹管及法兰,材料通常采用5A05 - H112、5083 - H112、5052等5系铝合金。波纹管应采用奥氏体不锈钢,且其Mn含量应不大于2%。

(2)母线导线杆一般采用铝合金制造,接头表面镀银。

（3）连杆、传动轴、万向节等一般采用不锈钢，而轴销零件则需采用奥氏体不锈钢。

2.3.3　结构类设备材料及缆线材料

1）结构类设备材料

在电网设备中，结构类设备主要有杆塔、紧固件、电力金具等。除部分金具外，该类设备一般不通过电流，对导电性没有要求，但需要具有一定的机械强度和防腐能力，才能起到结构支撑作用。

输电杆塔及构支架等多采用 Q235、Q345、Q420、Q460 等牌号的钢材制作。为了防止腐蚀，一般在表面进行热镀锌防腐，近年，耐候钢在铁塔上的应用也越来越广泛。

紧固件的材质依照其使用环境和性能要求而不同，螺栓和螺母一般使用碳钢或者合金钢，并进行一定的热处理以获得良好性能，规格较小的螺栓和螺丝一般宜采用不锈钢制作。

不同功能的金具选用不同材料，悬垂线夹一般采用铸铝制作。耐张线夹按其结构（型式）可分为可压缩型、螺栓型、楔型和预绞式耐张线夹，压缩型耐张线夹由铝（铝合金）管和钢锚构成，钢锚用于接续和锚固导线的钢芯，铝（铝合金）管则用于接续导线，通过压接使铝（铝合金）管和钢锚产生塑性变形，这将使整个耐张线夹与导线成为一个整体。如有必要，可在铝（铝合金）管中加入相应材质的套管，以满足电性能要求。

调节板、联轴板、牵引板、支撑架等材料一般采用 Q345 钢制作，有时也采用 Q235钢。槽板等圆钢零件一般用 35 号圆钢，球头挂环有时也用 40Cr 圆钢，碗头吊板一般用铸钢。铝棒类零件一般采用 1050 A 材料，如连接器、耐张夹，以及等压环、屏蔽环等零件。各类金具的闭口销，需要使用奥氏体不锈钢。

2）导线、地线以及电力电缆材料

电网中使用的架空导线需要承担导电的功能。导体一般选用导电能力强且具有一定机械强度的材料。在这种情况下，铝、铝合金是较好的选择。架空地线一般使用碳钢、低合金钢拉拔强化后绞制，为了防止腐蚀，表面会镀上一层锌或锌铝合金，充当阳极牺牲氧化，以保护内部不会被腐蚀。

电力电缆的导体一般采用导电性良好的纯铜制作，起保护作用的铠装层一般为碳钢带。绝缘材料主要是交联聚乙烯、聚氯乙烯等，聚氯乙烯也常用来制作电力电缆的护套。

第3章 焊接技术

3.1 焊接原理

焊接是指通过适当的物理化学过程使两个分离的固态物体产生原子(分子)间结合力而连接成一体的连接方法。被连接的两个物体(构件、零件)可以是各种同类或不同类的金属、非金属(石墨、陶瓷、玻璃等),也可以是一种金属与一种非金属。传统意义的焊接是指金属的焊接,随着工业技术(新材料技术、电力电子技术、3D打印增材制造技术等)日新月异的发展,焊接已经不局限于传统说法,广义的焊接可以推广到更大的范围,如交联聚氯乙烯等有机材料、各种树脂基复合材料和石墨、陶瓷等非金属材料的焊接。

3.1.1 焊接过程的物理本质

与铆接、螺栓连接、黏接等其他连接方式不同,焊接不仅使两个工件在宏观上形成了永久性的接头,而且在微观组织上形成一体。

固体物质的原子(分子)是通过各类键结合在一起的。金属是依靠金属键结合在一起的。如图3-1所示,两个原子间的结合力大小是由两者之间引力和斥力共同作用平衡后的结果。

当原子间的距离为 r_A 时,结合力最大。对于大多数金属,r_A 为 $0.3\sim0.5\text{nm}$,当原子间的距离大于或小于 r_A 时,结合力显著降低。

从理论上讲,实现焊接的过程就是当两个被焊的固体部件表面接近到相距 r_A 时,在接触表面形成原子扩散、再结晶等物理化学过程,从而形成金属键,达到焊接的目的。然而,实际工作中,即使经过精细加工的表面,在微观上也还会存在凹凸不平,更不要说在一般工件表面常存在的氧化膜、油污和水分等吸附层,会阻碍金属表面紧密接触到距离 r_A。

为了克服阻碍金属表面紧密接触的各种因素,在焊接工艺上采取以下两种措施:

(1) 对待焊接的工件施加压力,破坏接触表面的氧化膜,使两工件结合处有效接

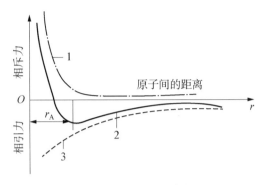

1—斥力；2—引力；3—合力。

图 3 - 1　原子之间的作用力与距离之间的关系

触面积增加，达到紧密接触。

（2）对待焊材料加热（局部或整体），使结合处达到塑性或熔化状态，接触面的氧化膜迅速被破坏，降低了金属变形阻力，加热也提升了原子布朗运动的能力，促进扩散、再结晶、化学反应和结晶过程的进行。

每种材料实现焊接所必需的温度与压力之间存在一定的关系如图 3 - 2 所示。金属加热的温度越低，实现焊接所需的压力就越大。当金属的加热温度 $T < T_r$（金属的再结晶温度）时，压力必须在 Ⅰ 区才能实现焊接（冷压焊）；当 T 在 $T_r \sim T_M$（是金属的熔点）时，压力在 Ⅳ 区可以实现焊接（热压焊），而压力在 Ⅲ 区则必须保持温度和压力适当时间才能实现焊接（扩散焊）；当 $T > T_M$ 时，实现焊接所需要的压力为 0，这种情况就是熔化焊（Ⅴ 区）。

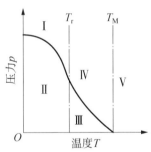

Ⅰ—冷压焊接区；Ⅱ—非焊接区；Ⅲ—扩散焊接区；Ⅳ—热压焊区；Ⅴ—熔化焊区。T_r—再结晶温度；T_M——熔点。

图 3 - 2　材料焊接时所需的温度与压力关系

尽管通过不同温度与压力配合实现焊接的方法很多，但实际上，对于金属来说，都是使两个待焊工件之间（母材与焊缝）形成共同的晶粒，如图 3 - 3（a）所示。

钎焊时虽然也能形成不可拆卸的接头，但由于只是钎料熔化，而母材不熔化，故在结合处一般不形成共同的晶粒，只是在钎料和母材之间形成有原子相互渗透的机械结合，如图 3 - 3（b）所示。但如果钎料与母材存在某些物理化学性质相近时，也会形成共同晶粒，如用铝基钎料焊铝和铜基钎料焊铜时。

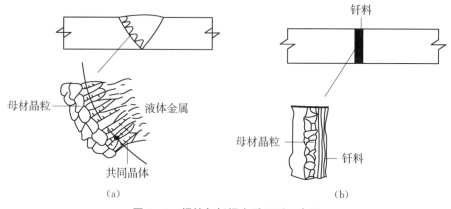

图 3-3　焊接与钎焊本质区别示意图

(a) 焊接；(b) 钎焊

3.1.2　焊接热源的种类及特性

实现焊接必须由外界提供相应的能量，能量是实现焊接的基本条件。目前焊接能量从基本性质看，主要是热能和机械能。能够作为焊接热源应当具备以下特点：能量密度集中度高、焊接过程能够快速实现、低污染、成本可控，并能保证得到致密且强韧的焊缝和最小的热影响区。

当前主要采用的焊接热源有以下几种：

（1）电弧热。利用气体介质中放电过程所产生的热能作为焊接热源。它是应用历史最悠久、最广泛的一种，如手工电弧焊、埋弧焊、气体保护焊等。

（2）化学热。利用助燃和可燃气体或铝、镁热剂进行化学反应时产生的热能作为焊接热源，如气焊和放热焊等。

（3）电阻热。利用电流通过导体时产生的电阻热作为焊接热源，如电阻焊和电渣焊等，采用这种热源可实现焊接机械化和自动化，但对电力供应的需求较大。

（4）高频感应热。对于有磁性的金属，利用高频感应产生二次电流产生的电阻热对工件局部加热，这种热源能量可以高度集中，从而实现高速焊接，如高频焊管等。

（5）摩擦热。由机械摩擦而产生的热能作为焊接热源，如搅拌摩擦焊等。

（6）等离子焰。利用电弧放电或高频放电产生高度电离的离子流所携带的大量热能和动能作为焊接热源，如等离子焊接、喷涂等。

（7）电子束。利用高压高速运动的电子束在真空中猛烈轰击金属局部表面，使其携带的动能转化为热能作为焊接热源。由于能量高度集中，可以使焊缝的深宽比高达40以上，大多数工件可不开坡口实现焊接，热影响区超窄，焊接质量很高，但成本稍高。

（8）激光束。通过聚焦产生能量高度集中的激光束作为焊接热源。

各种焊接热源的主要特性见表 3 - 1。

表 3 - 1　各种热源的主要特性

热源	最小加热面积/cm²	最大功率密度/(W/cm²)	温度/K
乙炔火焰	10^{-2}	2×10^3	3 400~3 500
金属极电弧	10^{-3}	10^4	6 000
钨极氩弧	10^{-3}	1.5×10^4	8 000
埋弧焊电弧	10^{-3}	2×10^4	6 400
电渣焊	10^{-2}	10^4	2 300
熔化极氩弧	10^{-4}	$10^4 \sim 10^5$	—
CO_2 气体保护焊电弧	10^{-4}	$10^4 \sim 10^5$	—
等离子弧	10^{-5}	1.5×10^5	18 000~24 000
电子束	10^{-7}	$10^7 \sim 10^9$	
激光束	10^{-8}	$10^7 \sim 10^9$	

3.1.3　焊接接头的形成

1) 熔化焊情况下

熔化焊时焊接接头的形成,一般都要经历加热、熔化、冶金反应、凝固结晶、固态相变,直至形成焊接接头,这些过程之间的相互联系和随时间、温度变化所经历的过程如图 3 - 4 所示。

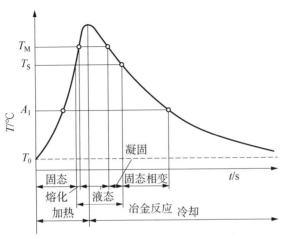

T_M—金属的熔点;T_r—金属的凝固温度;A_1—金属的 A_1 相变点;T_0—初始温度。

图 3 - 4　熔化焊接经历的过程

（1）焊接热过程。熔化焊接时被焊金属待焊工件在热源作用下局部受热熔化，使整个焊接过程自始至终全部发生在热过程中。它与焊接过程中发生的冶金反应、凝固结晶、固态相变、焊接温度场和应力变形等均有密切的关系，是影响焊接质量和生产效率的重要因素之一。

（2）焊接化学冶金过程。熔化焊时，母材（固相和液相）、熔渣与气相之间进行一系列的化学冶金反应，如氧化、还原、脱硫、脱磷、掺特殊元素等。这些冶金反应可直接影响焊缝的成分、组织和性能。因此，如何控制化学冶金过程是提高焊接质量的重要途径之一，一般通过这两个方面来提高焊缝的强韧性：① 通过焊接材料向焊缝中加入微量合金元素如 Ti、Mo、Nb、V、Zr、B 和稀土元素等进行变质处理；② 适当降低焊缝中的碳，并最大限度排除焊缝中的 S、P、N、O、H 等杂质以净化焊缝。

（3）焊接时的凝固结晶和相变过程。随着热源离开，经过化学冶金反应的熔池开始凝固结晶，原子由近程有序排列转变为远程有序排列，即由液态转化为固态。对于具有同素异构转变的材料，随着温度的下降，将发生固态相变。因焊接条件下是快速连续冷却，并受局部拘束应力的作用，在此过程中可能产生偏析、夹杂、气孔、裂纹等缺陷。因此，控制凝固结晶和固态相变过程是确保焊接质量的关键。

2）压力焊情况下

少数压力焊过程（如电阻点焊、闪光对焊）中，焊接区金属熔化并同时被施加压力，将发生类似于熔化焊的过程：加热、熔化、冶金反应、凝固、固态相变，最终形成接头，但由于压力的作用，提高了焊接接头的质量。

多数压力焊过程中，焊接区金属仍处于固相状态，依靠在压力（加热或不加热）作用下产生的塑性变形、再结晶和扩散作用形成接头。一般认为，固态焊接过程分为变形-接触、扩散-界面推移、界面和孔洞消失阶段，如图 3-5 所示。

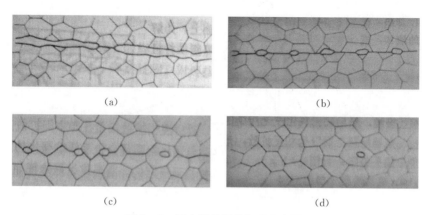

（a）　　　　　　　　　　　　　　　（b）

（c）　　　　　　　　　　　　　　　（d）

图 3-5　压力扩散焊接机理示意图

(a) 原始状态；(b) 变形-接触阶段；(c) 扩散-界面推移阶段；(d) 界面和孔洞消失阶段

　　工件表面不论经过多么精细的加工,微观上总是凸凹不平的,将这样的两个工件表面装配在一起,若不施加任何压力,紧密接触的部分不超过 1%,如图 3 - 5(a)所示。因此,焊接开始时给予这样的接合面施加一定的压力(加热或不加热),微观凸起的部分开始产生塑性变形,紧密接触的表面积不断增大,原子相互扩散并交换电子,形成金属键连接。因一开始承受压力的部位仅为极少的凸出部位,在不大的压力下就可以使凸起部位达到屈服而产生塑性变形,而随着塑性变形的扩展,接触面积迅速增大,可达到接触面的 40%～75%[见图 3 - 5(b)],使局部所受的压应力迅速减小,塑性变形停止,后续主要依靠蠕变使接触面积最终达到 90%～95%,剩余 5% 未紧密接触部分逐渐演变形成界面孔洞。焊接表面达到紧密接触后,由于变形引起的晶格畸变、位错、空位等各种微观缺陷在原界面附近大量堆积,原界面区的能量大增,原子处于高能状态,布朗运动能力大增,扩散迁移十分迅速,很快就形成以金属键为主要形式的接头。但此时接头强度不高,必须保持焊接状态,使扩散层达到一定的深度,通过回复、再结晶及界面推移,使建立起的金属键连接变成牢固的冶金连接,这是压力扩散焊过程的主要阶段,如图 3 - 5(c)所示。尽管此时已建立起冶金连接,但此时的接头组织与母材成分差别较大,远未达到均匀化,必须通过进一步的扩散,加强已形成的连接,扩大牢固连接面,消除界面孔洞,使接头组织与成分均匀化[见图 3 - 5(d)]。实际的焊接过程中,上述三个阶段并非截然分开、依次进行的,多数试验结果表明,三个阶段是彼此交叉并存在局部重叠。

3.2　焊接方法

　　根据不同的加热方式、加压方式、选用填充材料的方式,目前已经发展出了很多种焊接方法。

3.2.1　焊接方法分类

　　焊接的分类方法很多,按工作原理可分为以下三大基础类别。

　　(1) 熔化焊,是指用某种外加热源加热使被焊件表面局部受热熔化成液体,然后冷却结晶联成一体的焊接方法。

　　(2) 压力焊。被焊件连接部分加热到塑性状态或者表面局部熔化状态,同时施加压力,使连接面上的原子相互接近到晶格距离,从而在固态条件下实现连接的方法。

　　(3) 钎焊,利用某些熔点低于被连接构建材料的熔化金属(钎料)做连接的媒介物,在连接界面上溶解和扩散形成焊接接头。

　　然而每种基础类别下按照加热加压方法的不同,又可以派生出多种类别,其常见的族系法分类如图 3 - 6 所示。

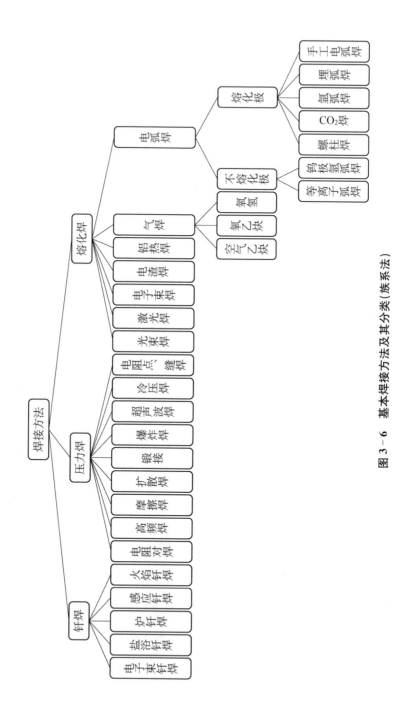

图 3 - 6　基本焊接方法及其分类（族系法）

3.2.2 手工电弧焊

1) 手工电弧焊的特点

手工电弧焊是利用焊条与焊件之间的电弧热，将焊条及部分母材熔化而形成焊缝的焊接方法。如图 3-7 所示，焊接时采用带有药皮的焊条和被焊件接触引燃电弧，然后提起焊条并保持一定距离，在合适的电弧电压和焊接电流下电弧稳定燃烧，熔化焊条及部分母材。焊条端部熔化的金属和被焊件金属融合在一起，形成熔池。药皮分解生成气体和熔渣，在气体和熔渣的共同保护下，隔绝空气，并降低焊缝冷却速度。通过高温下熔化金属与熔渣之间复杂的冶金反应，使焊缝金属获得合适的化学成分和组织。

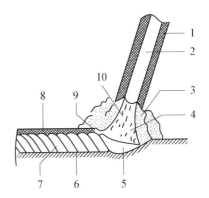

1—药皮；2—焊芯；3—保护气；
4—电弧；5—熔池；6—母材；7—焊缝；
8—焊渣；9—熔渣；10—熔滴。

图 3-7　手工电弧焊过程示意图

手工电弧焊优点：设备简单、操作灵活、使用方便；可在任何位置、场地进行焊接操作，特别是能选择各种性能的焊接材料来满足焊接接头使用性能要求；可焊接复杂结构件上的各种接头；可焊接电气设备所用的绝大部分金属材料；工艺成熟，方便进行质量控制。

手工电弧焊缺点：生产效率低，劳动强度大，对焊工的技能水平及操作要求高。

2) 手工电弧焊设备

常用的手工电弧焊电源有交流电焊机、旋转式直流电焊机和硅整流式直流电焊机三种。

（1）交流电焊机，也称为交流电焊变压器，是手工电弧焊中应用最广泛的一种供电设备。交流电焊机是一种特制的降压变压器，可将初级电压 380 V 或 220 V 降到空载电压 60～80 V，其内部有一个比较大的感抗，可保证电弧稳定燃烧，并在一定范围内调整焊接电流的大小。交流电焊机具有结构简单、成本低、效率高、节省电能和使用维护方便等特点。

（2）旋转式直流电焊机，由直流发电机和拖动它的电动机组成，由交流供电使电动机旋转，带动直流发电机发电供焊接使用。根据焊接工艺的要求，焊接电流可在较大范围内调节，电弧燃烧稳定。

（3）硅整流式直流电焊机，是一种利用可控硅整流器（SCR）或大功率半导体器件绝缘栅双极型晶体管（insulated gate bipolar transistor，IGBT）将工频交流电整流变为直流电的手工电弧焊设备。因未采用转动型设备，该电焊机具有噪声小、效率高、体积小巧、成本低等优点。目前，硅整流式直流电焊机逐步替代了旋转式直流电焊机。

直流电焊机的特点是直流电弧燃烧稳定,小电流焊接时常选用。直流电源在焊接时又分正接、反接两种接法。正接是指工件接正极,焊条接负极;反之则为反接。手工电弧焊过程中,直流正接时焊材熔敷效率高,但易使焊缝成型不良;直流反接时电弧的熔深和熔宽都比正接时要高,可以充分保证熔池内的冶金反应进行,得到冶金质量较高的焊缝。因此,在焊接重要结构或对焊缝质量要求较高时一般选择直流反接的方式。

3) 手工电弧焊焊条

(1) 焊条的构成。焊条是涂有药皮的供手工电弧焊用的熔化电极,由药皮和焊芯两部分组成:焊条药皮是涂在焊芯表面上的涂料层,焊芯是焊条中被药皮包覆的金属芯。

焊芯的作用:进行手工电弧焊时,焊芯除了作为电极导电产生电弧外,还受热熔化并作为焊缝的填充金属。因此焊芯的成分和性能对于焊缝金属的质量有着直接的影响。

药皮的作用:进行手工电弧焊时,焊条药皮主要起到稳弧、保护、冶金和改善工艺性能等作用。

焊条药皮的主要成分按其作用不同可分为稳弧剂、造渣剂、造气剂、脱氧剂、合金剂、黏结剂和成形剂 7 种。

(2) 焊条的分类。

按用途分,焊条分为碳钢焊条、低合金钢焊条、不锈钢焊条、铬和铬钼耐热钢焊条、低温钢焊条、堆焊焊条、铝及铝合金焊条、铜及铜合金焊条、镍及镍合金焊条、铸铁焊条和特殊用途焊条等。

根据焊条药皮熔化后形成熔渣的酸碱度可以分为碱性焊条和酸性焊条。酸性焊条指药皮中含有较多 FeO、TiO_2、SiO_2 等酸性氧化物及少量有机物的焊条。其熔渣的氧化性强,施焊时合金元素烧损较大,焊缝金属的氮氧含量较高,焊缝金属的力学性能尤其是冲击韧性相对较低;酸性渣脱硫脱磷效果差,形成的焊缝抗裂性能较差,但焊接工艺性能良好、成型美观、波纹细密,特别是对油、水、锈等污物的敏感性不强,具有较好的抗气孔能力。酸性焊条一般均可采用交、直流电源施焊,广泛用于一般结构的焊接。典型酸性焊条为 E4303(J422)。碱性焊条又称为低氢焊条,指药皮中含有较多大理石($CaCO_3$)、萤石(CaF_2)等碱性物质和适量合金的焊条。碱性焊条焊缝抗裂好,焊缝具有较高的力学性能尤其是冲击韧性。与酸性焊条比,碱性焊条对油、水、锈等污物的敏感性高,抗气孔能力较差;且电弧稳定性差,除非在药皮中专门加入稳弧剂;碱性焊条一般采用直流电源施焊,多用于焊接承受动载荷的工件或重要结构的焊接。典型的碱性焊条为 E5015(J507)。

按药皮的类型分,焊条可分为氧化钛型焊条、钛钙型焊条、钛铁矿型焊条、氧化铁型焊条、纤维素型焊条和低氢型焊条等。

4) 手工电弧焊焊接工艺参数

手工电弧焊时,焊接电流、焊接电压、焊条种类和直径、焊机种类和极性、焊接速度、坡口形式及尺寸、焊接层数等焊接工艺参数是影响焊接质量和焊接生产效率的直接因素。

(1) 焊接电流。焊接电流是影响焊接质量和焊接生产效率的主要因素之一。增大电流,电弧挺度提高,可以增大焊缝熔深,提高焊接生产效率,但是电流过大,会使焊芯温度过高,药皮脱落,使用不锈钢焊条和镍基焊条时上述情况尤为突出,还会造成咬边、烧穿、焊瘤、过烧等缺陷,同时也增加焊缝高温停留时间,使焊缝及热影响区晶粒粗大。若电流过小,则易造成未焊透、层间未熔合、夹渣等缺陷。

选择焊接电流时应考虑的影响因素主要有焊条直径、焊缝位置和材质。焊条直径变大,焊接电流应适当加大。焊接平焊缝时,可选用较大电流,其他焊接位置时,焊接电流应适当减小,以获得较小的熔池,降低熔融金属流出熔池的风险。对于电阻率较高的不锈钢焊条和镍基合金焊条,应选择较小电流,尽量避免焊接过程中焊条过热和药皮脱落问题。

(2) 焊接电压。焊接电压越高,焊接时电弧弧长越长,电弧越发散,相应的熔宽增加,熔深减小。手工电弧焊时焊接电压一般为 20~25 V。

(3) 焊条直径。焊条直径主要根据被焊工件的厚度和焊层来选择。工件越薄,选用的焊条越细;工件越厚,选用的焊条越粗。多层焊的打底层和盖面层宜选用较细的焊条,以提高焊接可靠性和成形美观度,中间填充焊层则可以适当选用较粗的焊条以提高生产效率。

(4) 焊接速度。焊接速度是指焊条沿焊接方向移动的速度。手工电弧焊的焊接速度一般不做特殊规定,而由焊工根据焊缝尺寸和焊条特性自行掌握,但在一些对焊接线能量控制要求高的场合,也会规定焊接速度。通常,手工电弧焊焊接速度不超过 3 mm/s,工件越薄,焊接速度应越大。

(5) 坡口形式和尺寸。坡口形式和尺寸的选择,对焊缝质量和焊接生产效率影响较大。坡口开得越大,需要填充的熔敷金属就越多,生产效率就越低,生产成本高,但此时焊条摆动操作空间大,电弧热可达性好,有利于减少未熔合、夹渣等缺陷的产生;反之坡口开得越小,需要填充的熔敷金属越少,有助于提高生产效率和降低成本,但因操作不便,发生未焊透、未熔合、夹渣等缺陷的概率升高。适宜的钝边间隙可以实现单面焊双面成型,钝边间隙过大,易产生烧穿、反面焊瘤、根部氧化等缺陷;钝边间隙过小,则易产生未焊透等缺陷。

(6) 焊接层数。在中厚板手工电弧焊时,应采用多层多道焊。对同一厚度的钢材,其他条件不变,焊接层数增加,有利于提高焊接接头的塑韧性。焊接层数根据经验确定,一般选取厚度与焊条直径的比值(进一法取整)。

5) 手工电弧焊的焊接位置

手工电弧焊可以在不同位置进行操作。熔化焊时,焊接接头所处的空间位置称为焊接位置,《焊接术语》(GB/T 3375—1994)中用倾角和转角两个参数来划分不同的焊接位置。平焊、立焊、横焊、仰焊位置是四种基本焊接位置,图3-8所示为对接焊缝和角接焊缝的四种基本焊接位置示意图,图中共列出了7种焊接位置,对这7种位置进行的焊接分别称为平焊、平角焊、横焊、仰角焊、仰焊、立向上焊、立向下焊。

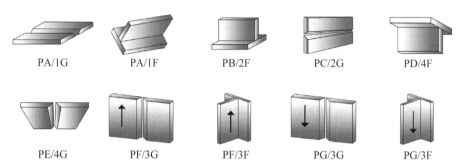

PA/1G   PA/1F   PB/2F   PC/2G   PD/4F

PE/4G   PF/3G   PF/3F   PG/3G   PG/3F

PA—平焊位置;PB—平角焊位置;PC—横焊位置;PD—仰角焊位置;PE—仰焊位置;PF—立向上焊位置;PG—立向下焊位置。

图3-8 常用的焊接位置

管状对接焊缝的焊接位置也有四种基本形式,即水平转动、垂直固定、水平固定、45°全位置,如图3-9所示。

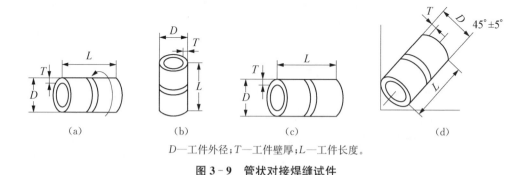

(a)   (b)   (c)   (d)

D—工件外径;T—工件壁厚;L—工件长度。

图3-9 管状对接焊缝试件

(a) 水平转动;(b) 垂直固定;(c) 水平固定;(d) 45°全位置

对于不同的焊接位置,采用的焊接方法、选择的焊接参数及对焊工操作手法的要求都存在较大的差异,焊缝的外观成型与内部缺陷的发生也各不同。

3.2.3 埋弧自动焊

埋弧自动焊是最早应用的自动化焊接方法，其实施过程如图 3-10 所示，由四个要素组成：一是颗粒状焊剂通过焊剂软管均匀铺盖在待焊坡口区；二是焊丝由送丝机构经送丝轮和导电嘴送入电弧区；三是控制机构、送丝机构、焊剂漏斗和软管等通常安装在可以自行行走的小车上，以实现焊接电弧的自动移动；四是弧焊电源输出端接在导电嘴和工件上，以产生电弧。

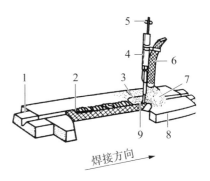

1—引出板；2—焊缝；3—焊渣；
4—导电嘴；5—送丝轮；6—焊剂软管；
7—焊剂；8—工件；9—焊丝。

**图 3-10 埋弧自动焊的焊接过程
示意图**

埋弧自动焊本质上是一种电弧在颗粒状焊剂下燃烧的熔焊方法，如图 3-11 所示。将焊丝送入颗粒状的焊剂下，与焊件之间产生电弧，使焊丝和焊件熔化形成熔池，熔池金属结晶为焊缝；部分焊剂熔化形成熔渣，并在电弧区域形成一封闭空间，液态熔渣凝固后成为渣壳，覆盖在焊缝金属上面。随着电弧沿焊接方向移动，焊丝不断地送进并熔化，焊剂也不断地撒在电弧周围，使电弧埋在焊剂层下燃烧，由此进行自动的焊接过程。

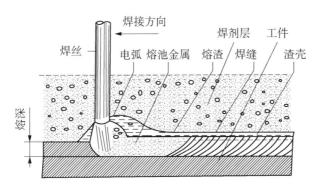

图 3-11 埋弧自动焊电弧和焊缝的形成

与手工电弧焊相比，埋弧自动焊具有以下优点：

(1) 生产效率高。埋弧自动焊可采用较大的焊接电流，焊丝导电长度缩短使焊接电流增加的同时也大幅度增加了电流密度，电弧的熔深能力和焊丝的熔敷效率大大提高，其单面一次焊透能力最高可达 20 mm；另一方面焊剂和熔渣的隔热作用使电弧的热辐射损失、飞溅都很小，总热效率大大增加。而且埋弧自动焊不像手工电弧焊那样频繁更换焊条，焊接速度也比手工焊快，因此生产效率比手工电弧焊高 5～

10 倍。

（2）焊接质量好。因熔池有熔渣和焊剂的保护，空气难以进入，电弧区主要成分是 CO_2，焊缝金属中含氮量、含氧量大大降低；同时焊接速度快，缩小了热影响区宽度，有利于减小焊接变形及防止近缝区金属过热；自动操作使焊接工艺参数稳定，焊缝成分均匀，表面光洁，焊缝质量稳定，力学性能比较好。

（3）节省焊材。埋弧自动焊焊接过程中没有飞溅损失和废弃的焊条头，工件厚度小时还不用开坡口，节省了焊接材料。

（4）改善焊工劳动条件。由于实现了焊接过程机械化，降低了劳动强度，且焊接过程中无弧光辐射，焊接烟雾也很少，因此焊工的劳动条件得到了很大改善。

埋弧自动焊也有一定的局限性，其设备比手工电弧焊设备复杂、昂贵，维修保养工作量大；因焊接过程中电弧不可见，对焊接接头加工和装配要求较高；机动灵活性差，对于相对较短的焊缝无法体现其生产效率优势；焊接位置受到一定限制，一般在平焊位置焊接；埋弧焊接时电弧电场强度大，电流小于 100 A 时电弧稳定性差，因此不适宜焊接厚度 1 mm 以下的薄板。

埋弧自动焊常用于焊接电气设备中长直线焊缝及大直径圆筒容器的环焊缝，例如 GIS 筒体纵焊缝、环焊缝、大型变压器的储油箱焊缝等。

1）埋弧自动焊焊接材料

埋弧自动焊使用的焊接材料是焊丝和焊剂。埋弧自动焊及其他熔化极电弧焊使用的焊丝与手工电弧焊使用的焊芯同属一个国家标准，作用也类似。焊剂则与手工电弧焊焊条药皮类似。

（1）焊丝。埋弧自动焊一般采用 $\Phi 1.6 \sim 6$ mm 实芯焊丝，通常拉制成型并成盘包装。焊丝应注意分类保管，防止混用、错用。使用前应注意清除铁锈和油污。

（2）焊剂。在埋弧自动焊过程中，熔化的焊剂产生气和渣，有效地保护了电弧和熔池，防止焊缝金属氧化、氮化及合金元素的蒸发和烧损，并使电弧燃烧稳定。焊剂还可起到脱氧和向熔池过渡必要的合金元素的功能，其与焊丝配合使用使焊缝金属获得需要的化学成分和力学性能。

为保证焊缝质量，对焊剂的基本要求：保证电弧的稳定燃烧；硫、磷含量要低，以确保焊缝金属抗裂性好；对锈、油及其他杂质的敏感性要小，以保证焊缝中不产生裂纹、气孔等缺陷；焊剂要有适当的熔点，熔渣要有适当的黏度，以保证焊缝成型良好的同时还具有较好的脱渣性；焊剂在焊接过程中不应析出有害气体；吸潮性小，并具有适当颗粒度和足够的颗粒结合强度，以利于焊剂回收利用。

（3）焊丝和焊剂的选配。为获得高质量焊接接头，同时又尽可能降低成本，正确的选配焊丝和焊剂组合使用至关重要。

低碳钢焊接可选用高锰高硅型焊剂，配用 H08MnA 焊丝，或选用低锰、无锰型焊剂,配用 H10Mn2 焊丝,也可选用硅锰型烧结焊剂,配用 H08A 焊丝。

低合金高强钢焊接,可选用中锰中硅或低锰中硅型焊剂,配用适当强度的低合金高强度钢焊丝。

铁素体、奥氏体等高合金钢焊接时,一般选用高碱度烧结焊剂或无锰中硅中氟、无锰低硅高氟焊剂,配用适当的焊丝。

2) 埋弧自动焊焊接工艺参数

与手工电弧焊类似,埋弧自动焊的主要焊接工艺参数有焊接电流、焊接电压、焊接速度、焊丝直径等;与手工电弧焊不同,在埋弧自动焊、熔化极自动焊、半自动焊过程中,焊丝伸出长度也是一个重要的焊接工艺参数。

在自动焊和半自动焊时,从焊丝与导电嘴的接触点到焊丝端部的一段焊丝中有电流经过,此段焊丝的长度称为焊丝伸出长度。当焊丝伸出长度增加时,由于电阻增大,伸出部分的焊丝受到电阻热预热作用增强,焊丝熔化速度加快,使熔深变小,焊缝余高增大。埋弧自动焊焊丝伸出长度通常为 30～40 mm,伸出长度变化范围为 5～10 mm。

3.2.4　气体保护电弧焊

气体保护电弧焊是用外加气体作为电弧介质保护电弧和焊接区的电弧焊方法,其分类方法有多种,例如,按照保护气体种类不同可以分为氩弧焊、二氧化碳气体保护焊和混合气体保护焊等;按电极材料不同可以分为熔化极气体保护焊和非熔化极气体保护焊。

氩弧焊是以惰性气体氩气作为保护气体的一种电弧焊。焊接时,利用焊枪喷嘴处喷出的氩气流,在电弧周围形成连续封闭的保护层,以保护电弧和熔池不受空气侵害。根据电极是否熔化分为熔化极氩弧焊和非熔化极氩弧焊。

非熔化极氩弧焊通常称为钨极氩弧焊(TIG),是用难熔金属钨或合金钨做电极,惰性气体氩气或氩氦混合气体作为保护气体,利用电极与工件之间产生的电弧热作为热源,加或者不加填充金属的一种电弧焊方法,其工作原理如图 3 - 12 所示。

熔化极氩弧焊(MIG,熔化极惰性气体保护焊)采用连续送进的焊丝作为电极,在氩气的保护下,焊丝和焊件之间产生电弧,利用电弧热熔化焊丝和焊件,冷凝形成焊缝,其工作原理如图 3 - 13 所示。

氩弧焊和其他电弧焊方法相比,具有如下特点:

(1) 焊缝质量高。由于氩气是一种惰性气体,不与金属起化学反应,不会使被焊金属中的合金元素烧损,且氩气也不溶于液态金属,不易形成气孔,因此可获得较高质量的焊缝;其飞溅小,焊缝成形美观。

(2) 热影响区小。电弧受到氩气气流的压缩和冷却,热量集中,熔池较小,因此热影响区较小;焊接速度快,焊接变形与应力均较小,尤其适用于薄板焊接。

图 3-12　TIG 原理示意图

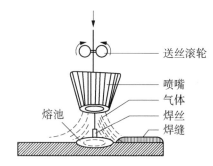

图 3-13　MIG 原理示意图

（3）氩弧焊是明弧焊，操作及观察方便，易于实现全位置自动化焊接。

（4）适于焊接各种钢材、有色金属及合金。

氩弧焊的缺点：氩气成本较高，氩弧焊的设备及控制系统比较复杂；钨极氩弧焊的生产效率较低，且只能焊接薄壁构件。

在 GIS 筒体制造中，针对 10 mm 及以下厚度的铝合金筒体焊缝，常采用"MIG＋TIG"的焊接方法。方法一：先采用脉冲 MIG 方法焊接 3 道，再用交流 TIG 盖面，每道焊缝共焊接 4 层。方法二：采用大电流脉冲 MIG 在自动纵缝焊机上焊接一道，然后打磨外焊缝，或者在外纵缝和内纵缝上采用交流 TIG 重熔。经过 TIG 重熔后的焊缝表面成形美观，具有规则的焊波。

二氧化碳气体保护焊（MAG，熔化极活性气体保护焊）是以二氧化碳作为保护气体的电弧焊，简称二氧化碳保护焊。其工作原理如图 3-14 所示，焊接时，焊丝和焊件之间产生电弧，焊丝自动送进，被电弧熔化形成熔滴进入熔池，二氧化碳气体经喷

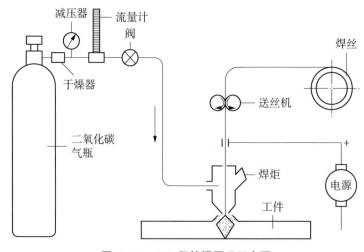

图 3-14　CO_2 保护焊原理示意图

嘴喷出,保护电弧和熔池,隔绝空气进入。同时二氧化碳气体还参与熔池的冶金反应,在高温下的氧化性有助于减少焊缝中的氢。

二氧化碳保护焊的优点如下:

(1) 生产效率高。二氧化碳电弧穿透力强,厚板焊接时可增加坡口的钝边和减小坡口,焊接电流密度大(通常为 $100 \sim 300 \text{ A/mm}^2$),故焊丝溶化率高,焊后一般无须清渣,且焊丝送进自动化,所以二氧化碳焊的生产率比焊条电弧焊高 $3 \sim 5$ 倍。

(2) 可用于全位置焊接,明弧焊接,易于操作与观察发现问题。

(3) 焊缝质量好,焊缝含氢量低,抗锈能力强,焊接低合金高强度钢时冷裂纹的倾向小。焊接时电弧热量集中,受热面积小,焊接热影响区小。焊接速度快,且二氧化碳气流对焊件起到一定冷却作用,可防止焊薄件烧穿和减少焊接变形,适用于薄壁结构的焊接。

(4) 成本低。二氧化碳气体价格便宜,焊前的焊件清理可从简,焊接过程中消耗电能少,焊接成本只有埋弧焊和手工电弧焊的 $40\% \sim 50\%$。

二氧化碳保护焊的局限性如下:

(1) 焊接过程中飞溅较大,当焊接工艺参数匹配不当时飞溅更为严重。且焊缝表面成形不够光滑美观。

(2) 电弧气氛有很强的氧化性,不能焊接易氧化的金属材料,易引起合金元素烧损和增碳,控制或操作不当时易产生 CO。

(3) 弧光较强,烟雾较多,尤其采用大电流焊接时辐射较强,操作人员应做好防弧光辐射工作。其抗风性能差,室外作业需要有防风措施。

(4) 很难用交流电源进行焊接,与手工电弧焊相比,焊接设备比较复杂,工艺参数调整需要一定的操作经验。

二氧化碳保护焊是铁塔制造企业应用最为广泛的金属焊接方法,输电钢管塔中的打底焊和盖面焊都可以使用,也被应用于 GIS 筒体焊缝的打底和填充。

3.2.5　热工具焊

热工具焊是热塑性工程塑料材料最常用的焊接方法之一,又称为热熔焊。焊接时,首先将制备好的被焊工件表面以一定的压力放在已加热到一定温度的加热工具表面,当被焊工件表面熔化后,迅速移开加热工具,并施加一定的压力($35\,000 \sim 105\,000$ Pa),冷却后,使熔化的塑料硬化,其工艺过程如图 3-15 所示。熔化的塑料起到胶黏剂的作用,类似于金属熔化焊的填充金属。两种不同材料焊接时,需要采用两个不同的加热工具,将材料分别加热至熔点。加热工具主要有电加热带、电烙铁、加热板、热轮等,最常用的是加热板。

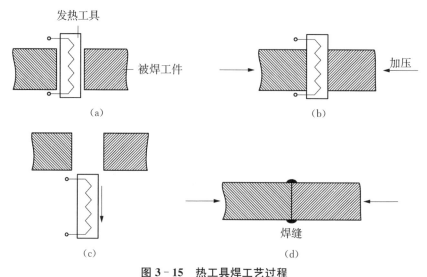

图 3‑15 热工具焊工艺过程

(a) 准备;(b) 加热;(c) 移走加热工具;(d) 加压焊接

热工具焊的特点:操作简单,成本低,密封性好,工件尺寸不受限制;冷却速度会影响到微观组织和性能,特别是半结晶态的热塑性树脂,因为冷却速度会影响最终接头内结晶体和半结晶体的比例;几乎可用于所有的热塑性工程塑料,特别是半结晶态的热塑性工程塑料,如聚乙烯(PE)、聚氯乙烯(PVC)、聚苯乙烯(PS)、聚丙烯(PP)、ABS 及乙缩醛等,但不能焊接尼龙等具有长分子链的塑料;焊接速度很高,焊接试件需要 10~60 s。

目前热工具焊最常用的 PE 燃气管道的焊接工艺过程如下。

(1) PE 管待焊端面的切削。用专用铣刀或切管工具切削,切削厚度以出现连续切屑为宜,切割端面应平整、光滑、无毛刺,端面应垂直于管轴线,并保持不被污染。同时,可将加热板用蘸酒精的棉布清洗,并预热至(225±10)℃。

(2) 加热。将管口对中,对中时错边量不能大于壁厚的 10%,在一定的压力下,将待焊端面用电加热板使 PE 管加热至端面呈现黏流态、有均匀翻边,并记录吸热时间,通常管材每毫米厚度吸热时间为 8~10 s。

(3) 切换。PE 管加热完成后,迅速撤离电加热板,在设定的熔融压力下,机架活动端向固定端移动,将 PE 管对接进行分子流动、扩散,并形成高度符合要求、均匀一致的翻边。需注意的是撤离加热板的时间应尽量短,且避免碰撞端面。

(4) 保压硬化。将已完成加热的 PE 管对接之后,要在保持设定的压力状态下进行保压冷却,使 PE 管的对接部位由熔融状态冷却硬化到常态,并记录冷却时间,一般管材每毫米厚度冷却时间为 1.4 min。

3.3 焊接接头

3.3.1 焊接接头及坡口形式

在焊接中,由于待焊工件的厚度、空间相对位置、施工及使用条件的不同,焊接接头形式及坡口形式也不同,常见的焊接接头形式主要分为四类:对接接头、搭接接头、角接接头和 T 形接头,如图 3 - 16 所示。特殊的接头形式有十字接头、封底接头、卷边接头、套管接头等。

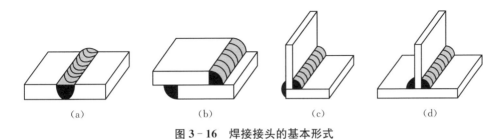

(a) (b) (c) (d)

图 3 - 16 焊接接头的基本形式

(a) 对接接头;(b) 搭接接头;(c) 角接接头;(d) T 形接头

焊接坡口形式是指为满足焊接工艺和经济性要求预先将被焊工件相连处加工形成的结构形式。实际焊接工艺设计中,一般根据工件结构、工件厚度、焊接方法、结构重要性、经济性、材质等选择适当的接头形式和坡口形式组合。

1) 对接接头

对接接头是将两工件放在同一平面内(或曲面内)使其边缘相对,沿边缘直线(或曲线)进行焊接的接头,如图 3 - 16(a)所示。

对接接头是最常见、最合理的接头形式。对接接头处结构基本上是连续的,承受应力分布均匀,在静载和动载作用下都具有很高的强度,且外形平整美观,在焊接接头设计中,应尽量采用对接接头。对接接头在截面改变处也存在一定程度的应力集中,如焊缝余高和咬边的存在,会使母材与焊缝过渡部位存在应力集中,因此重要结构中一般要求将焊缝表面余高打磨去除。

对接接头常见的坡口形式有 I 形坡口(不开坡口)、V 形坡口、X 形坡口、U 形坡口、双 U 形坡口和双 V 形坡口等,如图 3 - 17 所示。

I 形坡口[见图 3 - 17(a)],当待焊工件厚度不大于 3 mm(手工焊)或不大于 14 mm(埋弧自动焊)时,可不开坡口直接焊接。

V 形坡口[见图 2 - 17(b)],加工方便,但同厚度时相对其他坡口形式需要填充更

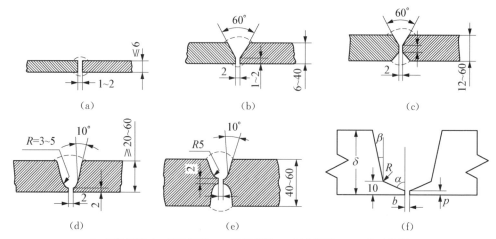

δ—工件厚度;b—钝边间隙;p—钝边高度;r—圆角半径;α、β—坡口角度。

图 3-17 坡口基本形状(单位:mm)

(a)I形坡口;(b)V形坡口;(c)X形坡口;(d)U形坡口;(e)双U形坡口;(f)双V形坡口

多的熔敷金属,生产效率和经济性较差,同时焊缝在厚度方向分布差异较大,焊后易形成角变形。厚度不大的管子对接一般采用V形坡口。

X形坡口[见图2-17(c)],加工较V形坡口复杂,需要双面焊接。同厚度时需填充的熔敷金属比V形坡口少,经济性和焊接生产效率得到提升,同时因对称布置焊缝,焊后角变形很小。

U形坡口、双U形坡口、双V形坡口分别如图3-17(d)、图3-17(e)、图3-17(f)所示,这类坡口在同厚度时需要填充的熔敷金属较V形坡口大幅降低,经济性和焊接生产效率明显提高,厚度越大效率提升越明显;但U形和双V形坡口同样会产生角变形。U形坡口、双U形坡口、双V形坡口加工较复杂,一般在较重要的厚壁结构中采用,加工难度大,U形坡口、双U形坡口多用于制造焊缝或制造厂预制焊接坡口的情形,而双V形坡口多用于现场安装焊缝。

2)搭接接头

搭接接头是将两块板状工件相叠、在端部或侧面角焊接的接头,如图3-16(b)所示。搭接接头焊前准备较简单,一般不需开坡口,对装配要求也比较宽松,但搭接接头因结构明显存在不连续,承载后容易产生附加弯曲应力,降低了焊接接头承载强度。

压力焊采用搭接接头形式较多,高频电阻焊偶尔也会采用搭接接头。

3)角接接头及T形接头

角接接头是将两工件成直角或一定角度,在其连接边缘焊接的接头,如图3-16(c)所示。T形接头是两工件成T字形焊接在一起的接头[见图3-16(d)]。角接接头及T形接头都形成角焊缝,形式相近,在接头处的构件结构是不连续的,承载后应力分布较复杂,应力集中较严重。

根据板厚及结构重要性,角接接头及 T 形接头可选择 V 形、单边 V 形、U 形、K 形等坡口形式。

3.3.2 焊接接头的组成

焊接接头是由焊缝、熔合区和热影响区组成的整体,图 3 - 18 给出了低碳钢焊接接头组织变化示意图。

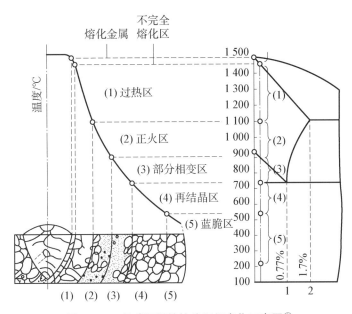

图 3 - 18 低碳钢焊接接头组织变化示意图①

1)焊缝

焊缝是焊接接头的主体。焊缝金属是焊接时由熔敷金属(焊条、焊丝、焊剂化学冶金反应产生的熔融金属)和部分母材经过熔化、结晶凝固而形成。焊接时,液态金属-熔渣-气体在熔池中进行了激烈的冶金反应,但与金属冶炼不同的是金属冶炼时,炉料几乎同时冶炼,升降温速度慢,冶金时间长,冷凝时也是整体冷却并结晶;而焊接却是在焊件上局部加热,且电弧等热源不断移动,热源中心与周围冷金属之间温差很大,冷却速度很快,焊接时熔化的金属总量较小,仅限于熔池部分,故焊接也有"小冶金"的别称。由此可见,焊接冶金是一个不平衡过程,它对焊缝的组织和性能都有很大的影响。焊态的焊缝金属本质上是一种铸造组织。

———————————————

① 图中 0.77%、1.7% 表示碳含量 $w(c)\%$。

2) 熔合区

熔合区是焊接接头中焊缝和母材交接的过渡区域,是刚好加热到熔点与凝固温度区间的部分。焊接过程中,处于固、液状态的半熔化区处的金属与焊缝金属间会发生一些合金元素的扩散。焊接时,如果运条(焊枪送丝)角度不当,易使电弧热无法作用到的区域母材(上层焊缝)表面金属未达到熔化状态进而产生坡口(层间)未熔合。

熔合区一般很窄,经浸蚀后可清楚看到焊缝熔合的轮廓线,一般称为熔合线。

3) 热影响区

焊接热影响区是焊接过程中,焊缝两侧母材受焊接热循环作用而发生组织和性能变化的区域。焊接过程中,临近焊缝的母材金属因焊接方法、与焊缝熔合线距离不同而受到不同最高加热温度的影响,离焊缝熔合线越近,其加热的峰值温度越高,加热和冷却速度越快。热影响区的宽度主要取决于焊接热输入的大小、焊件尺寸和材料导热系数等,采用不同方法焊接低碳钢时热影响区的平均尺寸见表 3-2。

表 3-2 采用不同焊接方法焊接低碳钢时热影响区的平均尺寸

焊接方法	各区的平均尺寸/mm			总宽/mm
	过热区	相变重结晶区	不完全重结晶区	
手工电弧焊	2.2～3.0	1.5～2.5	2.2～3.0	6.0～8.5
埋弧自动焊	0.8～1.2	0.8～1.7	0.7～1.0	2.3～4.0
电渣焊	18～20	5.0～7.0	2.0～3.0	25～30
氧乙炔气焊	21	4.0	2.0	27.0
真空电子束焊	—	—	—	0.05～0.75

3.3.3 焊接接头的组织和性能

1) 焊缝的组织和性能

熔化焊接时,在高温热源作用下,母材发生局部熔化,并与熔化了的填充金属搅拌混合形成熔池,同时进行短暂而复杂的冶金反应,随着焊接热源的离开,熔池也从高温快速冷却,熔池金属从液态转变为固态并进行固态相变形成焊缝。熔池凝固过程和二次相变过程对焊缝金属的组织、性能具有重要的影响。

焊缝金属的凝固过程如下:晶核最先在熔池中温度最低、冷却条件最好的熔合部位形成,熔池中晶核形成之后,就以这些新生的晶核为中心,随着熔池温度的降低不断生长,最终生长至焊缝中心停止,形成粗大的柱状晶。在凝固过程中,由于熔池处于电弧搅拌作用的运动过程中,体积小、冷却速度快,焊缝金属很容易形成气孔、偏析、夹杂、结晶裂纹等缺陷。焊缝中气孔和夹杂等缺陷的形成,不仅削弱焊缝的有效工件断面,也会带来应力集中,显著降低焊缝金属的强度和韧性,对动载强度和疲劳强度不利。

焊缝金属的二次相变的组织和性能,与焊缝的化学成分、冷却速度及焊后热处理有关。低碳钢和低合金钢在平衡状态下的二次结晶组织是铁素体和少量珠光体,随着冷却速度的加快,珠光体含量增多、铁素体减少、焊缝强度和硬度有所提高,而塑性、韧性则下降。在焊缝金属进行的固态相变过程中,根据合金钢的化学成分和冷却条件的不同,可能发生铁素体、珠光体、贝氏体和马氏体转变等四种类型的固态相变,需指出的是,上述转变并非独立存在,在同一焊缝组织转变过程中可能存在两种或两种以上转变过程,进而形成不同成分含量的组织。

如前所述,焊缝凝固和二次相变受冶金条件和冷却条件的影响,在焊接过程中可通过改变冶金条件和冷却条件来控制焊缝组织的性能。通常控制焊缝组织性能的化学方法是向焊缝中添加某些合金元素,起到一定的固溶强化和变质处理作用;而改变冷却条件的物理方法一般通过振动结晶、焊前预热和焊后热处理、多层焊接、锤击焊道表面以及跟踪回火处理等措施调整焊接工艺来实现。

2)熔合区的组织和性能

熔合区又称为不完全熔化区,最高温度处于固液相线之间,这个区域微观行为十分复杂,焊缝与母材不规则结合,形成了参差不齐的分界面。其组织中包含了部分的铸造组织,又因这一区域的奥氏体被加热到过热温度以上,晶粒粗大,化学成分和组织极不均匀,冷却后为过热组织,所以这一区域的塑性和冲击韧性都很差,特别是异种金属焊接时,情况更复杂。很多情况下,熔合区是产生裂纹和局部脆性破坏的发源地。

3)热影响区的组织和性能

热影响区中各点距离热源的远近不同,各点所经历的热循环也不同,发生的组织与性能的变化也不一样。其中电气设备最常用的碳素钢和低合金钢一般属于不易淬火钢,即在焊接条件下淬火倾向很小,按组织基本相同且性能接近分为四个小区域。

(1)过热区。过热区又称为粗晶区,该区紧靠熔合区,此区的最高温度在固相线以下至 1 100℃左右,其宽度随焊接方法不同而异,为 1~4 mm。过热区的金属处于过热状态,奥氏体晶粒发生严重的长大现象,冷却后得到粗大的过热组织,对于低碳钢来说,一般焊后晶粒都在 1~2 级,这种过热组织大大降低了材料的塑性和冲击韧性,通常会使冲击韧性下降 20%~30%,还容易产生裂纹,尤其当钢中含碳量和合金元素较高时,过热区的机械性能更差。因此,过热区也是削弱焊接接头性能的主要区域。

(2)正火区。正火区是指焊接时被加热到 A_{c3} 线以上至 1 100℃之间的部位,因发生重结晶(铁素体和珠光体全部转变为奥氏体)又称细晶区或重结晶区,对于低碳钢其最高加热温度为 900~1 200℃。正火区金属虽被加热到高温,铁素体和珠光体全部转化为奥氏体,但由于加热速度快,高温停留时间短,奥氏体晶粒来不及长大,冷却后得到均匀细小的铁素体和珠光体,相当于热处理的正火组织。所以该区域的金属塑性和韧性都比较好。

(3) 不完全重结晶区。不完全重结晶区是指焊接时加热的最高温度在 $A_{c1} \sim A_{c3}$ 之间的部分热影响区,又称为部分相变区,对于低碳钢其最高加热温度为 750~ 900℃。在加热温度稍高于 A_{c1} 时,珠光体首先转变成为奥氏体,温度继续升高,部分铁素体逐渐向奥氏体中溶解,随着温度的升高,溶解的越多,直到 A_{c3} 时铁素体全部溶解在奥氏体中。而之后的焊接冷却过程中,奥氏体中又析出细小的铁素体,冷却到 A_{c1} 时,残余奥氏体转变成珠光体。在 $A_{c1} \sim A_{c3}$ 之间,只有部分组织发生了相变重结晶,另一部分铁素体组织始终未溶入奥氏体。不完全重结晶区是一个粗晶粒和细晶粒的混合区,晶粒大小不一,组织不均匀,因此该区力学性能不均匀。

(4) 再结晶区。再结晶区是指焊接时被加热到 450℃ 至 A_{c1} 线以下温度范围的金属。金属经冷加工塑性变形后,内部晶格发生扭曲、晶粒破碎,加热后恢复原来的正常晶格和力学性能的过程称为再结晶。再结晶与重结晶明显不同,再结晶不发生相变只发生晶粒外形变化,重结晶则发生了相变。一般的焊接件采用热轧钢板或是退火状态下的钢板,由于未进行冷加工塑性变形而产生加工硬化现象,焊后在热影响区也没有再结晶区。又因焊接接头的冷却速度高于钢材热轧时的冷却速度,故焊接接头的强度比热轧钢的母材金属高,但塑性及冲击韧性则在半熔化区和过热区都较低。

对于焊接淬硬倾向较大的钢种,例如中碳钢(45 号钢)、低碳调质高强钢(如 18MnMoNb)和中碳调质高强钢(如 30CrMnSi)等,焊接热影响区的组织分布与母材焊前的热处理状态有关。

如果母材焊前是正火或退火状态,热影响区会产生完全淬火区及不完全淬火区。完全淬火区焊后出现淬火组织,硬度和强度高,塑性和韧性下降,容易产生冷裂纹。不完全淬火区性能不均匀,塑性和韧性下降。如果母材在焊前为调质状态时,热影响区除上述两区外还会出现回火软化区(温度低于 A_{c1} 以下区域),此区域的硬度、强度低于母材,使焊接接头的性能更加复杂化。

因此,对于焊接淬硬倾向较大的钢种在焊接时常采取焊前预热、焊后缓冷的措施,防止或减少在焊缝金属或热影响区产生淬硬组织。

3.4 焊接应力与变形

焊接应力与变形往往影响焊接结构承载能力,严重时会因不具备任何承载力使结构报废。

焊接裂纹的产生与焊接应力有密不可分的关系。焊缝中的残余应力还会影响结构的使用性能,残余应力较大部位往往会发生应力腐蚀裂纹或应力疲劳裂纹。

一般情况下,焊接变形对焊接质量产生不利影响,但若掌握了焊接变形的机理和规律,便可控制和利用它。

3.4.1　焊接应力与变形的概念

在焊接过程中,工件受电弧热的不均匀加热而产生的应力及变形是暂时的。当焊接过程结束、结构冷却后,仍保留在结构内部的应力及变形称为残余应力及残余变形。常说的焊接应力与变形,就是指焊接结构中的残余应力和残余变形。

1) 焊接应力的分类

(1) 根据引起应力的基本原因分为:① 热应力,由于焊接时温度分布不均引起的应力;② 组织应力,由于温度变化,引起组织变化产生的应力。

(2) 根据应力存在的时间分为:① 瞬时应力,在一定的温度及刚性条件下,某一瞬时内存在的应力;② 残余应力,焊接结束和完全冷却后仍然存在的应力。

(3) 根据应力作用的方向分为:① 纵向应力,沿焊接(焊缝)方向的应力;② 横向应力,垂直于焊接(焊缝)方向的应力。

(4) 根据应力在空间的方向分为:① 单向应力,在结构中沿一个方向存在;② 两向应力,应力作用在一个平面内的两个垂直方向上,也称为平面应力;③ 三向应力,应力沿空间内所有方向均存在,也称为体积应力。

2) 焊接变形的分类

由于焊接结构形式不同,工件厚度、形状和焊缝的尺寸、位置差异,焊接施工时常出现不同形式的变形,大致可以分为纵向收缩变形、横向收缩变形、挠曲变形、角变形、波浪变形、错边变形和螺旋变形七类,如图 3-19 所示。

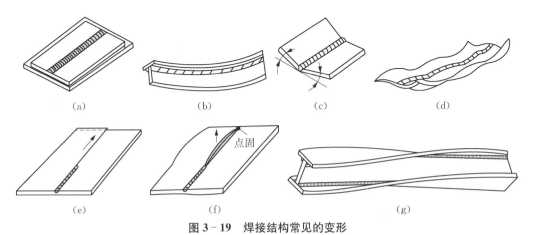

图 3-19　焊接结构常见的变形

(a) 纵向收缩和横向收缩;(b) 挠曲变形;(c) 角变形;(d) 波浪变形;(e) 长度方向错边变形;(f) 厚度方向错边变形;(g) 螺旋变形

（1）纵向收缩变形是指焊接完成后工件在焊缝方向发生的收缩变形。

（2）横向收缩变形是指焊接完成后工件在垂直焊缝方向发生的收缩变形。

（3）挠曲变形是指焊接完成后工件发生挠曲，挠曲可以由焊缝的纵向收缩或横向收缩引起。

（4）角变形是指焊接完成后的平面工件围绕焊缝发生角向位移的变形。

（5）波浪变形是指焊接完成后平面工件呈波浪形，多发生在薄板工件焊接后。

（6）错边变形是指焊接过程中两种材料热膨胀不一致引起长度方向或厚度方向的错边。

（7）螺旋变形是指焊接完成后工件出现的扭曲变形。

3.4.2 焊接应力与变形的形成

焊接应力和变形由多种因素共同作用造成。主要因素：工件上焊接温度场分布不均匀、熔敷金属的收缩、焊接接头金属的组织转变和工件的拘束等。

1）工件上焊接温度场分布不均匀

因为电弧热作用，工件局部被加热到熔化温度，焊缝与母材之间形成很大的温度梯度。焊接过程中，因为电弧热作用，工件局部被加热到熔化温度，焊缝与母材之间形成很大的温度梯度。工件受热发生膨胀，温度越高的部位膨胀量越大。焊接温度场中温度较高部位要求的膨胀量较大而受周边金属阻止无法自由膨胀，内部产生压应力；而温度较低部位因膨胀量较小而抵抗高温区的伸长，进而被拉伸内部形成拉应力。冷却过程刚好相反。

焊缝及过热区在高温时其屈服强度几乎为 0，在应力作用下产生塑性变形，冷却后，工件内就形成了残余应力和残余变形。

2）熔敷金属的收缩

焊缝的熔敷金属在凝固和固态相变过程中体积收缩，在工件内形成变形与应力，其大小取决于熔敷金属的收缩量，而熔敷金属的收缩量取决于熔敷金属的数量。V 形坡口的角变形就是由于在工件厚度方向上熔敷金属的较大差异导致不同厚度部位收缩量差异而引起的。因此，在在役工件局部焊接修复过程中，为避免熔敷金属收缩产生较大的应力导致开裂，应尽量减少焊接修复所需要填充的熔敷金属数量。

3）金属的组织转变

在焊接热循环作用下，金属内部纤维组织发生转变，各种组织的原子排布不同，晶格常数不同，进而引起密度不同，在发生固态相变过程中便伴随着体积的变化产生了组织转变应力。如易淬火钢在焊接热循环作用下由奥氏体冷却转变为马氏体后，其体积变化近 10%。

4）工件的拘束

焊接过程中，如果工件本身的刚性很大或者被刚性拘束，限制了工件在焊接热循环作用下的自由膨胀和收缩，在控制变形的同时在工件内形成了较大的内应力，极端条件下，局部内应力超过材料的抗拉强度时就会产生开裂。

3.4.3　焊接变形的预防措施和矫正

1）焊接变形的预防措施

焊接残余变形可以从设计和工艺两方面来预防。

预防焊接变形的主要设计措施如下。

合理地选择焊缝尺寸和形式。焊缝尺寸直接关系到焊接工作量和焊接变形量的大小，焊缝尺寸大，不但焊接量大，焊接变形也大。相同的焊接结构，采用不同的接头形式直接影响焊接方式和焊缝尺寸的大小，进而影响焊接变形的控制；而相同结构的焊缝，不同的坡口形式对焊缝尺寸也存在一定的影响。

尽量减少不必要的焊缝。在焊接结构设计中应该力求较少的焊缝数量，避免不必要的焊缝，有利于简化焊接结构的应力场并控制焊接变形。

合理安排焊缝的位置。在设计时，安排焊缝尽可能对称于截面中性轴，或使焊缝接近或位于中性轴上，这对减少梁、柱等结构的挠曲变形是有利的。

预防焊接变形的工艺措施方法有反变形法和刚性固定法。

反变形法：生产中最常用的方法，预估结构变形的大小和方向，在装配时给予一个反方向的变形与焊接变形相抵消，使焊后的结构满足设计要求。

刚性固定法：在没有反变形的情况下，将工件固定而限制焊缝变形的方法。因刚性约束导致内部应力较大，这种方法只能一定程度上减小构件的挠曲变形，效果远不及反变形法。

合理选择焊接方法和工艺参数、装配焊接顺序等，也可以有效防止焊接变形。

2）焊接变形的矫正

常用的焊接变形矫正方法分为机械矫正法和火焰加热矫正法。

机械矫正法：利用外力使构件产生与焊接方向相反的塑性变形，使两者相互抵消的方法。

火焰加热矫正法：利用火焰局部加热时产生压缩塑性变形，使较长的金属在冷却后收缩达到矫正变形的目的。火焰矫正效果的好坏，取决于是否正确地选择加热位置和加热范围。

3.4.4　焊接应力的控制和消除

焊接残余应力的存在，对焊接结构的静载强度、疲劳强度、机械加工精度、受压杆件的稳定性、刚度和抗应力腐蚀开裂性能都有一定的影响。为降低应力峰值水平，避免在大面积内产生较大的内应力，改善应力分布状况，可从焊接工艺方面采取一些措施来控制和改善应力分布，工艺的基本要点：使焊接工件上热量分布尽量均匀和尽量减小对焊缝自由膨胀和收缩的限制。通常采用的工艺如下：

（1）采用合理的焊接顺序和方向。在安排焊接顺序和方向时应尽量使焊缝能自由收缩，遵循以下原则：先焊收缩量比较大的焊缝；先焊工作时受力大的焊缝；先焊错开的短焊缝，再焊直通长焊缝。

（2）反变形法。在焊接封闭焊缝或其他刚性较大、自由度较小的焊缝时，可采用反变形法来适当增加焊缝的自由度。

（3）锤击或碾压焊缝。每焊完一道焊缝用带有小圆弧面的风镐或手锤锤击焊缝区，使焊缝得到延伸，从而部分或全部抵消焊缝收缩效应，降低焊缝内应力。

（4）在结构适当部位加热使之伸长。加热区的伸长带动焊接部位，使它产生一个与焊缝收缩方向相反的变形，如图 3-20 所示。在冷却时，加热区的收缩与焊缝的收缩相同，使焊缝能够自由收缩，从而降低应力。

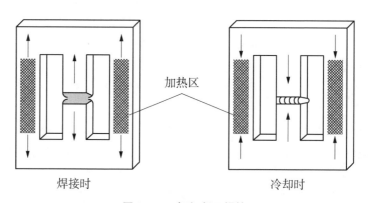

图 3-20　框架断口焊接

除以上讨论的焊接应力的控制措施外，消除焊接应力的方法主要有热处理法、机械法和振动法。

（1）热处理法。焊后热处理是消除残余应力的有效方法，也是应用最广泛的方法，分为整体热处理和局部热处理。

（2）机械法。用机械的方法施加外力使冷却后的焊缝金属产生延展，以达到消除应力目的。如锤击焊缝、碾压焊缝、机械拉伸（控制过载）等。

（3）振动法。以低频振动整个构件以达到消除应力的目的。

3.5　电网常用材料的焊接

金属材料的焊接性是金属是否能适应焊接加工而形成完整的、具备一定使用性能的焊接接头的特性。金属焊接性包括两方面：一是金属在焊接加工中是否能够形成完整无缺陷的焊接接头，称为工艺焊接性；二是焊接完成的焊接接头在一定条件下安全使用的能力，称为使用焊接性。实际施焊过程中，焊接接头两侧母材和焊接材料的成分及焊接工艺条件都对焊接性有重要影响，焊接接头的结构因素、使用要求也对焊接性有一定的影响。

关于金属材料焊接性的分析，一般需要从金属材料特性和焊接工艺条件两方面入手。根据金属材料的特性分析焊接性，可以利用碳当量、焊接冷裂敏感指数等化学成分分析方法，还可利用材料的物理性能、材料的氧化性和还原性等化学性能以及合金相图、材料的连续冷却曲线（CCT 图）等进行。根据焊接工艺条件分析焊接性，可以从分析焊接热源特点、保护方法、热循环控制及其他工艺因素对焊接性的影响等方面进行。

3.5.1　低碳钢的焊接

低碳钢含碳少，除冶炼时为脱氧加入锰、硅外，不含其他合金元素，焊接性能优良，在所有钢材（甚至其他常用金属材料）中最容易施焊。

低碳钢的焊接特点如下：

（1）可装配不同形式的接头，适应各种位置的施焊，对焊接工艺和技术要求简单。

（2）焊前一般不需要预热，只有大厚度结构或低温环境施焊的工件才需要适当预热（100～150℃）。

（3）一般可以不进行焊后热处理。

（4）焊缝产生冷裂纹或气孔的倾向较小，只有当母材或焊接材料含较多的硫、磷杂质时，才可能产生热裂纹。

（5）如果工艺选择不当，可能会使热影响区晶粒长大，出现魏氏组织，温度越高，热影响区在高温停留时间越长，晶粒长大越严重，钢的冲击韧性、断面收缩率下降越多。

（6）不需要特殊的设备，对焊接电源没有特殊要求。

低碳钢适用于大多数焊接方法，如手工电弧焊、埋弧焊、二氧化碳保护焊、氩弧焊、电渣焊、等离子焊等，但一般激光焊和电子束焊很少被用于低碳钢焊接。

低碳钢焊接工艺是最简单也是最成熟的，电网设备中大部分结构件的焊接都属于低碳钢焊接,如线路上铁塔焊缝、开放式变电站构架焊缝、变压器油箱焊缝等。

3.5.2 低合金高强钢的焊接

低合金高强钢由于含有少量合金元素,具有一定的淬硬和冷裂倾向,焊接性比低碳钢差。

低合金高强钢焊接的主要特点如下。

(1) 热影响区的淬硬倾向。焊接时,热影响区易出现脆性马氏体组织,硬度明显增高,塑性和韧性降低。其影响因素主要有三方面:一是原材料及焊接结构因素,包括材料的化学成分、焊接工件的厚度、接头形式及焊缝尺寸等;二是焊接工艺方法及所选定的焊接工艺参数,包括焊接电流、焊接速度和焊条摆动方式等;三是开始焊接时焊口附近的温度(气温或预热温度)。

(2) 焊接接头的裂纹。焊接时,最易出现的缺陷是冷裂纹,即焊接接头焊后冷却到 300℃ 以下产生的裂纹。钢材强度等级越高,焊接冷裂纹倾向越大。低合金高强钢含碳量低,含有一定量的 Mn,S,P 等杂质含量一般控制较好,所以焊接过程中产生热裂纹的倾向小,但含有一定量的 Cr、Mo、V、Ti、Nb 等元素的钢焊后热处理过程中具有一定的再热裂纹倾向。

低合金高强钢对焊接方法无特殊要求,焊条电弧焊、埋弧焊、气体保护焊和电渣焊均可用于此类钢的焊接。实际应用时可综合考虑产品结构、性能要求和施工条件等因素予以选择。

低合金高强钢焊接时,通常按等强度原则选择焊接材料,使焊缝金属强度与母材相当。对于强度级别较高的钢材,为了提高抗裂性,尽量选用碱性焊条和碱性焊。对于不要求焊缝和母材等强度的焊件,也可选择强度级别略低的焊接材料,以提高塑性,避免冷裂。

强度级别较低的低合金高强钢焊接时通常不进行预热和焊后热处理,对焊接热输入也无严格限制,但对于厚度较大或刚性很大的构件或在低温条件下焊接时,则可能需进行适当的预热和焊后热处理。而强度级别较高的低合金高强钢焊接时一般需考虑预热和焊后热处理,并适当控制焊接热输入。其预热温度一般为 100～150℃,焊后热处理温度根据材料成分不同而有所不同,一般为 550～650℃。

3.5.3 奥氏体不锈钢的焊接

一般来说,奥氏体不锈钢的焊接性较好,焊接过程中主要存在的问题有焊接接头的耐腐蚀性、焊接接头热裂纹和焊接接头脆化。焊接接头耐腐蚀性主要有焊缝区晶间腐蚀、HAZ 敏化温度区间(平衡加热为 450～850℃,焊接状态下为 600～1 000℃)晶间腐蚀、熔合区刀口腐蚀等晶间腐蚀问题,以及应力腐蚀开裂和点蚀问题,大多数情况下适当控制碳含量、采用超合金化的焊材、避免焊缝过热等措施相互配合就可以解决焊接接头的耐腐蚀性问题。奥氏体不锈钢的热导率小和线膨胀系数大等引起的焊接应力较大,在焊接过程中某些合金元素与 S、P、Sn、Sb 等杂质元素形成的低溶共晶共同作用下易产生焊接热裂纹,通过适当降低焊接线能量且不预热、保持较低的层间温度等措施能有效避免焊接热裂纹的产生。焊接接头的脆化主要与焊缝中的 δ 相和 σ 相的析出有关,通过焊材选用和焊接工艺的适当控制可以改善焊接接头的脆化问题。

奥氏体不锈钢具有良好的焊接性,各种熔焊方法均能适用,常用的方法是手工焊条电弧焊、氩弧焊和埋弧焊。奥氏体不锈钢焊接时一般不预热和焊后热处理,通常选用熔敷金属成分与母材接近的焊接材料。此外,奥氏体不锈钢焊接时还应注意:① 奥氏体不锈钢焊件下料及坡口加工采用机械切割、等离子弧切割等方法;② 焊件加工和制作过程中应采用不锈钢制或铜制专用工具,防止铁离子污染。

3.5.4　铝及铝合金的焊接

铝是银白色的轻金属,密度只有钢的三分之一,为面心立方体结构,无同素异形体转化,无"韧脆转变",熔点低(658℃)。铝及铝合金与低碳钢相比,具有密度小、电阻率小、线膨胀系数大和导热系数大等特点,具有良好的低温塑韧性和耐腐蚀性,在电气设备中应用广泛。在纯铝中加入镁、锰、硅、铜及锌等合金元素后形成铝合金,铝合金的熔点为 482~660℃,比铝有更高的强度。

1) 铝及铝合金焊接工艺特点

铝及其合金的化学活泼性很强,极易在表面形成氧化膜,大多数氧化膜相对难熔(如 Al_2O_3 的熔点高达 2 050℃,MgO 熔点约为 2 500℃),再加上铝及其合金导热性强,焊接时容易造成不熔合现象。同时由于氧化膜的密度与铝的密度极为接近,容易在焊缝中形成夹杂物。同时,氧化膜尤其是 MgO 存在的不很致密的氧化膜可以吸收较多的水分带入熔池引起焊缝中形成气孔。此外,铝及其合金线膨胀系数大、导热性强等特点,使焊接时易产生翘曲变形。总体来说,铝及其合金在熔化焊时的主要问题为焊缝中的气孔、焊接热裂纹、焊接接头与母材的等强性等。

氢是铝及铝合金的熔化焊焊缝中产生气孔的主要原因。氢的来源,主要是电弧弧柱气氛中的水汽、焊材及母材吸附的水分,其中焊丝及母材表面稀疏氧化膜吸附的水分是主体,对焊缝中气孔的产生起决定性作用。氢在铝液中的溶解度随温度的降低骤降,尤其是从液态凝固时,氢的溶解度从 0.69 ml/100 g 急剧下降到 0.036 ml/100 g 是产生气孔的重要原因之一。防止气孔产生的措施应从两个方面入手:一是减少氢的来源,主要是通过焊前的化学清洗、临焊前的坡口刮削、加强电弧区的保护等措施配合使用,减少熔池中熔融金属的溶氢量;二是尽量使氢从熔池逸出,主要是改变焊接工艺参数,改善冷却条件以增加氢从熔池逸出的时间。

铝及铝合金中的焊接热裂纹问题与其本身的合金组分有关。纯铝在熔化焊时很少产生裂纹,只有在杂质含量超过规定范围或刚性很大的情况下,才会产生裂纹。铝合金属于典型的共晶型合金,且铝合金多为三元及以上合金,在二元铝合金杂质超过一定范围或三元及以上的铝合金熔化焊接时,熔池凝固过程中形成熔点较低的三元共晶体是铝合金易产生焊接热裂纹的重要原因。另外,铝合金较大的线膨胀系数使其熔池在快速凝固冷却过程中产生较大的焊接残余应力,是加剧热裂纹倾向的另一原因。防止铝合金焊接过程中热裂纹的产生主要通过合理选定焊缝的合金成分,并配合适当的焊接工艺来进行控制。

铝及铝合金的热影响区由于受热而发生软化,导致焊接接头强度远小于母材。其中,时效强化铝合金,无论是在退火状态下还是时效状态下焊接,焊后不经过热处理,其接头强度均低于母材。特别是在时效状态下焊接的硬铝,即使焊后经过人工时效处理,其接头强度系数(即接头的强度与母材强度之比的百分数)也不超过 60%。并且所有时效强化的铝合金,焊后不论是否经过时效处理,其接头塑性均低于母材水平。非时效强化的铝合金(如 Al-Mg 合金),在退火状态下焊接时,可认为接头同母材是等强的;在冷作硬化状态下焊接时,接头强度低于母材。

2)铝及铝合金的焊接方法

铝及铝合金的焊接方法包括钨极氩弧焊、熔化极氩弧焊、埋弧焊、等离子弧焊等。其中以氩弧焊的应用最为广泛。焊接薄板多应用钨极氩弧焊,熔化极氩弧焊主要应用于板厚 3 mm 以上的焊接中。

对于铝合金氩弧焊的气氛控制,氩气的纯度要达到 99.9% 以上。氩气中氧、氮含量增加,会减弱阴极清理作用,也会使得钨极烧损加剧,氧超过 0.1% 使焊缝表面无光泽或发黑,氮超过 0.05%,熔池的流动性变坏,焊缝表面成型不良。

铝合金钨极氩弧焊一般选用含钍钨极,还应控制焊接电流。在直流反接焊时,电流须限制得很小,过大的电流会使钨极烧损,并可能造成焊缝夹钨;而采用直流正接焊时又失去阴极清理作用。因此,钨极氩弧焊焊接时大多采用交流电源。

铝合金熔化极氩弧焊焊接时,一般采用直流反接,选用的焊接电流一般超过临界电流值,以便获得稳定的喷射过渡电弧。由于临界电流的限制,焊接板厚小于 3 mm 时就必须采用很细的焊丝,这在送丝上造成很大的困难。因此,熔化极氩弧焊多用于板厚大于 3 mm 的构件,但电流超过 400 A 时焊缝表面容易产生"皱皮"或"起皱"。

铝及铝合金焊接前应对母材、焊丝进行认真清理,清除氧化膜和其他污物。清理后应尽快进行焊接,在气候潮湿的情况下,一般应在清理后 4 h 内施焊。若清理后存放时间过长,则应重新处理。由于铝及铝合金的导热系数大,热容量也大,焊接时热量散失快,因此铝及铝合金焊前一般应进行预热,同时采用较大的焊接规范,以保证焊缝与母材的熔合,同时降低冷却速度,有利于降低焊接应力,防止气孔和热裂纹产生。

3.5.5 铜及铜合金的焊接

铜及铜合金通常具有优良的导电性能、导热性能和优良的抗腐蚀性能(在某些介质中),某些铜合金还兼具较高的强度,在电力设备中的应用相当广泛。

1) 铜及铜合金焊接的特点

焊缝成形能力差。由于铜的导热系数大,热容量也大,焊接时热量迅速从加热区传导出去,使母材和填充金属难以熔合;此外,铜及铜合金在熔化状态下流动性较大,其焊缝易形成表面成形差的缺陷。因此,焊接铜及铜合金时必须采用大功率热源,必要时还要采取预热措施。

焊接热裂纹倾向大。铜及铜合金焊接时,Cu 会与材料中的一些杂质形成低熔点共晶,分布在晶界,易引起热裂纹。这些杂质包括 Bi、Pb、S、O 等,其中 O 的影响最大。

气孔倾向严重。铜及铜合金焊接时易产生气孔,主要是氢气孔。此外,由于铜及铜合金导热系数大,焊接时熔池冷却快,这也使产生气孔的倾向增大。

2) 铜及铜合金的焊接工艺

(1) 焊接方法。铜及铜合金常用的焊接方法有氩弧焊、气焊和焊条电弧焊。氩弧焊是焊接纯(紫)铜和青铜最理想的方法,而黄铜焊接常用气焊,因气焊时可采用微氧化焰加热,使熔池表面生成高熔点的氧化锌薄膜,防止锌的严重蒸发。

(2) 焊接材料。当采用气焊焊接铜及铜合金时,为了保护焊缝及热影响区金属,必须使用焊剂。铜及铜合金用焊剂主要有 CJ301 和 CJ401,CJ301 可用于铜及铜合金气焊,CJ401 用于青铜气焊。

(3) 焊前预处理。由于铜及铜合金焊接时具有较大热裂倾向及严重的气孔倾向,因此,焊前预处理要求比较严格。焊前预处理包括母材、焊丝的清理及焊条烘干等。

(4) 预热及焊接规范。由于铜的导热系数大,热容量也大,焊接时热量散失快,因此,铜及铜合金焊前一般应进行预热,同时采用较大的焊接规范,以保证焊缝与母材的熔合,同时降低冷却速度,有利于防止气孔产生。当采用焊条电弧焊焊接黄铜时,为了减小 Zn 的蒸发,应使用较小焊接规范,再通过适当提高预热温度的方式予以弥补。

3.6 异种材料的焊接

随着新技术和新设备的发展,越来越多的新材料应用于电力设备制造,因此,为了满足不同设备服役条件的特殊性能要求及经济性考虑,需要对一些种类和性能相差较大的不同材料之间进行焊接,大多数条件下异种材料之间的焊接结构的综合性能(强度、耐磨性、耐腐蚀性、导热性、导电性、导磁性等)优于单一材料焊接结构。

3.6.1 异种材料焊接存在的问题

异种材料的焊接是指两种或两种以上的不同材料(指化学成分、组织及性能等不同)在一定工艺条件下进行焊接加工的过程。两种不同的材料焊接在一起时,必定会产生一层化学成分、组织及性能均与母材存在差异的过渡层。由于异种材料之间的化学元素性质、化学性能、物理性能等方面都存在显著差异,与同种材料之间焊接相比,异种材料的焊接机理与过程控制都要复杂得多。异种材料焊接主要面临以下几个问题:

(1)异种材料的熔点相差越大,越难焊接。这是因为熔点低的材料达到熔化状态时,熔点高的材料还处于固态,此时已熔化材料元素渗入过热区的晶界,会造成低熔点材料流失、合金元素烧损或蒸发,使焊接接头难以熔合。如钢与铅焊接(熔点相差较大)时,不仅两种材料固态不能相溶,在液态情况下也不能相溶,液态下分层分布,冷却后各自单独结晶。

(2)异种材料线膨胀系数差别越大,越难焊接。线膨胀系数越大的材料,加热过程中的膨胀率越大,冷却时收缩率也越大,熔池结晶时会产生更大的残余应力。这种残余应力很难彻底消除,容易产生较大的焊接变形。焊缝两侧材料应力状态差别越大时,越容易导致焊缝及热影响区产生裂纹,严重时导致焊缝金属与母材剥离。

(3)异种材料的导热率和比热容相差越大,越难焊接。材料的导热率和比热容相差大会导致熔池的结晶条件变坏,晶粒严重粗化,并影响难熔金属的润湿性能。因此,应选用强力焊接热源,且热源作用中心应偏向导热性能好的一侧母材。

(4)异种材料导磁性相差越大,越难焊接。因材料导磁性相差越大,电弧焊时电弧越不稳定,焊接过程稳定性越差,焊缝质量越差。

(5)异种材料之间形成的金属间化合物种类越多,越难焊接。由于金属间化合物具有较大的脆性,容易导致焊缝产生裂纹和断裂。

(6)在异种材料焊接过程中,由于焊接区金相组织的变化或新生成的组织,使焊接接头的性能恶化,给焊接带来很大的困难。由于接头塑韧性的下降以及焊接应力的存在,异种材料焊接接头容易产生裂纹,尤其是焊接热影响区更容易产生裂纹,甚至发生断裂。

(7)异种材料的氧化性越强,越难焊接。如用熔焊方法进行铜和铝焊接时,熔池中极易形成铜和铝的氧化物;冷却结晶时,存在于晶粒边界的氧化物使晶间结合力降低,进而使焊缝产生夹杂和裂纹。因而采用熔焊方法焊接铜和铝极其困难。

（8）异种材料焊接时，焊缝和两种母材金属难以达到等强度要求。这是由于焊接时熔点低的金属元素容易烧损和蒸发，从而使焊缝的化学成分发生变化，力学性能降低，尤其是异种有色金属焊接时更为显著。

3.6.2　异种材料焊接特有的缺陷

异种材料焊接时，除产生常规焊接的缺陷外，还存在特有界面现象引起的缺陷，常常是导致异种材料接头性能下降的重要原因。这些缺陷主要与异种金属焊接界面的生成物、扩散行为、塑性变形及热应力等因素密切相关。

异种金属扩散焊接头的界面现象及缺陷见表 3 - 3。此类缺陷仅采用传统的控制措施是不够的，较为有效的措施是焊接时针对不同异种金属组合在接头端面之间插入适当的中间材料，异种金属扩散焊常采用的中间层金属见表 3 - 4。

表 3 - 3　异种金属焊接时界面行为及缺陷

界面现象		异种金属组合	焊接缺陷
与生成物有关	生成金属间化合物	Al/Fe、Al/Ti、Al/Cu、Be/Cu、Be/Fe、Cu/Ti、Cu 合金/Fe、Ti/Fe、Zr/Fe、Mo/Fe、Mo/Ni 合金、U/Fe	产生脆性层，接头强度下降
	生成氧化物	Cu（韧铜）/Ni、Al/Ti	产生 Ni 或 Al 的氧化物，接头强度下降
	生成碳化物（形成脱碳层）	不锈钢/Fe、Ti - 15Mo - 5Zr/Fe	产生 Cr 碳化物，接头强度下降；产生 TiC、ZrC，接头强度下降
与扩散有关	Kirkendull 效应	黄铜/Cu、Cu/Ni、Nb/Ni	产生微孔洞，接头强度下降
	熔点不同引起扩散不良	Mo/Fe、Al/Fe	扩散不良，接头强度差
	氧化膜引起扩散不良	Al/Fe、Al/Ti、Mo/Fe、CE 铜/蒙乃尔合金、Cu 合金/Fe	扩散不良，接头强度差
	固溶度不足	Cu /Fe	接头强度差
	晶界渗透	Cu /不锈钢	接头疲劳强度下降
与塑性变形有关	界面塑性变形	WC - Co/Fe、Cu/Fe、司太利合金/Fe	界面致密性不良，接头强度差，变形大
与热应力有关	产生热应力	WC - Co/Fe、Mo/不锈钢	接头区域变形大，产生裂纹

表 3-4　异种金属扩散焊常用中间层金属

界面问题	异种材料组合	中间层金属实例	界面问题	异种材料组合	中间层金属实例
生成金属间化合物	Al/Fe	Ag、Ni、Cu、Ni/Ag/Cu	氧化膜引起扩散不良	Al/Fe	Ag，Ni，Cu，Ni/Ag/Cu
	Al/Ti	Ag		Al/Ti	Ag
	Al/Cu	Ag、Ni		Mo/Fe	Ta/V/Ni/ Cu
	Be/Cu	Au、Ag、Cu		CE 铜/蒙乃尔合金	Ni/Au/Cu，Ni/Ag/Au /Cu
	Cu/Ti	Mo、Nb、Cr		Cu 合金/Fe	Ni
	Cu 合金/Fe	Cu、Ni	固溶度不足	Cu/Fe	Ni
	Ti/Fe	Ag、V、Cu、Ni、Mo			
	Zr/Fe	Ag、V/ Cu/Ni	界面塑性变形	WC - Co/Fe	Ni,坡莫合金
	Mo/Fe	Ta/V/Ni/ Cu		石墨铸铁/Fe	Ni
	U/Fe	Ag		Cu/Fe	Ag
生成碳化物	不锈钢/Fe	Ni	晶界渗透	Cu/Fe	Ni
	Ti 合金/Fe	Ni		WC - Co/Fe	坡莫合金
熔点不同引起扩散不良	Mo/Fe	Ta/V/Ni/ Cu	产生热应力	Mo/Fe	Ta/V/Ni/ Cu
	Al/Fe	Ag、Ni、Cu、Ni/Ag/Cu		Zr/Fe	V/Cu/Ni

3.6.3　获取优质异种材料焊接接头的工艺措施

在异种材料的焊接中,最常见的是异种钢焊接,其次是异种有色金属焊接和钢与有色金属的焊接。接头形式基本上有三种,即两种不同金属母材的接头、母材金属相同而填充金属不同的接头以及复合金属板的焊接接头。

为了获得优质的异种材料焊接接头,可以采取以下工艺措施:

(1) 尽量缩短被焊材料液态停留时间,以防止或减少金属间化合物的生成。熔焊时,可以使热源更多地向熔点高的母材侧输热来调节加热和接触时间;电阻焊时,可以采用截面和尺寸不同的电极,或者采用快速加热等方法来调节。

(2) 焊接时要加强被焊材料的保护,防止或减少周围空气的侵入。

(3) 采用与两种被焊材料都能很好焊接的中间过渡层,以防止生成金属间化合物。

（4）焊缝中加入某些合金元素，以阻止金属间化合物的产生和长大。

在工程上，许多异种材料焊接接头常在高温和腐蚀环境中运行。为了消除焊接残余应力，某些焊接接头焊后需要在高温下进行一定时间的热处理。一般来说，异种材料焊接接头焊后热处理的目的：消除焊接残余应力，降低应力腐蚀敏感性，软化热影响区、提高焊接接头区域的塑性。

第4章 缺陷种类及形成

4.1 焊接接头中的缺陷

无论采用何种焊接方法施焊,焊接接头上尤其是焊缝表面或焊缝中都可能产生裂纹、气孔、夹渣等冶金缺陷,以及未焊透、未熔合、咬边、焊瘤、内凹、错口等工艺缺陷。当然,不是说这些焊接缺陷都有可能在某一焊缝上全部产生或部分产生。而这个"缺陷"仅是我们对焊缝中存在"问题"的习惯称法。

4.1.1 焊接缺陷与焊接缺欠

国际焊接学会(IIW)明确表示不推荐单独采用"缺陷"(defect)一词,并在此基础上,推荐采用"缺欠"(imperfection)一词。缺欠就是焊接接头上出现的一种不连续性。诸如力学性能、冶金特性或物理特性上的不连续、不均匀性。这种"不连续、不均匀性"是规程(或规范)所允许的。例如,我国目前Ⅱ、Ⅲ级焊缝中允许存在的气孔、夹渣等。美国焊接学会(AWS)对缺欠的定义:"它是泛指焊接接头中一切不连续性、不完善性、不健全性、不均匀性等,'缺欠'就是所有被允许存在于工件中的不足。"

缺陷就是焊接接头中一种或多种不连续性或缺欠,按其特性或累加效果,使得零(部)件或设备不能符合规程所提出的最低使用要求。此术语与缺欠并列时的含义标志着判废。

缺欠与缺陷的关系:对于焊接接头的使用性能(fitness-for-purpose,FFP)而言,凡构成部件和设备使用危险的缺欠即为"缺陷"。缺陷是一种必须予以去除或修补的现状。所以,缺陷就意味着焊接接头是不合格的。因此,要使焊接接头能够应用,必须采用修复措施,否则就应报废。缺欠可否容许或容许到什么程度,由各国的具体技术标准或规范确定。我国有关标准(规范)中规定,焊接接头中的裂纹、未熔合、未焊透、条形渣等不允许存在。因此,可以认为它们是"缺陷"。而对于单个气孔、咬边、焊瘤、圆形夹渣等是允许的。因此,可以认为它们是"缺欠"。

本章所指的焊接缺陷包括上述的焊接缺欠和缺陷。

4.1.2　焊接缺陷的分类

《金属熔化焊接头缺欠分类及说明》(GB/T 6417.1—2005)和《金属压力焊接头缺欠分类及说明》(GB/T 6417.2—2015)中,将焊接缺欠(缺陷)区分为六大类,与IIW缺陷(欠)的分类比较基本相同:第一类,裂纹(微观、纵横、放射状、弧坑、间断、枝状裂纹);第二类,孔穴(各类气孔:球形、均布、局布密集、条形、虫形、表面、缩孔、弧坑气孔);第三类,固体夹杂[夹渣、氧化物、金属夹杂(夹钨、铜)];第四类,未熔合和未焊透;第五类,形状和尺寸不良(咬边、余高过高、未焊满、烧穿、下塌、焊瘤等);第六类,其他缺欠(如偏折、错边、飞溅、电弧擦伤等)。

上述分类为标准给出的分类,相对分类比较狭义,工程上对焊接缺陷可以从不同的方法进行广义的分类。如从表观上分为三类缺陷:成形缺陷、接合缺陷、性能缺陷;从主要成因上分为三类缺欠:构造缺欠、工艺缺欠、冶金缺欠;从分布上分类:焊缝缺(欠)陷、HAZ缺(欠)陷、熔合区缺(欠)陷和热影响区缺(欠)陷,也可分为表面缺(欠)陷(外观可见)和内部缺(欠)陷(须用无损检测方法检测);从影响断裂机制上分类:平面缺(欠)陷(裂纹、未熔合、未焊透及线状夹渣)、非平面缺(欠)陷(气孔及圆形夹渣)。

4.1.3　表面缺陷

表面缺陷位于焊缝表面,是指不借助于仪器,用肉眼就可以发现的工件表面缺陷,主要有焊缝尺寸不足、咬边、弧坑、焊瘤、内凹、未填满、焊穿、错边、表面气孔、严重飞溅、电弧灼伤等,如图 4-1 所示。图 4-2 所示为某封闭母线焊缝烧穿后在内表面

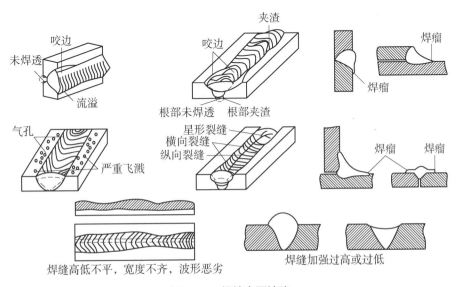

焊缝高低不平,宽度不齐,波形恶劣　　　焊缝加强过高或过低

图 4-1　焊缝表面缺陷

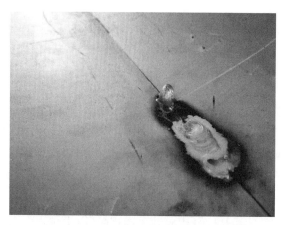

图 4－2　封闭母线焊缝烧穿形成的焊瘤

形成的焊瘤。

咬边是指焊接过程中电弧将焊缝边缘熔化后没有得到填充金属的补充,从而在焊缝金属的焊趾区域或根部区域形成的沟槽或凹陷。弧坑是指焊接收尾处形成低于焊缝高度的凹陷坑。焊缝中的液态金属流到未熔化的母材上或从焊缝根部溢出,冷却后形成的未与母材融合的金属瘤称为焊瘤。未填满是指焊缝表面上连续或断续的沟槽。

4.1.4　内部缺陷

1) 夹渣

夹渣是指焊接熔渣残存在焊缝金属中的现象,是焊接接头中常见的缺陷之一。夹渣会降低焊缝的强度,某些连续的夹渣更是危险缺陷,容易产生裂纹。

焊接冶金反应中形成的熔渣在熔池中熔化,在金属凝固前来不及浮出,就形成了夹渣。实际焊接过程中,焊接电流太小,焊接速度过快、多层焊对工件边缘和焊缝清理不干净,焊缝的形状系数过小和焊条(丝)角度不当都会造成夹渣。

避免产生夹渣的主要方法如下:① 采用合适的焊条;② 选用正确的焊接电流及运条角度;③ 适当的坡口角度;④ 焊前清洁,多层焊时做好层间清理工作。

2) 气孔

气孔是指在焊接时,熔池中的气体未能在熔池金属凝固前逸出而残存于焊缝中形成的空穴。气体可能是从焊接区外侵入的,也可能是焊接过程中冶金反应中产生的。气孔也是常见的焊接缺陷之一,根据孔内气体的种类可以分为氢气孔、氮气孔、一氧化碳气孔、二氧化碳气孔、氧气孔等;根据分布情况不同分为单个气孔、疏散气孔、密集气孔和连续气孔等。由于产生原因不同,气孔形状也不尽相同,有球形、椭球形、长条形等。气孔会减少焊接接头有效截面面积,增加应力集中,特别对弯曲和冲击韧性影响很大,连续气孔还会破坏焊缝致密性,破坏焊接结构。

产生气孔的原因很多:坡口边缘不清洁,有水分、油污和锈迹;焊条或焊剂未按规定进行烘干,焊芯锈蚀或药皮变质、剥落等。此外,低氢型焊条焊接时电弧过长、焊接速度过快、埋弧自动焊电压过高等,都易在焊接过程中产生气孔。

预防气孔的措施如下:

(1) 焊前清除坡口两侧 20～30 mm 范围内一切的油污、铁锈、水分等污物,必要时可对焊接坡口及焊丝进行化学清洗。

(2) 严格按照焊条说明书规定的温度和时间烘干焊条。

(3) 对于已变质、偏芯度过大的焊条不予使用,已经生锈的焊丝必须在除锈后才能使用。

(4) 正确选择焊接工艺参数,正确地进行焊接操作。

(5) 正确使用通风设备,尽量采用短弧焊接,野外焊接操作时要有防风措施。

(6) 碱性焊条在引弧时应采用划擦法以避免产生引弧气孔。

3) 未熔合

未熔合是焊缝金属和母材金属之间或焊缝金属彼此之间没有完全熔化结合在一起的现象,前者称为坡口未熔合,后者称为层间未熔合,如图 4-3 所示。未熔合是一种典型的面积型缺陷,坡口未熔合会使承载界面明显降低,使应力集中情况变得比较严重,其危害程度仅次于裂纹。

未熔合产生的主要原因:焊接电流太小,焊条或焊丝偏于坡口的一侧或因焊条偏芯使电弧偏向一侧,母材或前一道焊缝金属未得到充分熔化就被熔敷金属覆盖;焊枪没有充分摆动或者焊接速度太快;焊接时有磁偏吹现象;坡口或者前一层焊缝表面有铁锈、水、油等污物。

预防未熔合的主要措施如下:① 采用较大的焊接电流;② 焊接规范正确,操作得当,焊接速度均匀,摆动到位;③ 认真清除坡口表面的污物。

4) 未焊透

焊接时接头的根部母材金属未熔化,熔敷金属未进入根部的现象是未焊透,如图 4-3 所示。按坡口形式分为单面未焊透和双面焊中间根部未焊透。

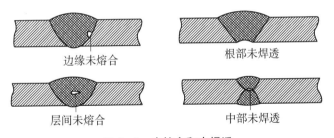

图 4-3 未熔合和未焊透

未焊透减少了焊接接头有效截面面积,使焊接接头承载能力下降,引起应力集中,严重降低疲劳强度,容易产生裂纹,是一种危险性缺陷。未焊透的产生原因是焊接参数选择不当,如焊接电流太小、焊接速度太快、焊条角度不当或电弧发生偏吹以及坡口角度或对接间隙太小等,它与焊接冶金因素关系不大。操作不当也会造成未焊透等。

预防未焊透的措施:① 选择合理的坡口形式;② 选择适当的装配间隙;③ 采用正确的焊接工艺参数;④ 认真操作、防止焊偏。

5)焊接裂纹

焊缝中原子结合遭到破坏,形成新的界面而产生的缝隙称为裂纹。裂纹是焊接接头中最危险的缺陷,是不允许存在的。裂纹是一种面积型缺陷,它的出现将显著减少承载面积,裂纹端部形成尖锐缺口的情况更为严重,其应力高度集中,很容易扩展以致破坏。裂纹的危害极大,尤其是冷裂纹,由于其延迟特性和快速脆断特性,带来的危害往往是灾难性的。实践表明,大部分电气设备焊接结构的破坏都是由裂纹造成的。

(1)焊接裂纹的分类。焊接裂纹种类繁多,产生的条件和原因各不相同(焊接过程中、焊后立即或延时产生)。焊接裂纹分类如图 4-4 所示,其在焊缝中的分布如图 4-5 所示。

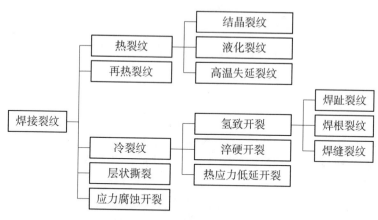

图 4-4 焊接裂纹的分类

(2)焊接裂纹的形成机理。裂纹产生的原因非常复杂,不同的裂纹产生的原因也不一样。裂纹产生的原因常与焊接时的冶金因素、母材可焊性以及化学成分有关。例如含碳量或碳当量较高的钢材,或者采用含硫磷量很高的焊条时,就很容易产生裂纹。裂纹的产生还常和焊接结构在焊后产生的应力与变形有关。例如焊接结构设计不合理,结构刚性过大等造成焊缝应力集中超过强度极限,产生裂纹。裂纹的产生还与焊接规范是否恰当有关。例如焊接线能量控制不当,焊前预热和焊后缓冷没做到

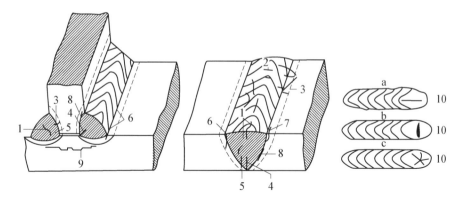

a—纵向裂纹；b—横向裂纹；c—星形裂纹；

1—焊缝中纵向裂纹；2—焊缝中横向裂纹；3—熔合区裂纹；4—焊缝根部裂纹；5—HAZ 根部裂纹；6—焊趾纵向裂纹（延迟裂纹）；7—焊趾纵向裂纹（液化裂纹、再热裂纹）；8—焊道下裂纹（延迟裂纹液化裂纹、多边化裂纹）；9—层状撕裂 10—弧坑裂纹（火口裂纹）。

图 4-5　焊接裂纹的宏观形态及其分布

位，在低温下焊接某些合金钢等都会产生裂纹。

① 热裂纹。热裂纹是焊接时高温下产生的，故称热裂纹。热裂纹发生于焊缝金属凝固末期（液态金属一次结晶时），敏感温度区大致在固相线附近的高温区。它的特征是沿原奥氏体晶界开裂。不同金属材料产生热裂纹的形态、温度区间和主要原因也各不相同。根据形成原因，热裂纹主要分为如下三种。

a. 结晶裂纹。结晶裂纹是焊缝结晶过程中，在固相线附近，由于凝固金属的收缩，残余液体金属不足而不能及时填充，在应力作用下发生沿晶开裂。多数情况下，在发生裂纹的焊缝断面上，可以看到有氧化的彩色，说明这种裂纹是在高温下产生的。结晶裂纹主要产生在含杂质较多的碳钢、低合金钢焊缝中（含硫、磷、碳、硅偏高）和单相奥氏体钢、镍基合金以及某些铝合金的焊缝中。个别情况下，结晶裂纹也能在热影响区产生。

b. 液化裂纹。多发生在近缝区或多层焊的层间部位，在焊接热循环峰值温度的作用下，由于被焊金属含有较多的低熔共晶而被重新熔化，在拉应力作用下沿奥氏体晶界发生开裂。液化裂纹主要发生在含有铬镍的高强钢、奥氏体钢，以及某些镍基合金中母材，当焊丝中的硫、磷、碳、硅偏高时，液化裂纹的倾向显著增高。

c. 高温失延裂纹。焊接时焊缝或近缝区在固相线稍下的高温区间，由于刚凝固的金属中存在很多晶格缺陷（主要是位错和空位）及严重的物理和化学不均匀性。在一定温度和应力作用下，由这些晶格缺陷的迁移和聚集，便形成了二次边界，即所谓的多边化边界。因边界上堆积了大量的晶格缺陷，所以它的组织性能脆弱，高温时的强度和塑性很差，只要有轻微的拉应力，就会沿着多边化的边界开裂，因此也称为多边化裂纹。

高温失延裂纹多发生在纯金属或单相奥氏体合金的焊缝中或近缝区,属于热裂纹类型。

② 冷裂纹。冷裂纹指焊接接头冷却至马氏体转变温度 Ms 点(200~300℃)以下产生的裂纹,一般在焊后一段时间(几小时,几天甚至更长)才出现,故又称延迟裂纹。

冷裂纹是焊接生产中较为普遍的一种裂纹,它是焊接后冷至较低温度下产生的。对于低合金高强钢来说,大约发生在马氏体转变温度 Ms 附近,由拘束应力、淬硬组织和氢的共同作用下产生。冷裂纹主要发生在低合金钢、中合金钢、中碳钢和高碳钢的焊接热影响区。个别情况,如焊接超高强钢或某些钛合金时,冷裂纹也出现在焊缝金属上。

根据被焊钢种和结构不同,冷裂纹分为如下三类。

氢致开裂(也称延迟裂纹):是冷裂纹中的一种普通形态,主要特点是不在焊后立即出现,而是有一定的孕育期,具有延迟现象。产生这种裂纹主要取决于钢种的淬硬倾向、焊接接头的应力状态和熔敷金属中的扩散氢含量。

淬硬裂纹(或称淬火裂纹):一些淬硬倾向很大的钢种,即使没有氢的诱发,仅在拘束应力的作用下也能导致开裂。焊接含碳较高的 Ni-Cr-Mo 钢、马氏体不锈钢、工具钢,以及异种钢等有可能出现这种裂纹。它完全由冷却时马氏体相变而产生的脆性造成,一般认为与氢的关系不大。这种裂纹没有延迟现象,焊后可以立即发现,有时出现在热影响区,有时出现在焊缝上。一般可采用较高的预热温度和使用高韧性焊条来防止这种裂纹。

热应力低延开裂:某些塑性较低的材料,冷至低温时,由于收缩力而引起的应变超过了材质本身所具有的塑性储备或因材质变脆而产生的裂纹,又称低塑性脆化裂纹,如铸铁补焊、堆焊硬质合金和焊接高铬合金时,就会出现这种裂纹。由于是在较低温度下产生的,所以也属于冷裂纹的一种形态,但无延迟现象。

③ 再热裂纹。再热裂纹是指焊接接头冷却后再加热至一定温度时产生的裂纹。厚板焊接结构中,含有某些沉淀强化合金元素的钢材,在进行消除应力热处理或在一定温度下服役的过程中,在焊接热影响区粗晶部位发生的裂纹称为再热裂纹。

由于这种裂纹是在再次加热过程中产生的,故称为"再热裂纹",又称"消除应力处理裂纹",简称 SR 裂纹。

再热裂纹多发生在低合金高强钢、珠光体耐热钢、奥氏体不锈钢和某些镍基合金的焊接热影响区粗晶部位。再热裂纹的敏感温度因钢种的不同而变化,多数低合金钢为550~650℃,高温合金为700~900℃,沉淀强化钢为500~700℃。这种裂纹也具有沿晶开裂的特征,但本质上与结晶裂纹不同。

④ 层状撕裂。层状撕裂是在厚大构件中沿钢板的轧制方向分层出现的阶梯状

裂纹。在厚板焊接时,有时出现平行于轧制方向的阶梯形裂纹,即层状撕裂。

产生层状撕裂的主要原因是轧制钢材的内部存在不同程度的分层夹杂物(特别是硫化物、氧化物夹杂),在焊接时产生的垂直与轧制方向的应力,致使热影响区附近或稍近的地方产生呈"台阶"形的层状撕裂,并可穿晶扩展。

层状撕裂属于低温开裂,撕裂的温度不超过 400℃,多发生在一般低合金钢中,但它的特征与冷裂纹截然不同。层状撕裂易发生在壁厚结构的 T 形接头、十字接头和角接头,是一种难以修复的失效类型,甚至会造成灾难性事故。采用具有抗层状撕裂的 Z 向钢是避免大型结构出现层状撕裂的普遍做法。

影响产生层状撕裂的因素很多,如钢板的材质、夹杂的分布及类别、焊接接头的含氢量、接头形式和受力状态,以及焊接施工的工艺等都有关系。此外,当焊接接头中存在其他缺陷时,如微裂纹、微气孔、咬边等缺口效应都可能在应力作用下发展成为层状撕裂。

⑤ 应力腐蚀裂纹。焊接构件在腐蚀介质(工作介质、外来介质等)和拉伸应力(残余应力、工作应力等)的共同作用下产生一种延迟破坏的现象,称为应力腐蚀裂纹,简称 SCC[①] 裂纹。

SCC 裂纹剖面形态如枯干的树枝,从结构表面向深处扩展。多发生在低碳钢、低合金钢、不锈钢、铝合金、α 黄铜和镍基合金等,SCC 裂纹大多属于沿晶断裂性质,少数也有穿晶断裂,为典型的脆性断口。

影响应力腐蚀开裂的因素为结构的材质、腐蚀介质和应力,三者缺一不可,其中应力受结构的形状、受力状态、制造和焊接工艺、焊材种类和消除应力的程度等影响。

焊接裂纹的分类、基本特征和敏感温度区间见表 4-1。

表 4-1　焊接裂纹的分类、基本特征和敏感温度区间

裂纹分类		基本特征	敏感温度区间	被焊材料	位置	裂纹走向
热裂纹	结晶裂纹	在结晶后期,由于低熔点共晶形成的液态薄膜削弱了晶粒间的联结,在拉伸应力作用下发生开裂	在固相线温度以上稍高的温度(固液状态)	杂质较多的碳钢、低中合金钢、奥氏体钢、镍基合金及铝	焊缝上	沿奥氏体晶界
	液化裂纹	在焊接热循环峰值温度的作用下,在热影响区和多层焊的层间发生重熔,在应力作用下产生裂纹	固相线以下稍低温度	含硫、磷、碳较多的镍铬高强钢、奥氏体钢、镍基合金	热影响区及多层焊的层间	沿晶界开裂

---

① SCC 是 stress correction cracking 的缩写。

（续表）

裂纹分类		基本特征	敏感温度区间	被焊材料	位置	裂纹走向
	高温失延裂纹	已凝固的结晶前沿，在高温和应力作用下，晶格缺陷发生移动和聚集，形成二次边界，它在高温下处于低塑性状态，在应力作用下产生裂纹	固相线以下再结晶温度	纯金属及单相奥氏体合金	焊缝上，少量在热影响区	沿奥氏体晶界
再热裂纹		厚板焊接结构消除应力处理过程中，在热影响区的粗晶区存在不同程度的应力集中时，由于应力松弛所产生附加变形大于该部位的蠕变塑性，发生再热裂纹	500～900℃回火处理	含有沉淀强化元素的高强钢、珠光体钢、奥氏体钢、镍基合金等	热影响区的粗晶区	沿晶界开裂
冷裂纹	延迟裂纹	在淬硬组织、氢和拘束应力的共同作用下产生的具有延迟特征的裂纹	在 $Ms^{①}$ 点以下	中、高碳钢，低、中合金钢，钛合金等	热影响区，少量在焊缝	沿晶或穿晶
	淬硬脆化裂纹	主要是由淬硬组织，在焊接应力作用下产生的裂纹	Ms 点附近	含碳的镍铬钼钢、马氏体不锈钢、工具钢	热影响区，少量在焊缝	沿晶或穿晶
	热应力低延开裂	在较低温度下，由于被焊材料的收缩应变，超过了材料本身的塑性储备而产生的裂纹	在 400℃以下	铸铁、堆焊硬质合金	热影响区及焊缝	沿晶或穿晶
层状撕裂		主要原因是钢板的内部存在分层夹杂物（沿轧制方向），在焊接时产生的垂直与轧制方向上的应力，致使热影响区或稍远的地方，产生"台阶"式层状开裂	约 400℃以下	含有杂质的低合金高强钢厚板结构	热影响区附近	沿晶或穿晶
SCC 裂纹		某些焊接结构在腐蚀介质和应力的共同作用下产生的延迟开裂	任何工作温度	低碳钢、低合金钢、不锈钢、铝合金、α 黄铜和镍基合金等	焊缝和热影响区	沿晶或穿晶

注：① Ms，马氏体转变起始温度。

4.2　铸件中的缺陷

铸造工艺设计和操作过程中的不合理会产生各种缺陷,常见的铸件缺陷如下:

(1)缩孔和疏松。铸件在凝固过程中,液态金属的收缩和凝固得不到金属液的补充而形成的不规则空洞称为缩孔,微小而不连续的缩孔称为疏松。

缩孔和疏松可以在铸件内部也可以在外部,其主要原因是浇口及冒口的位置不当等设计问题,导致液态金属凝固时得不到及时补缩。收缩性大的金属,如铸铁和可锻铸铁应特别注意。

(2)气孔。铸件内部或者表面大小不等的光滑孔眼称为气孔,产生的原因是铸型透气性差、型砂含水量过多,或金属中溶解气体过多等,使金属在凝固过程中气体来不及逸出形成。

(3)夹杂。铸件内部或者外部由于砂粒、熔渣所造成的孔洞称为夹杂,其中砂粒造成的称为砂眼,熔渣造成的称为夹渣。由于砂粒及熔渣较液态金属密度小,所以夹杂一般聚集在铸件表面。提高型砂和型芯的紧实度、控制浇注速度、合理的操作都能避免夹杂的形成。

(4)裂纹。裂纹是最危险的缺陷,分为冷裂纹和热裂纹两种。冷裂纹在较低温度下形成,表面未被氧化,颜色亮白。因铸件中含磷过高,或者清理及运输过程中操作不当而产生。热裂纹在较高温度下形成,表面被氧化,颜色呈蓝色或者红色的氧化色彩。因金属冷却不均匀、收缩过大,含硫过高,或者型砂、型芯退让性差,铸件厚薄相差太大等产生。

(5)其他缺陷,铸件的其他缺陷例如黏砂、冷隔、尺寸和形状不合格等。

4.3　锻件中的缺陷

电网设备常用锻件如绝缘子钢脚、连接球头等各类金具,以及各类电气设备上的锻造法兰、连杆等部件。锻件中常见的缺陷有以下几类。

(1)缩孔。铸锭时,金属凝固,体积收缩,形成较大的孔洞,常见于钢的头部(口端)。锻造前因冒口切除不良,锻造不充分也会遗留下孔洞。

(2)疏松。钢锭凝固前因金属液中气体来不及排出和金属冷却收缩导致的内部空穴和不致密性,在锻造时又因锻压不足,缺陷未锻合而留存于锻件之中。疏松以钢锭中心及头部出现居多,其单个尺寸较小,但往往呈区域性弥散分布。

(3)金属夹杂物。由于冶炼时外加合金过多、金属尺寸较大未充分溶解所致,或者浇铸时金属异物落入铸模未被溶解而形成的缺陷。

（4）非金属夹杂物。大多非金属夹杂物为钢中脱氧剂、合金元素与气体生成的反应物，其尺寸一般较小，在最晚凝固的钢锭中心区及头部聚积。由冶炼、浇铸过程中混入的耐火材料或杂质产生的非金属夹杂物，其尺寸较大，常混杂于钢锭下部。绝缘子钢脚断口存在的大量球状非金属夹杂物的 SEM 照片如图 4‐6 所示。

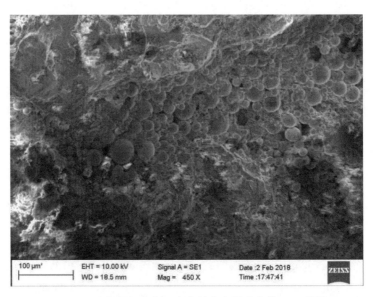

图 4‐6　绝缘子钢脚断口存在的非金属夹杂物 SEM 照片

（5）折叠。折叠的表面状态和裂纹相似，多发生在锻件的内圆角和尖角处。在横截面上进行高倍显微观察，可发现折叠处两面有氧化、脱碳等特征；低倍组织上可观察到围绕折叠处纤维有一定的歪扭。锻件上折叠的出现是由于自由锻拔长时，送进量过小和压下量过大，或砧块圆角半径太小，模锻时模槽凸圆角半径过小，制坯模槽、预锻模槽和终锻模槽配合不当，金属分配不合适，终锻时变形不均匀等造成金属回流而产生的。模锻件表面折叠情况如图 4‐7 所示。

（6）龟裂。位于锻钢表面，深 0.5～1.5mm 的裂纹或锻钢件表面出现的较浅的龟状表面缺陷叫龟裂。该类缺陷是由于原材料成分不当、表面情况不好，加热温度和加热时间不合适导致的。

图 4‐7　模锻件表面折叠

（7）锻造裂纹。由锻造引起的裂纹种类较多，在工件中的位置也不同。实际生产中遇到的锻造裂纹有以下几类：缩孔残余引起的裂纹、皮下气泡引起的裂纹、柱状晶粗大引起的裂纹、轴芯晶间裂纹引起的锻造裂纹、锻造加热不当引起的裂纹、锻造变形不当引起的裂纹和终锻温度过低引起的裂纹。

（8）白点。在钢坯的纵向断口上呈圆形或椭圆形的银白色斑点，在横向断口上呈现细小的裂纹。白点的大小不一，长度为 1～20 mm 或更长，白点在合金结构钢中常见，在普通碳钢中也有发现。白点是由于钢中含氢量较高，在锻造过程中的残余应力、热加工后的相变应力和热应力等作用下而产生的。由于该缺陷在断口上呈银白色的圆点或椭圆形斑点，故称其为白点。

4.4　轧制件中的缺陷

轧制件包括管、棒、板、丝、钢轨和其他型材等。各类电气设备的外壳钢板、铁塔钢管、角钢一般均为轧制件。轧制件中的缺陷有以下几类。

（1）分层。轧制件截面上呈黑线或黑带，严重的有裂口，分层处常伴随有夹杂物。由于镇静钢的缩孔或沸腾钢的气囊未切除干净、钢坯尾孔未切净或铸坯内部存在严重疏松，在轧制时未焊合，存在严重的内部夹杂和皮下气泡等均可造成分层。如图 4-8 所示为钢板分层。

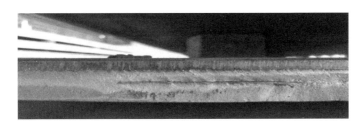

图 4-8　钢板分层

（2）结疤。该缺陷呈舌状、块状、鱼鳞状嵌在轧制件表面上，其大小厚度不一。形成原因在于铸坯表面有残余的疤皮、气泡和表面清理后的深宽比不合理等，轧槽过度磨损掉肉或表面黏结金属，轧件在孔型内打滑造成金属堆积或外来金属随轧件一同带入到轧槽中也会造成此类缺陷。

（3）裂纹。轧制裂纹一般呈直线状，有时也呈丫状，其方向一般与轧制方向一致，缝隙一般与钢材表面垂直。形成原因在于铸坯皮下气泡、非金属夹杂物经轧制破裂后暴露出裂纹或铸坯本身的裂缝、拉裂未消除；此外加热不均匀、温度过低、孔型设计不良导致变形的不均匀，或轧后型钢冷却速度过快也可能产生裂纹。

（4）发纹。发纹为在轧件表面上发散成簇、断续分布的细纹，一般与轧制方向一致，其长度和深度较裂纹要浅。发纹的产生原因和裂纹产生原因几乎相同。

（5）夹杂物。轧制件内部夹杂物分金属夹杂和非金属夹杂物，与锻件中的夹杂物成因相同。表面夹杂一般呈点状、块状或条状机械黏结在型钢表面上，有一定深度，大小形状无规律。通常由于铸坯带来的表面非金属夹杂物或在加热轧制过程中偶然有非金属夹杂物（如加热炉耐火材料、炉底炉渣、燃料灰烬）黏在轧件表面形成。

（6）折叠。轧制折叠缺陷表现与锻造件相似，一般为轧制过程中钢板边角部的翘头扣头部分被卷入钢板表面，形成折叠；板坯切割后的熔渣清理不净，轧制过程中卷入钢板表面也会形成折叠。

（7）表面划伤和直道。管材、板材等由于加工时的导管、拉膜、工作辊等的形状不良而形成的缺陷。

（8）白点。冶炼过程中残留于金属晶格的游离氢气引起金属细微内裂的材质缺陷，其特征和形成原因参见锻件白点缺陷。

4.5 非金属制件中的缺陷

电力系统中，绝缘材料多为有机材料、纤维增强树脂复合材料和陶瓷等非金属材料，根据其加工成型工艺的差别，制成的产品中也存在不同的缺陷类型。

1）有机材料件中的缺陷

根据形成原因和影响大致分为三类：原材料问题引起的缺陷、成型过程中产生的缺陷、未达到形状尺寸要求形成的缺陷。例如，电缆绝缘的挤塑生产过程中，由原材料不纯、母粒配比失衡、原材料含水率高等引起的缺陷有：夹杂、气泡、气孔和显著颗粒等。

由于挤塑模具问题、挤出温度设定问题、生产速度问题等产生的缺陷有疙瘩、塌坑、起包、裂口、粗糙发毛、起皱、起楞、过烧等。

未达到形状尺寸要求形成的缺陷有偏心、粗细不均和竹节形等。

2）纤维增强树脂复合材料中的缺陷

纤维增强树脂复合材料是以树脂为基体，以玻璃纤维、碳纤维等纤维为增强材料制成的，其制件的成型方式较多，如拉挤、缠绕、热压、模压等，具有重量轻、强度高的特点，满足工件耐高温、腐蚀、电磁屏蔽、阻燃等特定的服役条件要求。其制成品中的缺陷主要分为两类，即原材料缺陷和制造缺陷，主要有分层、孔隙和夹杂等。

分层是指层间的脱黏或开裂，是复合材料结构中的典型缺陷，形成的原因主要有基体纤维间热膨胀系数不匹配、含胶量太低、固化工艺不合适、二次成型界面黏接强度过低等。在产品使用过程中冲击力过于集中也可能导致分层的发生。

孔隙是复合材料成型过程中形成的空洞。孔隙率过大会影响层间剪切强度、弯曲强度、压缩强度等性能。

夹杂产生的原因主要有树脂中存在凝块、预浸料里存在杂质、工作车间洁净度低等，夹杂过大时对复合材料性能影响严重。

3）陶瓷材料中的缺陷

（1）变形。产品烧成变形是陶瓷行业最常见、最严重的缺陷，如绝缘子歪扭不圆等。陶瓷产品在烧成中，坯体预热与升温快时，不同部位温差大易发生变形。烧成温度过高或保温时间太长也会造成大量的变形缺陷。

（2）开裂。开裂指制品上有裂纹。其原因是坯体入窑水分太高，预热升温和冷却太快，导致制品内外收缩不匀。有的是坯体在装钵前已受到碰撞有内伤。坯体厚薄不匀导致烧制时温差过大也会造成制品开裂，大型瓷套难以制作的原因之一就在于很难使得烧制温度场均匀。

（3）起泡。烧制品起泡有坯泡与釉泡两种。两种起泡对绝缘子来说均为严重缺陷，釉泡容易发现危险性小，坯泡难以发现，常引起绝缘子失效。

（4）阴黄。制品表面发黄或斑状发黄，有的支柱绝缘子断面也有发黄现象，多出现在高火位处。主要原因是升温太快，釉熔融过早，还原气氛不足，而使瓷胎中的 Fe_2O_3 未能充分还原成 FeO。此外，窑顶局部产品温度偏高而还原不足也会形成阴黄缺陷。在产品原料中 TiO_2 含量太高，也可能会导致产品发黄。

（5）烟熏。烟熏俗称串烟、吸烟，是使陶瓷制品局部或全部呈现灰黑、褐色的缺陷。产生的原因是窑内湿度大，燃料燃烧不充分，致使坯体吸附烟尘，后期烧制过程中坯体中的碳素（包括坯体中有机物分解产物及坯体在窑内吸附的烟尘）氧化不充分导致。此外装窑过密，排烟不畅也可能导致烟熏缺陷。烟熏缺陷因为容易发现，绝缘子厂家一般自行检查，发现后销毁，电网用绝缘子很难发现有这种缺陷的产品。

4.6　使用中产生的缺陷

电网设备部件在不同的服役工况条件下，常产生以下几类缺陷。

1）腐蚀

金属材料与周围环境发生化学作用而引起的变质和破坏，它会显著降低金属材料的力学性能、破坏构件的几何形状、增加转动件间的磨损、缩短设备使用寿命。电网金属材料的腐蚀随处可见，如锈迹斑斑的铁塔、构支架等。含硫绝缘油常引起绕组的油硫腐蚀。如图 4-9 所示为接地引下线腐蚀的情况。

需要注意的是金属在应力和腐蚀介质的共同作用下发生开裂称为应力腐蚀，应力腐蚀是一种极为隐蔽的局部腐蚀，常常造成严重破坏。电网中的架空输电线路常

图 4‑9　接地引下线的腐蚀

采用镀锌钢绞线,其往往先于同环境下的铁塔发生锈蚀,原因是地线承受张力,在应力条件下,镀锌层腐蚀速率加快。图 4‑10 为镀锌钢绞线腐蚀情况,图 4‑11 所示为主变分接开关传动抱箍应力腐蚀开裂。

图 4‑10　镀锌钢绞线的腐蚀

图 4‑11　主变分接开关传动抱箍应力腐蚀开裂

晶间腐蚀是局部腐蚀的一种,是沿着金属晶粒间的分界面向内部扩展的腐蚀。主要由于晶粒表面和内部间化学成分的差异以及晶界杂质或内应力的存在。晶间腐蚀破坏晶粒间的结合,大大降低金属的机械强度。而且腐蚀发生后金属和合金的表面仍保持一定的金属光泽,看不出被破坏的迹象,但晶粒间结合力显著减弱,力学性能恶化,是一种很危险的腐蚀。通常出现于黄铜、硬铝合金和一些不锈钢、镍基合金中。

其他腐蚀形式还有包括缝隙腐蚀、腐蚀疲劳、磨损腐蚀等。缝隙腐蚀常发生在碳钢外壳的设备铭牌后面。露天使用的不锈钢传动连杆有可能发生腐蚀疲劳。

2) 疲劳和磨损

结构材料承受交变反复载荷,局部高应变区内的峰值应力超过材料的屈服强度,晶粒之间发生滑移和位错,产生微裂纹并逐步扩展形成疲劳裂纹。引发疲劳失效的动态载荷常包括风载荷、循环热应力、交变的工作载荷等。在腐蚀介质共同作用下产生的失效称为腐蚀疲劳失效。输电设备常因风力作用产生疲劳,图 4-12 所示为绝缘子钢脚在使用中产生的疲劳断面。

磨损是零部件失效的一种基本类型。通常意义上来讲,磨损是指零部件在摩擦作用下几何尺寸(体积)变小。电网设备中各类轴销、轴承有发生磨损失效的可能性。图 4-13 所示为油流继电器轴承的磨损情况。

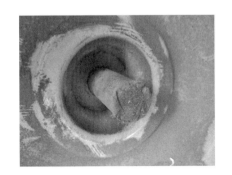

图 4-12　绝缘子钢脚在使用中产生的疲劳断面

图 4-13　油流继电器轴承的磨损

3) 烧蚀

材料因摩擦、电弧等高温作用,表面熔化、蒸发、消失和变形的现象称为烧蚀,烧蚀是电力系统设备常见失效模式之一,耐烧蚀性能决定了断路器的弧触头寿命。烧蚀也常发生在各类电力设备事故中。图 4-14 所示为绕组烧蚀的情况。

4) 氢致开裂

腐蚀反应产生的氢原子进入金属结晶并在其缺陷处富集,引起其韧性下降、鼓泡、开裂等损伤的现象。引起的损伤类型有:氢脆、氢鼓泡、氢致台阶式开裂等。氢

图 4-14 绕组的烧蚀

致开裂的生成不需外加应力,常形成一组平行于钢材轧制面的缺陷,会降低其韧性。在硫化氢(H_2S)腐蚀环境中,氢致开裂形成的缺陷往往是高强度钢硫化物应力开裂的起裂源,其潜在的危险性很大。影响氢致开裂的主要因素有:硫化氢(H_2S)的分压、环境的 pH 值、温度、钢材的冶金因素(组成的元素、热处理、硬度、金相组织)、管材的加工条件(焊接、加工条件、残余应力)等。

5)蠕变孔洞

实际结构常处在复杂的服役环境中,在机械应力和热应力的作用下,材料的初始缺陷如点缺陷空位、线缺陷位错、面缺陷晶界和体缺陷孔洞等不断地长大,形成蠕变孔洞。材料在高温环境下的破坏一般是夹杂或者第二相粒子处出现孔洞,并长大、聚合的结果。

6)石墨化

钢在高温、应力长期作用下,由于珠光体内渗碳体自行分解出石墨的现象,Fe_3C变成"3Fe+C(石墨)",称为石墨化或析墨现象。石墨化的第一步是珠光体球化,石墨化是钢中碳化物在高温长期作用下分解的最终结果,石墨化使钢材发生脆化,强度、塑性及冲击韧性降低。向钢中加入 Cr、Ti、Nb 等合金元素,均能阻止石墨化过程。另外,在冶炼时不可采用促进石墨化的 Al 脱氧,采用退火或回火处理也能减少石墨化倾向。

第5章 理化检验

材料的理化检验就是借助物理、化学的方法,使用某种测量工具或仪器设备,如卡尺、显微镜等所进行的材料检验行为。其目的在于验证材料的某种物理或化学特性是否符合预期。根据材料的种类,理化检验可分为金属材料理化检验和非金属材料理化检验,其中非金属材料又包含无机材料和有机材料。理化检验常用的技术有成分检测、组织检测、物相分析、力学性能检测等。有些技术只适用于金属材料,如金相检验;有些技术同时适用于金属和非金属材料,如X射线衍射分析、拉伸试验等,本章根据电网材料理化检测的特点,按照不同材料类型对理化检测技术进行介绍。

5.1 金属材料的理化检验

5.1.1 成分检测

成分检测主要是对已知产品的成分进行检测,是对已知成分进行定性和定量验证分析的过程。主要包括以下几种方法。

1) X射线荧光光谱

X射线荧光分析可定性、定量分析常见金属材料中的金属元素含量,对于含金属元素的化合物,同样可以定性分析元素种类。用X射线荧光分析仪器做成的便携式设备称为手持式合金分析仪,在电网金属材料的现场成分鉴定中应用广泛。

X射线荧光分析方法的原理是利用X射线照射被测样品,X射线击出原子的内层电子,相应原子出现壳层空穴,当外层电子从高能轨道跃迁到低能轨道来填充轨道空穴时,就会产生特征X射线。X射线探测器将样品元素的X射线的特征谱线的光信号转换成易于测量的电信号来得到待测元素的特征信息。

图 5-1 手持式合金分析仪

如果需要检测样品中是否存在某一特定元素，则在选定的测量条件下对该元素的主谱线进行定性扫描，将得到的扫描图与"谱线-2θ"表比较，可确定该元素的存在。

如果要对试样中所有元素进行定性，则需用不同的测量条件和扫描条件编制几个程序段，用测角器对所有元素进行全程扫描，用记录仪将顺次出现的谱线自动记录，再利用计算机自动解析程序来解析光谱图。

使用 X 射线荧光仪做材料中元素的定量分析时，需注意仪器的分辨率和检出限，其中分辨率作为色散率和发散度的函数，是分光计区分或识别两个独立的、紧密靠近的谱线的能力。检出限是指在一定的分析灵敏度条件和计数时间内，分析线的净强度或总计数等于 3 倍背景偏差所对应的分析元素含量。

元素定量分析测定一般采用定时计数法，就是在预定时间 T 内，记录 X 射线的光子数 N，则光强度为 $I = N/T$，元素含量越多，光子数越多，强度越大。利用这个关系，可得知材料中某元素的含量。

图 5-2　火花直读光谱仪

2）火花直读光谱

常用的火花直读光谱仪（见图 5-2）也称全定量合金分析仪，火花直读光谱仪为发射光谱仪，主要通过测量样品被激发时发出代表各元素的特征光谱光（发射光谱）的强度从而对样品进行定量分析的仪器，因其具有较高的检测精度，在电网铜及铜合金、铝及铝合金的检测中应用广泛。

火花直读光谱仪按照功能分为 4 个模块，即激发系统、光学系统、测控系统和计算机中的软件数据处理系统。各部分的功能如下。

激发系统：通过各种方式使固态样品充分原子化，并放出各元素的发射光谱光。

光学系统：对激发系统产生出的复杂光信号进行处理（整理、分离、筛选、捕捉）。

测控系统：测量代表各元素的特征谱线强度，通过各种手段，将谱线的光强信号转化为电脑能够识别的数字电信号。控制整个仪器正常运作。其主要由测量系统、控制组成。

计算机软件及数据处理系统：对电脑接收到的各通道的光强数据进行各种算法运算，得到稳定、准确的样品含量。

3）碳硫分析

如前文所述，钢铁材料中碳和硫元素的含量至关重要，关系钢铁材料的性能和品质，但 X 射线荧光光谱以及火花直读光谱对于碳元素以及硫元素的含量检测仍有局限性，因此一般采用碳硫分析仪（见图 5-3）对钢铁材料中的碳和硫元素进行检测。

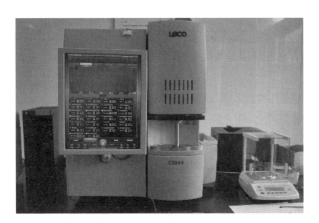

图 5 - 3 碳硫分析仪

碳硫分析仪的原理：碳在氧气流中燃烧将碳转化成一氧化碳或二氧化碳，利用氧气流中二氧化碳和一氧化碳的红外吸收光谱(特征吸收峰 4 260 nm)进行碳含量测定。硫在氧气流中燃烧将硫转化成二氧化硫。利用氧气流中二氧化硫的红外吸收光谱(特征吸收峰 7 400 nm)进行硫含量测定。

从原理上来说，碳硫分析仪除适用钢铁材料外，还适用黑色金属、有色金属及合金、硬质合金、无机材料、稀土金属等材料中的碳、硫含量的分析。

碳硫测试仪的电子控制部分由红外测量控制板、分析流量控制板、动态流量控制板、功率控制板、恒温加热控制板、压力控制板、催化稳定控制板、计算机等电子元器件组成。

4) 氧氮氢分析

氧氮氢分析仪(见图 5 - 4)通常用于黑色、有色、陶瓷、稀土及磁性材料中的氧、氮、氢元素含量的准确测定。

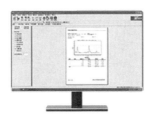

图 5 - 4 氧氮氢分析仪

一般采用惰性气体熔融原理来检测金属和非金属固体材料中的氧、氮含量,可以用一台氧氮氢分析仪测定氧、氮、氢含量,在进行氧、氮、氢的测定中,将称量后的试样放在石墨坩埚中,在氮气(单测氧和氢可用氩气)气流中通过高温加热熔融。试样中的氧与石墨坩埚中的碳反应生成一氧化碳,试样中的氮、氢以氮气和氢气的形式逸出,这些混合气由载气分两路分别送到高温转化炉,在高温转化炉中一氧化碳转化为二氧化碳,氢气转化为水,氮气不发生反应。通过转化炉后的混合气体被送到二氧化碳红外检测池和水红外检测池中,在这里二氧化碳和水被检测,反算出氧和氢的含量。通过红外检测,混合气体中的二氧化碳和水被吸附后,剩余的氮气和氦气混合气体通过热导检测池被检测。氮气经分离后进入热导池检测出其含量。经计算机数据处理可直接给出测试结果。

5) 能谱分析

能谱仪用来分析材料微区成分元素种类与含量,适用于几乎所有的固体材料,配合扫描电子显微镜与透射电子显微镜使用。

各种元素具有自己的 X 射线特征波长,特征波长的大小则取决于能级跃迁过程中释放出的特征能量 ΔE,能谱仪就是利用不同元素 X 射线光子特征能量不同的特点来进行成分分析。

能谱仪主要由探针器、前置放大器、脉冲信号处理单元、模数转换器、多道分析器、小型计算机及显示记录系统组成,实际上它是一套复杂的电子仪器。图 5-5 所示为一台与扫描电子显微镜配合的能谱仪(圆圈部分)。

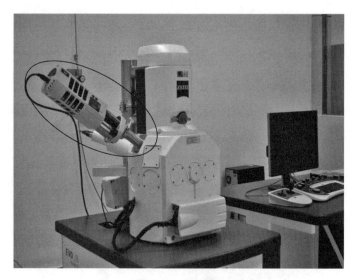

图 5-5　能谱仪

能谱仪使用锂漂移硅 Si(Li) 探测器。Si(Li) 是厚度为 3～5 mm、直径为 3～10 mm 的薄片,它是 P 型硅在严格的工艺条件下漂移进入锂制成的。Si(Li) 可分为 3 层,中间是活性区(I 区),由于锂对 P 型半导体起了补偿作用,是本征型半导体。I 区的前面是一层 0.1 μm 的 P 型半导体(硅失效层),在其外面镀有 20 nm 的金膜。I 区后面是一层 N 型硅导体。Si(Li) 探测器实际上是一个 P-I-N 型二极管,镀金的 P 型硅接高压负端,N 型硅接高压正端并和前置放大器的场效应管相连接。

Si(Li) 探针被安置在一个真空系统中,其前面有一个 7～8 μm 厚的铍窗。探针装在一个冷指中,连接在一个装有液氮的杜瓦瓶上。锂原子在室温下容易漂移和扩散,所以探测器必须始终保持液氮温度。铍窗口将探头密封在低温真空中,可以阻止背散射电子破坏探测器。低温环境还可降低前置放大器的噪声,提高探测器的峰底比。

对于每一个入射到探测器的 X 射线光子,探测器输出一个微小的电荷脉冲,其高度与入射的光子能量 E 成正比。电荷脉冲由前置放大器、信号处理单元和模数转换器处理成时钟脉冲的形式进入多通道分析仪。多通道分析器有一个由许多存储单元(称为通道)组成的存储器。时钟脉冲的数量与 X 光子的能量成正比,根据时钟脉冲的大小进入不同的存储单元。对于输入的每个时钟脉冲数,存储单元记录一个光子数,因此通道地址与 X 个光子的能量成正比,通道计数为 X 个光子数。最终得到以通道(能量)为横坐标、通道计数(强度)为纵坐标的 X 射线能量色散谱,并显示于显像管荧光屏上。图 5-6 所示为某 Al-Cu 合金金具腐蚀产物能谱分析结果,其中可见有硫元素,表明其表面腐蚀与外界环境中的含硫腐蚀介质有关。

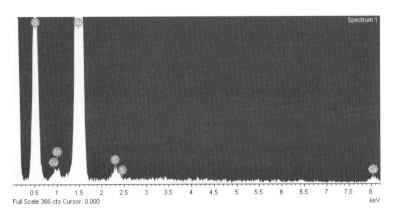

图 5-6　某 Al-Cu 合金金具腐蚀产物能谱分析结果

6) 原子光谱分析

原子光谱分析法主要包括原子发射光谱(atomic emission spectrometry,AES)、原子吸收光谱(atomic absorption spectrometry,AAS)和原子荧光光谱(atomic fluorescence spectrometry,AFS)三种。

（1）原子发射光谱（AES）。AES 是一种通过比较被激发原子发出的辐射光谱和标准光谱来确定物质中存在哪些物质的分析方法。利用电弧、火花作为激发源，激发气态原子或离子发出紫外线和可见光。特定元素的原子只能产生一定波长的谱线，元素的存在可以通过谱图中的某些特征谱线来确定。元素的含量可以根据特征谱线的强度来确定。测试物质中的元素可以在一次测试中显示在谱图上，然后与标准谱图进行比较。AES 有 70 多种可测量的元素。该方法灵敏度高、选择性好、分析速度快。ICP‐AES 光谱仪如图 5‐7 所示。

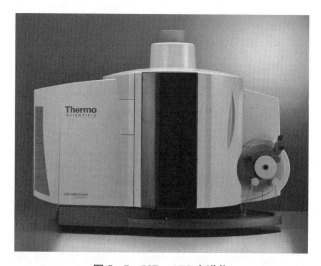

图 5‐7　ICP‐AES 光谱仪

原子发射光谱分析过程如下：

① 在外部能量的作用下将样品转化为气态原子，并将气态原子的外层电子激发为高能态。激发态的原子不稳定，一般很快跃迁到较低的能态，此时原子会释放多余的能量，并发射出特征谱线。因为样品中含有不同的原子，所以会产生不同波长的电磁辐射。

② 把所产生的辐射用棱镜或光栅等分光元件进行色散分光，按波长顺序记录在感光板上，可得到有规则的谱线条即光谱图（也可用目视法或光电法测量）。

③ 光谱中元素特征谱线的存在或缺失可以定性分析。各特征谱线的强度可进一步测量，用于定量分析。

AES 的优点：① 选择性好。由于具有较强的光谱特征，对化学性质相似的元素分析具有重要意义。② 用电感耦合等离子光谱发生器（inductive coupled plasma emission spectrometer，ICP）产生光源时，准确度高，标准曲线的线性范围为 4～6 个数量级。可同时测定不同元素的高、中、低含量。③ 多元素分辨能力强。可以同时检测样品中的多个元素。当一个样品被激发时,样品中的每个元素都会发出其特征谱线,可单独检测并同时确定多个元素。④ 样品消耗量低,适用于整个样品的多组分测定,特别是定性分析。⑤ 分析速度快。大部分样品无须化学处理即可进行分析,固体和液体样品均可直接进行分析。⑥ 检出限低。用 ICP 光源,检出限可低至 0.1 mg/mL 数量级。

AES 的局限:① 待检测元素含量(浓度)较大时,准确度较差。② 只能用于元素分析,不能进行结构、形态的测定。③ 在经典分析中,影响谱线强度的因素很多,特别是样品组成,所以对标准参比成分要求较高。④ 大多数非金属元素的灵敏谱线很难获得。

(2) 原子吸收光谱(AAS)。AAS 是测量特定气体原子对光辐射吸收的一种方法,主要适用于样品中痕量及痕量成分的分析。

AAS 是基于原子外层的电子通过吸收一定波长的光辐射从基态跃迁到激发态的现象建立起来的。由于电子在不同原子中的能级不同,它们有选择地吸收等于被激发态原子发射光谱波长的共振波长辐射。当光源发射特征波长的光通过原子蒸气,即入射辐射的频率等于原子跃迁的电子基态到激发态(通常是第一激发态)所需要的能量频率时,原子的外层电子将选择性地吸收相同元素的特征谱线,减弱入射光能量。

由于原子的能级是量子化的,所以原子对辐射的吸收在所有情况下都是有选择性的。由于每个元素外层的原子结构和电子构型不同,以及从基态到第一激发态跃迁所吸收的能量不同,每个元素的共振吸收线具有不同的特征。因而,吸收辐射的强度可用作定量的依据。

原子吸收光谱所占的频率或波长范围有限且较窄,即具有一定的宽度。原子吸收光谱的轮廓以原子吸收光谱的中心波长和半宽来表征。中心波长由原子的能级决定。半宽是指吸收谱线轮廓上中心波长处两点的频率或波长差,是最大吸收系数的一半。半宽受许多外部因素的影响。

(3) 原子荧光光谱(AFS)。AFS 是一种痕量分析技术,是原子光谱法的一个重要分支。它是介于原子发射光谱法(AES)和原子吸收光谱法(AAS)之间的光谱技术。气态自由原子吸收光源的辐射后,原子的外层电子跃迁到较高能级,然后返回基态或较低能级,并发出波长相同或不同的原子荧光。原子荧光分为光致发光和二次发光。利用这种物理现象发展起来的分析方法称为原子荧光光谱法。

7) 分光光度法

分光光度法是通过测定物质在特定波长或一定波长范围内的光吸收,对其进行定性定量分析的方法。该方法具有灵敏度高、快速、操作简单等优点,可用于多种物质的测定。分光光度计如图 5-8 所示。

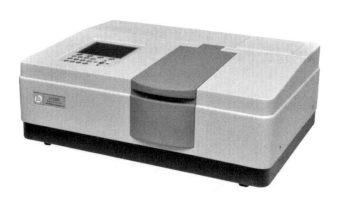

图 5-8 分光光度计

（1）测试方法。在分光光度计中，用不同波长的光对给定浓度的样品溶液连续照射，可以得到不同波长的吸收强度。例如，物质的吸收光谱曲线可以以波长 λ 为横坐标、吸收强度 A 为纵坐标绘制出来。利用此曲线进行定性、定量分析的方法称为分光光度法或吸收光谱法。用紫外光源测定无色物质的方法称为紫外分光光度法，用可见光光源测定有色物质的方法称为可见光光度法。

上述的紫外光区与可见光区是常用的，分光光度法的应用光区包括紫外光区、可见光区、红外光区。波长范围：200～400 nm 的紫外光区；400～760 nm 的可见光区；2.5～25 μm 的红外光区。

（2）基本原理。材料与光相互作用，具有选择性吸收的特性。有色物质的颜色是通过与光的相互作用而产生的。也就是说，有色溶液的颜色是由于溶液中的物质对光的选择性吸收。由于不同物质的分子结构不同，对不同波长的光的吸收能力也不同。因此，具有特征结构的基团选择具有吸收特性的最大吸收波长，形成最大吸收峰，产生特定吸收光谱。即使是同样的物质也会根据其成分的不同而吸收不同的光。利用一种物质的特定吸收光谱来鉴别该物质的存在（定性分析），或利用一种物质对某一波长的吸收来测定该物质的含量（定量分析），称为分光光度法。

部分元素的分光光度测试需结合变色反应来进行，如 Cr 元素的含量测量，需先将 Cr 元素氧化为 Cr^{6+}，然后在其溶液中加入显色剂（二苯碳酰二肼丙酮溶液），在酸性条件下形成紫红色的络合物，可方便地进行 Cr 含量测定。

8）滴定分析

滴定分析，也称为容量分析，是将已知准确浓度的标准溶液添加到待测试溶液中，直到标准溶液和测试溶液按化学计量关系定量反应，然后根据标准溶液的浓度和消耗的体积计算被测材料的含量。滴定分析方法是一种简便、快速、准确度高、应用广泛的定量分析方法。

滴定分析是建立在滴定反应基础上的定量分析法。若被测物 A 与滴定剂 B 的滴定反应式为

$$aA + bB = dD + eE \qquad (5-1)$$

它表示 A 和 B 是按照摩尔比 $a:b$ 的关系进行定量反应的。这就是滴定反应的定量关系，它是滴定分析定量测定的依据。

依据滴定剂的滴定反应的定量关系，通过测量所消耗的已知浓度(mol/L)的滴定剂的体积(mL)求得被测物的含量。

例如，计算被测定物质 A 的百分含量(A%)：A 的摩尔质量为 M，A 的称样量为 $G(g)$，滴定剂 B 的标准溶液浓度为 $C(mol/L)$，滴定的体积为 $V(mL)$，则计算式为

$$A\% = \frac{CV(a/b)M}{1\,000G} \times 100\% \qquad (5-2)$$

适合滴定分析的化学反应，应该具备以下几个条件：① 反应必须按方程式定量地完成，通常要求在 99.9% 以上，这是定量计算的基础；② 反应能够迅速地完成(有时可加热或用催化剂以加速反应)；③ 共存物质不干扰主要反应，或用适当的方法消除其干扰；④ 有比较简便的方法确定计量点(指示滴定终点)。

根据标准溶液和待测组分间的反应类型不同，滴定反应分为四类：① 酸碱滴定法，基于质子传递反应的滴定分析方法，如利用氢氧化钾测定盐酸；② 配位滴定法，基于配位反应的滴定分析方法，如利用 EDTA 测定水的硬度；③ 氧化还原滴定法，基于氧化还原反应的滴定分析方法，如利用高锰酸钾测定铁含量；④ 沉淀滴定法，基于沉淀反应滴定分析方法，如食盐中氯的测定。

5.1.2　金相检测

1) 金相制样

金相试样的制作过程可分为取样、镶嵌，磨光与抛光。

(1) 取样。如图 5-9 所示，取样部位必须与检验目的和要求一致，所切取的试样具有代表性。常用金相试样规格有 $\varPhi12\,mm \times 12\,mm$ 的圆柱体、$12\,mm \times 12\,mm \times 12\,mm$ 的立方体试样等。试样的棱边应倒圆，防止在磨制中划破砂纸和抛光织物。

硬度较低的材料如低碳钢、中碳钢、灰口铸铁、有色金属等用锯、车、刨、铣等机械加工；硬度较高的材料如白口铸铁、硬质合金、淬火后的零件等用锤击法，从击碎的碎片中选出大小适当者作为试样；韧性较高的材料用切割机切割。

(2) 镶嵌。为了方便不规则试样的磨光抛光，金相试样有时需要镶嵌，机械夹持法适用于表层检验的试样，不易产生倒角。夹具的材料可用低、中碳钢，它们的硬度略高于试样，从而避免磨制时产生倒角。夹持器与试样间多采用铜、铝制薄垫片

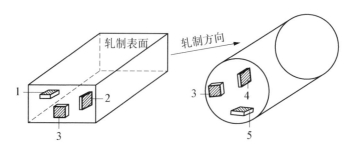

1—与轧制平面平行的纵断面；2—与轧制表面垂直的纵断面；3—横断面；4—放射纵断面；5—切向纵断面。

图5-9 轧制型材金相试样的切取

（0.5 mm左右），垫片的电极电位应高于试样，这样在浸蚀时才能不被优先腐蚀。

塑料镶嵌法是一种利用环氧树脂（在室温）的镶嵌方法，热熔的树脂需要在专用的镶嵌机上进行。

低熔点合金镶嵌是一种较少采用的镶嵌方法，低熔点合金镶嵌的优点是合金熔点低，对试样的组织影响较小。

（3）磨光与抛光。磨光的目的是得到光滑平整的表面。主要步骤：粗磨，对取样形成的粗糙表面和不规则形状进行修整；手工细磨，在由粗到细的砂纸上进行，以得到平整的磨面；机械细磨，常用装置有预磨机、蜡盘、预磨膏。

抛光是金相试样磨制的最后一道工序。抛光方式有化学抛光、机械抛光、电解抛光、综合抛光等。

① 机械抛光。目前本方法应用最为广泛，分为粗抛和精抛（抛光粉颗粒大小不同）。较软的金属必须粗磨和精磨，对钢铁材料仅粗磨即可。机械抛光的原理是利用磨削和滚压作用。

对于铜、铝、铅等金属及其合金，试样制备时易产生金属形变层，使金属扰乱层加厚。常采用手工取样，手工粗磨，使用新砂纸手工细磨，并在砂纸上滴以润滑剂。

② 电解抛光。通过电解，将样品的表面作为阳极，将不均匀的表面逐渐溶解为光滑的表面。适用于低硬度的单相合金，易产生塑性变形和造成金属材料的加工硬化，如奥氏体不锈钢、有色金属、高锰钢和易散裂合金试样的抛光。

电解抛光装置包括阳极（试样）、阴极、搅拌器、电解槽、电解液、电流计等部件。

电解抛光是一个复杂的物理和化学过程，其理论并不完善。膜理论经常用来解释这一现象。电解抛光的过程取决于薄膜的稳定性。

③ 化学抛光。化学抛光仅使磨面光滑，并不使磨面平坦，其溶解速度比电解抛光慢，抛光时间较长。

④ 综合抛光。其分为化学机械抛光和电解机械抛光。

化学机械抛光,把化学抛光液冲淡成 1∶2 或 1∶10,并加入适量抛光粉,在机械抛光盘上进行抛光。

电解机械抛光,当化学机械抛光时,在试样与抛光盘之间通直流电源,用电解来加速抛光过程。

2) 金相组织的显示

金相组织的显示方法很多,主要为化学显示法。将抛光好的试样磨面浸入化学试剂中或用化学试剂擦拭试样磨面,显示出其纤维组织。

化学腐蚀是一种电化学溶解过程。金属中存在着不同物理化学性质和自由能的晶粒,在电解质溶液中各晶粒的电极电位不同,可组成微电池。低电位部分是微电池的阳极,它溶解速度快。溶解区域因沉积反应产物而凹陷或染色。当在显微镜下观察时,光在晶界散射,无法进入物镜而显示出黑色晶界,而其余部分显示白色。

化学浸蚀剂种类繁多,通常是酸、碱、盐类的混合溶液。

一般化学浸蚀操作过程:冲洗抛光试样→酒精擦洗→浸蚀→冲洗→酒精擦洗→吹干。

浸蚀方式主要有浸入法和擦拭法。其他还有化学着色法、热染法、恒电位浸蚀法、气相沉积法等。

有些贵金属及其合金,化学稳定性非常高,很难用化学蚀刻法来显示其组织,可用电解蚀刻法,如纯金、铝、银及其合金、不锈钢、耐热钢、钛合金等的蚀刻。

3) 金相显微组织的记录

金相显微组织的记录采用金相显微镜进行,主流金相显微镜均配置了数码相机,可方便记录组织形态。有时试样不能进行切割取样,可在现场打磨抛光,显示组织后可使用现场的金相显微镜或胶膜复型法记录组织形态。需要说明,复型胶膜需在实验室用金相显微镜观察组织形态。金相显微镜如图 5 - 10 所示。

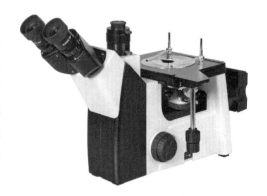

图 5 - 10　金相显微镜

4) 金相试样的检验项目

(1) 宏观检验。宏观检验是用肉眼或放大镜检验金属表面的宏观缺陷的方法,也称宏观分析或低倍组织检验。

宏观检验内容如下:各种焊接缺陷及夹杂物、白点、断口等;压力加工形成的流线、纤维组织等;铸态结晶组织,中心等轴晶区、表层细晶区等、柱状晶;铸件凝固时形成的气孔、缩孔、疏松等缺陷;热处理件的淬硬层、渗碳层和脱碳层等;某些元素的宏观偏析,如钢中的硫、磷偏析等。

宏观检验可以通过热酸浸蚀法、冷酸浸蚀法、硫印实验法进行观察。

（2）非金属夹杂物检验。非金属夹杂物对钢的损伤可导致应力集中和疲劳断裂，使钢的塑性、韧性、可焊性、耐腐蚀性降低，易发生点蚀；另外，沿晶界分布的硫化物会引起热脆。非金属夹杂物一般可在金相试样抛光后进行观察，主要特征如下。

① 形状：球状（FeO、SiO_2）、方形、长方形、三角形、六角形、树枝状等。

② 分布：成群聚集（Cr_2O_3），孤立分散（硅酸盐），排列成串（Al_2O_3、$FeO-MnO$），沿晶分布（FeS，$FeS-FeO$），链状分布（Al_2O_3）。

③ 夹杂物的透明度与色彩：硅酸盐、二氧化硅、硫化锰等一般呈透明，在暗场下明亮，色彩鲜明；氮化物、硫化铁一般不透明，在暗场下呈暗黑色、白色两边。

④ 在偏振光的各向异性效应中，夹杂物分各向异性和各向同性。在正交偏振光作用下的各向异性夹杂物，当载体旋转 360°时会产生对称的正交发光和消光现象。

⑤ 球形透明各向同性夹杂物在正交偏振光下呈现出独特的黑交叉现象。

（3）常见钢铁材料组织包括铁素体、奥氏体和珠光体（见图 5-11）。

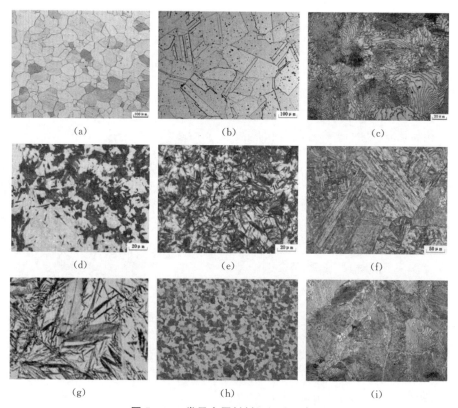

（a）　　　　　　　　　　（b）　　　　　　　　　　（c）

（d）　　　　　　　　　　（e）　　　　　　　　　　（f）

（g）　　　　　　　　　　（h）　　　　　　　　　　（i）

图 5-11　常见金属材料组织及示意图

（a）铁素体；（b）奥氏体；（c）珠光体；（d）上贝氏体；（e）下贝氏体；（f）条状马氏体；（g）层状马氏体；（h）珠光体＋铁素体；（i）珠光体＋网状渗碳体

① 铁素体[见图 5 - 11(a)]。碳溶解于 α - Fe 和 δ - Fe 中形成的固溶体称为铁素体,用 α、δ 或 F 表示,由于 δ - Fe 是高温相,因此也称为高温铁素体。铁素体的含碳量非常低(727℃时,α - Fe 最大溶碳量仅为 0.021 8%,室温下含碳仅为 0.005%),所以其性能与纯铁相似:硬度低(HBW50~80),塑性高(延伸率 δ 为 30%~50%)。铁素体的显微组织与工业纯铁相似。

② 奥氏体[见图 5 - 11(b)]。碳溶解于 γ - Fe 中形成的固溶体称为奥氏体,用 γ 或 A 表示。具有面心立方晶体结构的奥氏体可以溶解较多的碳,碳原子存在于面心立方晶格中正八面体的中心,1 148℃时最多可以溶解 2.11% 的碳,727℃时含碳量下降为 0.77%。奥氏体的硬度较低(HBW170~220),塑性高(延伸率 δ 为 40%~50%)。

③ 珠光体[见图 5 - 11(c)],为"铁素体(0.02%C)+渗碳体 Fe₃C(6.67%C)"。当奥氏体过冷低于 727℃时,在奥氏体晶界处首先形成 Fe_3C 晶核。Fe_3C 是一种高碳相,必须由周围奥氏体不断提供碳来生长。随着 Fe_3C 核的侧向增长,其两侧的奥氏体形成一个贫碳区。为铁素体的形成创造了条件,铁素体晶核在侧面的贫碳区形成。

在贫碳区形成的铁素体晶核呈增长趋势。铁素体是低碳相,随着生长,部分碳会被排放出来,使邻近的奥氏体富含碳,这也为 Fe_3C 的成核创造了条件。它在富含碳的区域形成 Fe_3C 核,片状组织重复分布。铁素体和 Fe_3C 同时向深部生长,形成珠光体结构。层状分布大致相同的区域称为珠光体群。这是一个典型的扩散相变。

④ 贝氏体[见图 5 - 11(d)、图 5 - 11(e)]。当共析钢过冷至 550~230℃时,会产生另一种新型组织(贝氏体),而不是珠光体,其片材间距更小。同时也有"铁素体+碳化物"组成,但碳化物呈非层状分布。这是因为珠光体转变是由奥氏体中碳的扩散和铁原子的扩散控制的。如果过冷程度很高,转化温度很低,铁原子的扩散就不会发生,碳的扩散也会受到影响,其转化规律会发生变化,产生贝氏体组织。

由于形成的温度不同使贝氏体的形貌有所不同,又将贝氏体分成上贝氏体与下贝氏体。

⑤ 马氏体[见图 5 - 11(f)、图 5 - 11(g)]。当奥氏体在高温下过冷(共析钢低于 230℃),碳无法扩散,碳化物不能从奥氏体中分离,过冷奥氏体形成新的非平衡结构。实验结果表明,虽然奥氏体中的碳不能从奥氏体中扩散出去,但奥氏体仍然从 γ - Fe 的面心立方结构转变为 α - Fe 的体心立方结构。由于没有碳化物被释放,碳被过饱和并溶解在体心立方结构中,该结构称为马氏体。其有两种典型的组织类型:条状马氏体和层状马氏体。

5.1.3　力学性能检测

材料的力学性能是指材料抵抗外力作用的能力,常用的力学性能指标有强度、硬度、塑性、韧性和疲劳强度等。

1）强度

当施加在材料上的外力超过其承受能力时，就会发生材料性能破坏。材料抵抗外力的能力称为机械强度。在各种应用中，机械强度是材料力学性能的重要指标。强度是材料抵抗变形和断裂的能力，塑性是材料抵抗塑性变形而不被破坏的能力。这两种特性都可通过拉伸试验来测量。拉伸试验可测量材料在静态（即缓慢增加的）载荷下的一系列基本性能，如拉伸强度、屈服强度、弹性极限、塑性等。在拉伸试验中，材料首先被加工成一定形状和尺寸的标准试样。对于不同的破坏力，也有不同的强度指标，如拉伸试验的拉伸强度、弯曲试验的弯曲强度和冲击试验的冲击韧性。拉伸试验一般在万能试验机上进行，如图 5－12 所示。

图 5－12　万能试验机

强度指标：包括弹性极限、屈服点和强度极限，用应力表示。材料受到外力（载荷）作用时，在材料内部会产生一个与外力大小相等、方向相反的抵抗力（又称内力），单位面积上的内力称为应力，用符号 σ 表示。

（1）弹性极限（弹性强度）是材料所能承受的、不产生永久变形的最大应力，用符号 σ_e（MPa）表示。

（2）屈服点（屈服强度）是材料开始产生明显塑性变形（即屈服）时的应力，用符号 σ_s（MPa）表示。

有些材料（如高碳钢）在拉伸曲线上没有明显的屈服现象，屈服点很难测定。在这种情况下,工程技术上把试样产生 0.2% 残留变形的应力值作为屈服点,又称条件屈服点,用符号 $\sigma_{0.2}$ 表示。

机械零件在工作中一般不允许出现塑性变形,因此屈服点是衡量材料强度的重要机械性能指标,是设计和选材的主要依据之一。

(3) 强度极限(抗拉强度)是材料在断裂前所能承受的最大应力,用符号 σ_b(MPa)表示。强度极限反映了材料对最大均匀变形的抗力,是材料在拉伸条件下所能承受的最大载荷的应力值。它是设计和选材的主要依据,也是材料性能的主要指标。当机械零件的工作应力大于材料的抗拉强度时,零件就会断裂。σ_b 越大,则材料的破断抗力越大。零件不可能在接近 σ_b 的应力状态下工作,因为在这样大的应力下,材料已经产生了大量的塑性变形,但从保证零件不产生断裂的安全角度出发,同时考虑测量 σ_b 最简便,测得的数据比较准确(特别是脆性材料),所以在许多设计中直接用 σ_b 作为设计依据,但要采用更大的安全系数。

(4) 弹性模量(刚度)是指材料在弹性状态下的应力应变比。弹性模量 E 表示材料产生单元弹性变形所需的应力,反映了材料产生弹性变形的难易程度,在工程中称为材料的刚度。弹性模量 E 越大,刚度越大,抗弹性变形能力越大。大部分机械零件都处于弹性工作状态,对刚度有一定的要求。弹性模量 E 主要取决于材料的性质,合金化、热处理和冷变形对其影响不大。通常,过渡金属(如铁、镍)具有较高的弹性模量。因此,从满足刚度要求来说,一般钢材刚度足够就不必选择合金钢。

2) 塑性

塑性是反映材料在载荷(外力)作用下产生塑性变形而不发生破坏的能力。塑性的好坏,用伸长率 δ 和断面收缩率 ψ 来衡量。

伸长率 δ 是指试样拉断后的伸长量与试样原长度比值的百分数,即

$$\delta = \frac{L_1 - L_0}{L_0} \times 100\% \tag{5-3}$$

式中,L_1 为试样拉断后的标距长度(mm);L_0 为试样原来的标距长度(mm)。

L_1 是试棒的均匀伸长和产生细颈后伸长的总和,相对来说短试棒中细颈的伸长量所占比例大。故同一材料所测得的 δ_5 和 δ_{10}[①] 值是不同的,δ_5 的值较大,如钢材的 δ_5 大约为 δ_{10} 的 1.2 倍。所以只有相同符号的伸长率才能进行相互比较。

断面收缩率 ψ 是指试样拉断处的横截面积的收缩量与试样原横截面积之比的百分数,即

———————————

① 当试样长度 L_0 为试样直径 d 的 5 倍时,伸长率标记为 δ_5,10 倍时则标记为 δ_{10}。同一材料所测得的 δ_5 和 δ_{10} 数值不同。

$$\psi = \frac{S_1 - S_0}{S_0} \times 100\% \qquad (5-4)$$

式中，S_1 为试样拉断处的最小横截面积(mm^2)，S_0 为试样原横截面积(mm^2)。断面收缩率不受试棒标距长度的影响，因此能更可靠地反映材料的塑性。

材料的伸长率 δ 和断面收缩率 ψ 数值越大，则材料的塑性越好。由于断面收缩率比伸长率能更真实地反映材料的塑性，所以用断面收缩率比伸长率更合理。

塑性是材料最重要的性能之一，它反映了材料的变形。具有较好的塑性，则材料易拉深、冲压、成型、冷弯。在零件的设计中，在应力集中的部位，塑性可以起降低应力峰值的作用，保证材料避免发生早期失效，这便是大部分零件既要求强度高，又要求具备一定塑性的原因。但塑性指标不能直接用于设计计算，材料的塑性要求一般根据经验进行选择。

3）硬度

硬度是材料表面抵抗物体压入的能力，硬度越高，塑性变形难度越大。因此硬度指标与强度指标之间存在对应关系。硬度也是材料重要的力学性能指标。

常见的硬度有布氏硬度、洛氏硬度、维氏硬度等，布氏硬度、洛氏硬度、维氏硬度因测试原理相近，因此这三种硬度测试方法常集成在同一设备上，简称布洛维硬度计，如图5-13所示。

（1）布氏硬度。用布氏硬度计测量布氏硬度。它的原理是在一定载荷的作用下，一定直径的淬火钢球（或硬质合金钢圆球）压入材料表面，并保持加载指定的时间后卸载，然后测量压痕的直径，根据使用负载的大小和压痕面积，计算平均压痕表面的应力值。布氏硬度用符号 HBS 或 HBW 表示。

布氏硬度通常用于测量正火钢、退火钢、回火钢、铸铁和有色金属等的硬度。输电铁塔的地脚螺栓硬度检测使用的就是这种方法，其缺点是压痕大，会损伤样品表面，不能测薄样。

图 5-13 布洛维硬度计

（2）洛氏硬度。洛氏硬度是以顶角为 120° 的金刚石圆锥体或直径为 1.588 mm 的钢球作为压头，载荷分两次施加（初载荷为 100 N）的硬度试验法。其硬度值以压痕深度 h 来衡量，但如果直接用压痕深度来计量指标，则会出现材料越硬，压痕深度越小，硬度读数越小的状况，这与通常习惯的表示方法相矛盾。因此，洛氏硬度采用某个选定的常数 k 减去压痕深度值 h，并规定压痕深度 0.002 mm 为 1 个硬度单位，则

$$洛氏硬度 = \frac{k-h}{0.002} \qquad (5-5)$$

此值可在硬度计上直接读出。根据所用压头种类和所加载荷的不同,洛氏硬度分为 HRA、HRB、HRC 三种级别。洛氏硬度操作方便、压痕小,不损伤工件表面,可用于较薄、弯曲面积较小的材料的硬度(由软到硬)测量。洛氏硬度广泛应用于工厂热处理车间的材料质量检验。

(3)维氏硬度。维氏硬度用符号 HV 表示,原理与布氏硬度基本相同,根据压痕单位面积上所承受的载荷大小来测量硬度值,不同的是维氏硬度采用锥面夹角 136° 的金刚石四棱锥体作为压头。它适用于测量零件表面硬化层及经化学热处理的表面层(如渗氮层)的硬度。

4)韧性指标

材料抵抗冲击载荷的能力称为冲击韧性,其大小用冲击韧度表示,可用一次冲击试验法来测定。冲击试验机如图 5-14 所示。

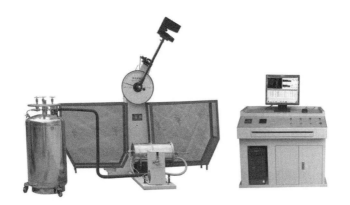

图 5-14　冲击试验机

将材料首先制成标准试样,放在冲击试验机的支座上,试样的缺口背向摆锤的冲击方向。将摆锤举到一定高度,自由落下,冲击试样。这时,试验机表盘上指针所指示数为试样折断时所吸收的功 A_{ku},A_{ku} 即代表材料冲击韧度的高低。但习惯采用冲击韧度值 α_{ku} 来表示材料的冲击韧性。冲击韧度值是用击断试样所吸收的功除以试样缺口处的截面积表示。即

$$\alpha_{ku} = \frac{A_{ku}}{S} \tag{5-6}$$

式中,α_{ku} 为冲击韧度值(J/cm^2);A_{ku} 为试样折断时所吸收的功(J);S 为试样缺口处的截面积(cm^2)。

冲击韧度值与试验的温度有关,有些材料在室温时并不显示脆性,而在较低温度下则可能发生脆断。为了确定材料(特别是低温时使用的材料)由塑性状态向脆性状

态转化的倾向,可在不同温度下测定冲击韧度值,并绘制成曲线。一般而言,α_{ku} 值随温度的降低而减小。在某一温度范围时,α_{ku} 值会突然下降。冲击韧性值突然下降所对应的温度范围称为材料的脆性转变温度范围(又称冷脆性转变温度)。温度越低,材料的冲击韧性越好。对于在低温、严寒地区工作的部件,应严格规定脆性转变温度和在最低使用温度下的最低韧性值。

冲击韧度值还与试样的尺寸、形状、表面粗糙度、内部组织等有关。因此,冲击韧度值一般只作为选择材料的参考。

一次冲击试验所测得的冲击韧度值是材料在大能量冲击下的性能数据,而在实际工作中很多零件只承受多次小能量冲击。对于承受多次冲击的部件,当冲击能量低、冲击次数大时,材料的抗多次冲击能力主要取决于材料的强度;当冲击能较高时,材料的抗多重冲击能力主要取决于材料的塑性。

5)疲劳强度(疲劳极限)

金属材料抗疲劳的能力用疲劳强度 σ_{-1} 来表示。疲劳强度是材料在无数次重复交变载荷作用下不致引起断裂的最大应力。因实际上不可能进行无数次试验,故一般给各种材料规定一个应力循环基数。对钢材来说,如应力循环次数 N 达到 10^7 仍不发生疲劳破坏,就认为不会再发生疲劳破坏,所以钢以 10^7 为循环基数。有色金属和超高强度钢则常取 10^8 为循环基数。

疲劳损伤可以由许多原因引起,通常因材料夹杂、划痕和其他导致应力集中的缺陷而产生微裂纹,微裂纹随应力循环数的增加逐渐扩大,造成有效截面不断减少,最终导致材料因无法承受外部载荷而失效。

为了改善疲劳强度,除了优化零件结构形状和避免应力集中,还可以通过减少表面粗糙度和强化零件表面,如表面淬火、喷丸处理和化学热处理等方法来改善。

5.2 非金属材料的理化检验

5.2.1 物相分析

材料的性质不是简单地由其元素组成或离子基团决定的,而是由这些成分组成的相、各相的相对含量、晶体结构、结构缺陷和分布决定。为了研究相组成、相结构、相转变以及结构对材料性能的影响,确定最佳配方和生产工艺,需进行物相分析。

物相分析不等同于元素分析。一般元素分析侧重于组成元素的类型和含量,不涉及元素间的组合和聚集状态。物相分析可以揭示物质中所含的元素,但侧重于分析元素之间的化学状态和聚集结构。由相同元素组成的化合物,如果其元素聚集态结构不同,则属于不同的物相。物相定性分析就是鉴别样品的物相种类和含量。

X射线物相是鉴别同质多晶体的可靠方法。由于不同晶体的化学成分和内部结构不同,其X射线衍射效应也不同。X射线衍射物相分析根据X射线衍射效应对不同晶相进行鉴别。该物相分析属于无损检测,只需用少量试样,且分析并不消耗试样。试样可以是粉状、块状、线状。

物相分析方法还有电子衍射、化学相分析、光学或电子显微分析、显微硬度分析、热分析等方法。其中,化学相分析侧重定量测定各相的化学成分;光学或电子显微分析侧重形貌观测(各物相的形状、大小、数量及分布状况);显微硬度分析则根据不同物相的硬度对物相进行鉴定;热分析利用被测物相与已知物相的热性能或谱图对比做出鉴定;X射线衍射物相分析是定性、定量地分析物相,而非直接分析材料的化学成分或形貌,其鉴定物相的主要依据是晶面间距 d 值,通常 d 值不易受实验条件影响,故X射线衍射物相分析在鉴定物相时比较可靠。在实际应用时,应根据实际情况,灵活应用各种分析方法,互相取长补短,以达到最佳的分析效果。

5.2.1.1 X射线衍射分析

结晶物质有其特定的化学组成和结构参数(点阵类型、晶胞大小、晶胞中质点的数目及坐标等)。当X射线通过晶体时,产生特定的衍射图形,对应一系列特定的面间距 d 值和相对强度(I/I_1)[①]值。其中 d 与晶胞形状及大小有关,I/I_1 与质点的种类及位置有关。所以,任何一种结晶物质的衍射数据 d 和 I/I_1 是其晶体结构的必然反映。不同物相混在一起时,它们各自的衍射数据将同时出现,可根据各自的衍射数据来鉴定各种不同的物相,即X射线衍射分析(XRD)。X射线衍射分析仪如图5-15所示。

图5-15 X射线衍射分析仪

---

① I/I_1,相对强度,即衍射强度与入射强度之比,其中 I 为衍射程度,I_1 为入射强度。

1) 粉末样品的制备

在粉末衍射法中,不同的样品制备对衍射结果有很大影响。因此,通常要求样品具有非优先取向(颗粒没有规律地沿特定方向排列),并且在任何一个方向上都有足够数量的可测量晶体颗粒。样品可以是多晶块、薄片或粉末,以粉末最为合适。在晶粒中只有(HKL)晶面与样品表面平行,它对(HKL)衍射起作用。如果晶粒尺寸不够小,就不能保证有足够的晶粒参与衍射。因此,粉末样品可以增加参与衍射的颗粒数。脆性物质宜用玛瑙研钵研细,粉末粒度一般要求为 $1\sim5\ \mu m$,定量相分析要求黏度为 $0.1\sim2\ \mu m$,用手搓无颗粒感即可。对延展性好的金属及合金,可将其锉成细粉;有内应力时宜采用真空退火来消除。将粉末装填在铝或玻璃制的特定样品板的窗孔或凹槽内,如图 5-16 所示,用量一般为 $1\sim2\ g$,因粉粒密度不同,用量稍有变化,以填满样品窗孔或凹槽为准。

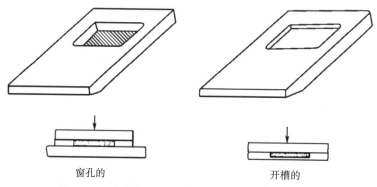

窗孔的   开槽的

图 5-16　衍射仪法用样品板及粉末样品制样示意图

在填充粉末样品时,力不能太大,以免粉末颗粒形成定向排列。用光滑的玻璃板压好,刮掉样品板表面多余的粉末,重复一次或两次,使样品表面光滑。假如使用窗式样品板,应先将窗式样品板朝下,放置在一块表面光滑的厚玻璃板上,然后再填充粉末,压平。当取出样品板,样品板应该沿着水平方向滑出玻璃板,但不是在垂直方向,否则粉末会剥落。测量应使样品表面面对入射 X 射线。在制作粉末样品时,一般不需要胶水。

特殊样品的制备:对于不适合研磨的样品,可以将样品先锯成与窗孔相同的尺寸,打磨后用橡皮泥或石蜡固定在窗孔上。对于同样可以直接固定在窗孔中的片状、纤维状或薄膜样件,应注意固定在窗孔中的样件表面与样品板齐平。

2) 物相定性分析

X 射线物相定性分析是将样品和已知物相的衍射数据或图谱进行对比,一旦两者相符,则表明待测物相与已知物相是同一物相。常用的比较方法如下。

（1）图谱直接对比法：直接比较待测样品与已知物体之间的相谱图,该方法可直接、简便地进行物相鉴别,但需在相同的实验条件下获得相互比较的谱图。该方法适用于常见相和可预测相的分析。

（2）数据对比法：将实测数据（2θ、d、I/I_1）与标准衍射数据比较,就可对物相进行鉴定。

（3）计算机自动检索鉴定法：建立标准物相衍射数据库,将样品的测量数据输入计算机,计算机按相应程序进行数据检索。

在进行物相鉴别之前,需将已发现的物相衍射数据制成标准卡。每个物相都有一系列特定的衍射数据。为了在数万张标准卡中快速找到所需的卡片,有必要了解标准卡及其检索数据。

粉末衍射卡（powder diffraction file，PDF）以衍射数据代替衍射谱图,所以,应用时只需将所测得的谱图或数据做简单的转换,就可与标准卡进行对比,而且在摄制待测图样时不必局限于使用与制作卡片时相等的波长。

PDF 标准卡分为有机物和无机物两大类,每张卡片记录一个物相。卡片形式与内容如图 5－17 所示。

d	3.39	3.43	2.21	5.39	3Al$_2$O$_3$ · 2SiO$_2$ ★
I/I_1	100	95	60	50	Aluminum Silicate

Rad. CuK$_{a1}$ λ 1.5405 Filler Ni Dia.	$d(\text{Å})$	I/I_1	hkl	$d(\text{Å})$	I/I_1	hkl
Cut off I/I_1 Diffractometer				1.7125	6	240
Ref. National Bureau of Standards	5.39	50	110	1.7001	14	321
(U. S.) Monograph <u>25</u>	3.774	8	200	1.6940	10	420
Set. 3(1964)	3.428	95	120	1.5999	20	041
	3.390	100	210	1.5786	12	401
Sys. Orthorhombic S. G. Pbam(55)	2.886	20	001	1.5644	2	141
a_0 7.5456　b_0 7.6898　c_0 2.8842	2.694	40	220	1.5461	2	411
A0.98124　C0.37506	2.542	50	111	1.5242	35	331
α　β　γ　Z 3/4　Dx 3.170	2.428	14	130	1.5067	<2	150
Ref. Ibid.	2.393	<2	310	1.4811	<2	510
ε α　1.637　n ω β　1.641　ε γ	2.308	4	021	1.4731	<2	241
1.652　Sign	2.292	20	201	1.4605	8	421
2V　D　mp　Color　Colorless	2.206	60	121	1.4421	18	002
Ref. Ibid.	2.121	25	230	1.4240	4	250
Sample was prepared at NBS by C.	2.106	8	320	1.4046	8	520
Robbins. Spec. anal.:	1.969	2	221	1.3932	<2	112
0.01 to 0.1 Fe, and 0.001 to 0.01	1.923	2	040	1.3494	6	341
each of Ca、Cr、Mg、Mn、Ni、Ti、	1.887	8	400	1.3462		440
and Zr.	1.863	<2	140	1.3356	12	151
Pattern was made at 25℃.	1.841	10	311	plus 24	lines	tol. 0065
Chem. Anal. Showed 61.6 Al$_2$O$_3$ 38	1.7954	<2	330			
(mole.) SiO$_2$						

图 5－17　莫来石的 PDF 卡片

理论上,只要 PDF 卡片足够全,任何未知物质都可以标定。但实际会出现很多困难,一方面 PDF 卡片数量有限,未囊括所有物质;另一方面,由于试样衍射花样的误差和卡片的误差有可能导致物相标定困难。例如,具有优先取向的晶体会使一条特定的线异常地强或弱;表面氧化物、硫化物等也会造成衍射强度差异。

从经验上看,以下几点较为重要。

(1) 晶面间距 d 值比相对强度 I/I_1 重要。待测物相的衍射数据与卡片上的衍射数据进行比较时,至少 d 值须相当符合,一般只能在小数点后第二值有分歧。

(2) 非均匀混合物的衍射线可能会重叠,但低角线的重叠范围要小于高角线的重叠。如果一个相位的衍射线与另一个重合,并且重合线是衍射图样中的三条强线之一,分析就会更加复杂。此时,观测到的交叠线强度必须分为两部分,一部分属于某一物相,而其余的强度与其余未识别的线按上述方法进行确认。

当混合物中某相的含量很少,或该相各晶面反射能力很弱时,可能难以显示该相的衍射线条,因而不能断言某相绝对不存在。

3) 物相定量分析

当样品完成了物相定性分析之后,就可以进行物相的定量分析。物相的定量分析是用 X 射线衍射方法测定样品中各种物相的相对含量(质量分数)。

由于每个物相的衍射强度随其相含量的增加而增加,故物相的含量可通过计算强度值来确定。多相样品中各相的衍射强度随物相含量的增加而增大,其相位量化计算时对强度测量和分析精度提出了更高的要求。

另外,基体效应给 X 射线定量分析带来一定的困难。多相混合样品的各种定量分析方法的关键问题是如何处理样品吸收的影响。基体效应的影响通常通过实验处理或简化计算来解决,并引入了各种定量分析方法。常用的定量方法有外标法、内标法和 K 值法。

(1) 外标法(单线条法)。采用外标法将被测相的某条衍射线的强度与相的纯物质的相同指数衍射线的强度进行比较,可得到被测相的含量。纯物质与被测样品在相同的色谱条件下分别测定,将所得的色谱峰面积与被测组分的色谱峰面积进行比较,得到被测组分的含量。外标物与被测成分为同一物质,但要求一定纯度。外标物的浓度应接近被测物质的浓度,以确保定量分析的准确性。

外标法在操作和计算上可分为校正曲线法和校正因子求算法。

校正曲线法是对已知不同含量的标准样本序列进行等量分析,得到响应信号与含量的关系曲线,即校正曲线。在样品定量分析中,在校准曲线相同条件下进行同等样量的样品试验,从色谱图中测定峰高或峰面积,然后从校准曲线中找到样品的各物质含量。

校正因子求算法是将标样多次分析后得到响应信号与其含量,求出它的绝对校正因子,再根据公式求出待测样品中物质的含量。

(2) 内标法。为了消除基体效应的影响,在样品中加入一些纯物质 S 相作为标准物质以帮助分析,得到原样品中各物质相含量的方法称为内标法。内标应为原样品中未发现的纯物质。内标法仅限于粉末样品。

内标法特点:一定数量的内部标准添加到样本中,这使得内部标准与物体的相位测量样品处在相同条件下,所以它们通常受到同等程度的基体吸收和实验条件影响。因此,I_j/I_s[①] 值不随样品组成或实验条件而变化。实际操作中,每次实验的条件应尽可能地相同。

内标法的缺点是必须根据实际情况选择内标物,而有些物质的纯样难以获取。需配置多个二元标准混合样,且内标物的加入量要严格一致。

(3) K 值法(基体清洗法)。Chung F. H. 对内标法加以改进,引入常数 K 所形成的定量分析法称 K 值法或基体清洗法("清洗"掉基体效应的影响)。K 值就是内标法中定标曲线的斜率。

K 值法有以下特点:

① K 值法的 K_c^j 与 x_c 无关,且为一常数。

② K 值法无须绘制定标曲线。只要配置一个二元系标准试样,且内标物的重量分数 x_c 可随意取值,经计算就可求得 K_c^j 值。而内标法的定标曲线一般至少要测三点即至少要配置三个试样。

③ K 值具有普适性。K 值有常数的含意,对一定的辐射条件和衍射线来说,K_c^j 是恒定的。即一个精确测定的 K_c^j 值具有普适性,可用于任何一个多相混合物的物相定量分析,即使有非晶相的存在,也不会受到干扰,并可将其定量。

实际上 K 值法可看成一种改进的内标法,既可避免基体吸收的影响,又应用简便。另外,无论是 K 值法还是内标法,制备标样或向待测样中添加标准物质时,都要求粉粒充分细小(1 μm 左右),混合也要充分均匀。K 值法只测量一点即可,但最好用有充分厚度的试样,而且一点也要多次重复测定。

5.2.1.2　电子衍射分析

当电子束(具有一定能量的电子)落到晶体上时,被晶体中原子散射,各散射电子波之间产生互相干涉现象。晶体中每个原子均对电子进行散射,使电子改变其方向和波长。在散射过程中部分电子与原子有能量交换作用,电子的波长发生变化,此时为非弹性散射;若无能量交换作用,电子的波长不变,则为弹性散射。在弹性散射过程中,由于晶体中原子排列的周期性,各原子散射的电子波在叠加时互相干涉,散射波的总强度在空间的分布并不连续,除在某一定方向外,散射波的总强度为零。

---

① I_j 为样品的衍射强度,I_s 为标准物质的衍射强度,I_j/I_s 为两者的比值。

从阴极发出的电子被加速后经过阳极的光阑孔和透镜到达试样上,被试样衍射后在荧光屏或照相底板上形成电子衍射图样。由于物质(包括空气)对电子的吸收很强,故上述各部分均需置于真空中。电子的加速电压为数万伏至数十万伏的,称高能电子衍射,高能电子衍射一般在透射电子显微镜上进行试验。为了研究表面结构,电子加速电压也可低达数千至数十伏,这种装置称为低能电子衍射装置。

电子衍射和 X 射线衍射一样,遵循布拉格公式 $2d\sin\theta=\lambda$。当入射电子束与晶面簇的夹角 θ、晶面间距 d 和电子束波长 λ 三者之间满足布拉格公式时,则沿此晶面簇对入射束的反射方向有衍射束产生。电子衍射虽与 X 射线衍射有相同的几何原理。但它们的物理内容不同。在与晶体相互作用时,X 射线受到晶体中电子云的散射,而电子受到原子核及其外层电子所形成势场的散射。除根据布拉格公式或倒易点阵和反射球来描述产生电子衍射的衍射几何原理外,严格的电子衍射理论应从量子力学的薛定谔方程 $H\psi=E\psi$ 出发,式中 ψ 为电子波函数,E 表示电子的总能量,H 为哈密顿算子,它包括电子从外电场得到的动能和在晶体静电场中的势能。建立在薛定谔方程运动学解基础上的电子衍射理论称为电子衍射运动学理论,此理论的物理内容忽略了衍射波与入射波之间以及衍射波彼此之间的相互作用。若求解运动方程时做较高级的近似,例如认为衍射束中除一束(或二束、或三束……或 $n-1$ 束)外,其余均远弱于入射束,则所得的解称为双光束(或三光束、或四光束……或 n 光束)动力学解。建立在动力学解基础上的电子衍射理论称为电子衍射动力学理论。

图 5-18 所示分别是非晶、多晶和单晶材料的电子衍射花样(从左到右),对于多晶材料以及单晶材料,根据电子衍射花样的衍射环间距、衍射点阵可获得包括晶面间距、晶格常数等信息。

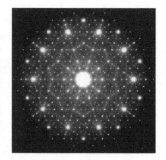

图 5-18　透射电镜下物质的电子衍射花样

5.2.2　光谱检测

对于非金属材料,尤其有机材料,光谱已成为材料研究、技术开发和实际生产中不可缺少的手段。本节选择介绍最常用的几种测试和分析技术,包括傅里叶红外光谱、激光拉曼光谱、紫外光谱、荧光光谱、X 射线分析、X 射线光电子能谱等。

1) 傅里叶红外光谱

傅里叶红外光谱(infrared spectrometry, IR)利用物质分子对红外辐射的吸收,并由分子振动或转动运动引起偶极矩的净变化,产生分子振动和转动能级从基态到激发态的跃迁,得到由分子振动能级和转动能级变化产生的振动-转动光谱,又称为红外光谱。红外光谱是鉴定化合物和确定其分子结构的常用分析方法,不仅可以对物质进行定性分析,还可对单一组分或混合物中各组分进行定量分析,对于一些较难分离并在紫外、可见区找不到明显特征峰的样品,可以方便、迅速地完成样品定量分析。红外光谱法有以下特点:

(1) 红外吸收波段的位置、光谱峰的数量及其强度反映了分子结构的特征。通过官能团、顺反异构、取代基位置、氢键结合、配合物的形成等结构信息,可推断未知对象的分子结构。吸收带的吸收强度与其分子组成或化学基的含量有关。

(2) 红外光谱分析特征性强,可对气体、液体、固体样品进行测量,并具有样品用量少、分析速度快、不破坏样品的特点。

(3) 有机化合物的红外光谱可提供丰富的结构信息,因此红外光谱是有机化合物结构分析的重要手段之一。

(4) 分子在发生振动跃迁的同时,分子的转动能级也发生变化,因此红外光谱为带状光谱。

红外光谱法不仅与其他许多分析方法一样,能进行定性和定量分析,而且是鉴定高分子化合物和测定其分子结构的有效方法之一。

2) 激光拉曼散射光谱

拉曼光谱(Raman spectroscopy)法是建立在拉曼散射效应基础上的光谱分析方法。由拉曼光谱可以间接得到分子振动、转动方面的信息,据此可以对分子中不同化学键或官能团进行辨认。对于发生油硫腐蚀的变压器绕组、Cu 绕组线表面的腐蚀程度不同,其拉曼光谱也有区别,利用拉曼光谱可鉴定绕组线的腐蚀程度。

3) 紫外-可见吸收光谱

紫外-可见吸收光谱法(ultraviolet and visible spectrophotometry)也称紫外-可见分光光度法,属于分子吸收光谱法,是利用某些物质对 200~800 nm 光谱区辐射的吸收进行分析测定的一种方法。紫外-可见吸收光谱主要由分子中价电子在电子能级之间的跃迁产生。该方法具有灵敏度高、准确度好、设备简单、价格低廉、操作方便等优点,被广泛应用于无机和有机材料的定性定量测定中。

4) 荧光光谱

分子从基态激发到激发态,所需的激发能可以由光能、化学能或电能提供。如果一个分子吸收了光能并被激发到更高的能量状态,当它返回基态时,它会发出与吸收的光波相同或不同的辐射,即光致发光。荧光分析和磷光分析就是基于这种光致发光现象的分析方法。一种物质的基态分子被激发态光源照射并被激发至激发态,当它们回到基态时,产生与入射光相同波长或更长波长的荧光。分析物质分子产生的荧光强度的方法称为分子荧光分析。在化学反应中,如果产物分子吸收了反应过程中释放的化学能并被激发,在返回基态时发出光辐射,称为化学发光或生物发光。根据化学发光强度或化学反应产生的化学发光总强度来测定物质含量的方法称为化学发光分析。

分子荧光分析可用于物质的定性和定量分析。由于物质的结构不同,分子在返回基态时会吸收不同波长的紫外光,发出不同波长的荧光。对于两种物质的稀溶液,荧光强度与浓度呈线性关系,可用于定量分析。

5) X 射线分析

X 射线的波长为 0.001～10 nm,相当于材料结构单元的大小。X 射线衍射是利用 X 射线衍射和散射效应对晶态和非晶态进行定性定量分析、结构类型分析和不完全分析的技术。一般来说,当一束单色 X 射线照射到样品上,可以观察到两个过程:一个是如果样品有周期性结构(晶区),X 射线发生相干散射,入射光和散射光之间没有波长的变化,这个过程称为 X 射线衍射效应,如果在大角度测量,则称之为广角 X 射线衍射(WAXD)。另一种类型是如果样品具有非周期结构与不同的电子密度(晶体区域和非晶态区域),X 射线被不相干散射,所以它有波长的变化,这个过程称为漫射 X 射线衍射效应(简称散射),如果在小角度测量,则称为小角 X 射线散射(small angle X-ray scattering,SAXS)。WAXD 和 SAXS 在高分子材料研究中都有着广泛用途。

6) X 射线光电子能谱法

电子能谱(EDS)分析法是利用单色光源(如 X 射线、紫外光)或电子束照射样品表面,使样品中的原子或分子被激发而发射电子的一种分析方法。电子能谱是研究材料结构、表面性能、键合和改性的重要方法。电子光谱有许多分支,取决于激发源和测量参数。采用 X 射线为激发源就是 X 射线光电子能谱(XPS);由紫外光引起的样品光离化得到的光电子谱称为紫外光电子谱(UPS);如果使用电子束(或 X 射线)作为激发源,测量发射的俄歇电子则称为俄歇电子能谱(AHS)。在化学分析中,XPS 应用最广泛。XPS 由于其对样品表面的损伤轻微,在材料科学领域得到了广泛的应用。该方法可对除氢、氦外的所有元素进行定性、定量和化学状态分析。由于此方法是较为简单的分析元素价态的方法,电网上常用此方法分析腐蚀失效过程以及做不明异物成分、价态鉴定。

XPS 具有以下优点: ① 分析样品深度约为 2 nm,分析所需试样约为 10^{-8} g,是一种高灵敏超微量无损表面分析技术。②从能量范围看,如果红外光谱提供的信息称为"分子指纹",则由电子能谱提供的信息可以称为"原子指纹",它提供了关于化学键的信息,即直接测量价壳层电子和内层电子轨道能级,相同级别的相邻元素的谱线间隔远,相互干扰少,所以元素的定性识别能力强。③XPS可以分析除氢和氦以外的所有元素,可以直接测定来自样品的单个能级光电发射电子的能量分布,且可以直接得到电子能级结构的信息。

5.2.3　形貌观察

材料的形貌特征一般有两个层面,一是宏观形貌,二是微观形貌。微观形貌与材料的特性密切相关,近代以来,为了突破光学观察放大倍数的局限,人们开发了扫描电子显微镜、透射电子显微镜、原子力显微镜等先进观察手段。

5.2.3.1　扫描电子显微镜

扫描电子显微镜(scanning electron microscope,SEM),如图5-19所示,简称扫描电镜,它具有制样方法简单、视场大、景深长、有效放大倍数高、立体效果好、电子损伤小、分辨率大、易于识别和解释、分析全面、图像质量好等优点。

1) 扫描电子显微镜的结构与工作原理

扫描电镜的基本结构可分为六个部分:电子光学系统、扫描系统、信号检测与放大系统、图像显示与记录系统、真空系统、电源与控制系统。电子光学系统是扫描电镜的主要组成部分。电子光学系统主要由电子枪、电磁透镜和扫描线圈组成。

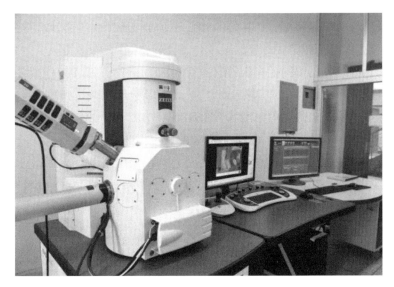

图 5-19　扫描电子显微镜

扫描电子显微镜是一种逐点扫描成像技术,使用聚焦的电子束在样品表面逐点扫描。样品为块状或粉末粒子,成像信号可以是二次电子、背散射电子或吸收电子。二次电子是扫描电镜中应用最广泛、分辨率最高的成像信号之一。其成像过程如下:直径为 $20\sim50~\mu m$ 的电子束从电子枪发射经高压管($1\sim40$ kV)加速射出,被第一和第二会聚透镜(或单一聚光镜)和物镜会聚缩小成一个狭窄的电子束,直径约几纳米。同时,在扫描线圈的驱动下,对样品表面进行一定的时间和空间序列的扫描,然后将物镜汇聚的小点聚焦在样品表面上。轰击样品表面的聚焦电子束具有较高的密度和能量,在 10 nm 左右的表层内与样品相互作用,激发二次电子(以及其他物理信号),二次电子发射随样品的表面形貌而变化。二次电子信号被探测器收集,转化为电信号,经加速极加速后打到闪烁体上转变成光信号,然后通过光电倍增管和管后视频放大器输入显像管栅极,调制与入射电子束同步扫描的显像管亮度,可在屏幕上观察到反映样品表面形貌的二次电子图像。

扫描电镜的衬度观察主要有表面形貌衬度和原子序数衬度。扫描电镜的表面形貌衬度主要由样品表面的凸凹决定。二次电子信号来自样品的表面层 $5\sim10$ nm 处,相对于入射光取向,信号的强度对样品微区表面非常敏感。随着样品表面与入射光束的倾斜角的增大,二次电子的发射量增大。因此,二次电子图像适合于显示表面形貌衬度。扫描电子显微镜图像表面形貌衬度可以显示几乎任何样品表面的超精细信息,其应用已渗透到许多科研和技术领域。原子序数衬度是利用对原子序数或化学成分变化敏感的物理信号,如背散射电子和吸收电子作为调制信号,反映微区化学成分差异的一种图像对比。实验结果表明,在相同的实验条件下,背散射电子信号的强度随原子序数的增加而增大。在样品表面平均原子数较高的区域,背散射信号强度较高,在背散射电子图像中对应的区域衬度更强;样品表面平均原子序数较低的区域衬度较暗。可以看出,背散射电子图像中不同区域衬度对比的差异实际上反映了样品不同区域平均原子数的差异,因此可以定性分析样品微区域的化学成分分布。吸收电子像的原子序数衬度对比与背散射电子像的原子序数衬度对比的规则相反:平均原子序数高的区域颜色较深,而平均原子序数低的区域颜色较亮。

2)扫描电子显微镜的主要性能

(1)放大倍数。当入射电子束作为光栅扫描时,若电子束在样品表面扫描的幅度为 A_s,在荧光屏上阴极射线同步扫描的幅度为 A_c,则扫描电子显微镜的放大倍数为

$$M=\frac{A_c}{A_s} \tag{5-7}$$

由于扫描电子显微镜的荧光屏尺寸是固定不变的,例如多用 9 寸或 12 寸显像

管,因此,放大倍率的变化是通过改变电子束在试样表面的扫描幅度 A_s 来实现。如果荧光屏的宽度 $A_c=100$ mm,当 $A_s=5$ mm 时,放大倍数为 20 倍;如果减少扫描线圈的电流,电子束在试样上的扫描幅度减小为 $A_s=0.05$ mm,放大倍数则达 2 000倍,电子束扫描区域大小很容易通过改变偏转线圈的交变电流的大小来控制。因此,扫描电镜的放大倍数很容易从几倍一直达到几十万倍,而且可以连续地迅速地改变,这相当于从放大镜到透射电镜的放大范围。目前普通商业化的扫描电子显微镜的放大倍数可以从 20 倍连续调节到 20 万倍左右。

(2) 分辨率。分辨率是扫描电子显微镜的主要性能指标。对微区成分分析而言,分辨率是指所能分析的最小区域;对于成像而言,这意味着两点之间的最小距离。这主要取决于入射电子束直径,电子束直径越小,分辨率越高。但是,分辨率并不直接等于电子束直径,因为入射电子束与样品的相互作用会使入射电子束在样品中的有效激发范围大大超过入射束的直径。在高能入射电子的作用下,样品表面产生各种物理信号,分辨率随调节荧光屏亮度的信号而变化。扫描电子显微镜的分辨率通常是指二次电子图像的分辨率,为 5 nm~10 nm。

扫描电镜的分辨率不仅受电子束直径和调制信号类型的影响,还受原子序数、杂散磁场、机械振动、信噪比因素的影响。样品的原子序数越大,电子束在样品表面的横向传播越大,分辨率越低;噪声干扰会引起图像模糊;磁场会改变二次电子的轨迹,同样会降低图像质量;机械振动引起电子束光斑漂移。所有这些因素都会降低图像的分辨率。

扫描电子显微镜的分辨率可以通过测定图像中两颗粒(或区域)间的最小距离来确定。测定方法是在已知放大倍数的条件下,把在图像上测到的最小间距除以放大倍数即分辨率。目前商业化扫描电子显微镜的二次电子分辨率已达到 1 nm。

(3) 景深。景深是指透镜对高低不平的试样各部位能同时聚焦成像的能力范围,这个范围用距离来表示。

3) 扫描电子显微镜的样品制备

扫描电镜最大的优点之一是样品制备方法简单。对于金属、陶瓷等大宗样品,可以将其切割成合适的尺寸,用导电胶粘在电子显微镜的试样底座上,直接观察。

为了防止伪像的存在,样品在观察前应用丙酮或酒精清洗。如有必要,用超声波振荡器振荡,或抛光表面。对于颗粒状和细小的丝状样品,应先在干净的金属上涂抹导电涂层,然后将粉末样品黏在上面,或将粉末样品与嵌入的树脂等材料混合,然后硬化并固定。如果样品的导电性差,应该在它上面覆一层导电层。对于不导电的样品,如塑料和矿物,在电子束的作用下会发生电荷积累,影响入射电子束光斑的形状和样品发射的二次电子的轨迹,降低成像质量。因此,这样的样品在观察前应喷涂一层导电层。通常采用二次电子发射系数高的金、银或碳薄膜作为导电层,薄膜厚度控制在 20 nm 左右。

在实际工作中,经常会遇到需要观察和分析的断裂试样。一般用于测试材料综合力学性能的试样都比较小,断裂面也比较干净。因此,这些样品可以直接放入扫描电子显微镜的样品室进行观察分析。实际构件的断裂会受到构件所在工作环境的影响:有的断口表面有油脂和锈斑,有的断口表面由于构件在高温或腐蚀性介质中工作会形成腐蚀产物。因此,对这类断裂试样首先应进行宏观分析,并使用醋酸纤维薄膜或胶带纸多次干燥剥落,或使用丙酮、酒精等有机溶剂清洗表面的断裂油及附着物。对于断裂过大的试样,应通过宏观分析确定能够反映断裂特征的零件,然后通过线切割去除,再放入扫描电子显微镜的试样室进行观察分析。

5.2.3.2 透射电子显微镜

目前,常用的透射电子显微镜(transmission electron microscope,TEM)如图 5 - 20 所示。

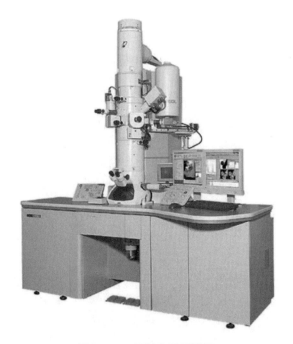

图 5 - 20 透射电子显微镜

1) 透射电子显微镜的结构与工作原理

透射电子显微镜的电子光学系统是一个积木式结构,上面是照明系统,中间是成像系统,下面是观察和记录系统。照明系统主要由电子枪和聚光镜组成。电子枪是发射电子的照明源。照明系统的功能是提供亮度高、孔径小、平行度好、光束稳定的照明光源。电子枪是透射电子显微镜的电子源。常用的热阴极三极电子枪由发夹形钨阴极、栅极帽和阳极组成。聚光镜用于对电子枪发射的电子束进行聚焦,调整照明强度、孔径角和光斑大小,使照明样品的损耗最小;一般都采用双聚光镜系统,第一聚光镜是强激磁透镜,束斑缩小率为 10～50 倍,可将电子枪第一交叉点束斑缩小为 1～5 μm;而第二聚光镜是弱激磁透镜,适焦时放大倍数为 2 倍左右,最终在样品平面上可获得 2～10 μm 的照明电子束斑。高性能的透射电镜大都采用 5 级透镜放大,即中间镜和投影镜有两级,分第一中间镜和第二中间镜,第一投影镜和第二投影镜。成像系统主要由物镜、中间镜和投影镜组成,物镜被用来形成第一幅高分辨率电子显微图或电子衍射图形。透射电镜的分辨率主要取决于物镜,因为物镜中的任何缺陷会被成像系统中的其他透镜进一步放大。观察和记录装置包括荧光屏和照相机构,照相机构下方放置能自动更换胶卷的照相墨盒。电子束把感光板托直,使其曝光。

透射电子显微镜的成像原理:具有一定孔径角和强度的电子束平行投射到与物镜处在同一物平面的样品上,在物镜焦平面上形成衍射振幅极大值,即第一幅衍射谱。这些衍射光束在物镜的像平面上相互干涉,形成反映样品微观区域特征的第一个电子像。通过聚焦,使物镜的像平面与中间镜的物平面、中间镜的像平面与投影镜的物平面分别相一致,经物镜、中间镜和投影镜放大后有一定衬度和放大倍数的电子图像就显示在荧光屏上。由于样品的厚度、原子序数、晶体结构或晶体取向不同,不同样品的电子束强度是不同的,所以具有试样微区特征的显微电子图像呈现明暗不同的区别。电子图像的放大倍数是物镜、中间镜和投影镜放大倍数的乘积。透射电镜的主要性能指标是分辨率、放大倍数和加速电压。

2) 透射电子显微镜高分子材料样品的制备方法

透射电镜可以观察到非常细小的结构,因此供透射电镜观察的样品既小又薄,通常可观察的最大尺度不超过 1 mm。高分子材料一般不能够直接观察,需要通过各种技术将高分子材料制备为适合电镜观察的样品。

(1) 金属载网和支持膜。在透射电镜中,由于电子不能穿透玻璃,只能采用网状材料作为载物,通常称为载网。载网因材料及形状的不同可分为多种不同的规格。其中最常用的是直径为 200～400 目、厚度为 20～100 μm 的铜网。纤维、高分子膜、切片等可直接安放在铜网上。对于很小的粉末、高分子单晶、乳胶粒等细小材料必须有支持膜支撑。支持膜应对电子透明,厚度一般低于 20 nm,该膜还应有一定的机械强度,能保持承载的稳定性并有良好的导热性,此外,支持膜在电镜下应无可见的结构,且不与承载的样品发生化学反应,不干扰对样品的观察,其厚度一般为 15nm 左右。支持膜可采用火棉胶膜、聚乙烯甲醛膜、碳膜或者金属膜(铍膜等)。

(2) 超薄切片技术。超薄切片技术是透射电镜样品制备中最基本、最常用的技术。超薄切片的制备过程与石蜡切片基本相似,其步骤:取样、固定、脱水、浸泡、包埋聚合、切片、染色。高分子材料结构致密,包埋剂不渗透,所以包埋只起到加强样品的作用。因此,要求嵌入样品的体积尽可能小,可以小到几微米。由于高分子材料的对比度较弱,应对超薄切片进行化学处理染色,以提高材料的对比度和硬度,从而获得更好的效果。冷冻超薄切片可以省去普通超薄切片的长时间的固定、脱水和包埋过程,特别是对高分子软质材料更为适用。高分子材料冷冻超薄切片一般取样品0.05 mm切面,样品冷冻温度比样品材料的玻璃化温度低20℃,刀具温度比样品温度可以高10~20℃,切片速度为10 mm/s。

(3)复型技术。利用复型技术可以观察样品表面和内部形貌。所谓的复型技术是把样品表面的微观结构压印在一个非常薄的薄膜上,然后用透射电子显微镜观察和分析。通过这种方式,透射电镜可以显示材料的微观结构。复型技术能够再现粒子表面形态,避免显露复合材料本身的细微结构,同时,需要有足够薄而又能耐电子束辐射,且在样品表面及高真空下不挥发的沉积膜。复型方法中较普遍使用的是碳一级复型、塑料二级复型和萃取复型。

5.2.3.3 扫描探针显微镜

扫描探针显微镜(scanning probe microscope,SPM)是在扫描隧道显微镜的基础上发展起来的各种新型探针显微镜(原子力显微镜、扫描隧道显微镜、激光力显微镜、磁力显微镜等)的统称,目前常见的扫描隧道显微镜如图5-21所示。

图5-21 扫描隧道显微镜

扫描探针显微镜具有分辨率极高(原子级分辨率)、实时、实空间、原位成像,对样品无特殊要求(不受其导电性、干燥度、形状、硬度、纯度等限制)、可在大气、常温环境甚至是溶液中成像,同时具备纳米级操纵及加工功能、系统及配套相对简单、廉价等优点。

1) 扫描隧道显微镜

扫描隧道显微镜(STM)的主要原理(见图 5 - 22)是利用量子力学中的隧道效应,将原子线度的极细探针和被研究物质的表面作为两个电极,当样品与尖端的距离缩小到原子大小(通常小于 1 nm)时,在外加电场的作用下,电子会通过两个电极之间的屏障流向另一个电极。针尖的材质一般为钨丝、铂丝或金丝,针尖的长度一般不超过 0.3 mm,理想的针尖只有一个原子。代表尖端的原子与样品表面的原子没有接触,但距离很小,因此形成了隧道电流。这种现象称为隧道效应。隧道电流 I 是电子波函数重叠的度量,与尖端到样品之间的距离 S 成指数关系。让针尖在被测表面上方做光栅扫描,如果隧道电流保持不变,则尖端必须随着表面的波动上下移动。尖端位置由压电陶瓷移动。压电陶瓷的位移灵敏度为 0.51 nm/V 左右,完全可以在纳米范围控制和保持尖端与表面的距离。当尖端在样品表面逐点扫描时,可以得到样品表面各点的隧道电流谱。然后,通过电路和计算机的信号处理,将样品的原子排列等微观结构形态呈现在终端显示屏上,获取表面图像并打印出来。简单地说,STM 是在给定的偏置压力下(尖端与样品之间)对表面隧道电流和尖端与表面之间距离的测量。

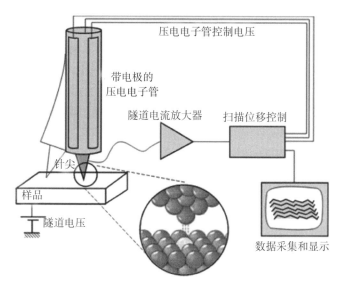

图 5 - 22　STM 结构原理图

STM 具有以下特点:

(1) 扫描速度快,获取数据的时间短,成像快;不需要任何透镜,体积小。

(2) 具有原子级的空间分辨率,其横向空间分辨率为 1 Å,纵向分辨率达 0.1 Å。

(3) 三态(固态、液态和气态)物质均可进行观察,而普通电镜只能观察制作好的固体标本。样品无须特别制样,没有高能电子束,对样品表面没有破坏作用(辐射、热损伤等)。

(4) 工作条件要求不高,可在真空、常压、空气甚至溶液中探测物质的结构。

(5) 可直接探测样品的表面结构,可绘出表面原子立体三维结构图像,如表面原子扩散运动的动态观察等。

尽管 STM 有着 SEM 等仪器所不能比拟的诸多优点,但由于 STM 仪器本身的工作方式所造成的局限性也是显而易见的:首先是在 STM 的恒电流工作模式下,有时对样品表面微粒之间的某些沟槽不能够准确探测,故与此相关的分辨率较差。再者,被观察的样品必须具有一定的导电性,就半导体而言,观察效果不如导体的观察效果好,绝缘体根本不能被直接观察到。如果导电层覆盖在样品表面,真实表面图像的分辨率受到导电层粒度和均匀性的限制。

2) 原子力显微镜

原子力显微镜(AFM)设计是一种类似于 STM 的显微镜技术,它的许多组件与 STM 相同,如用于三维扫描的压电陶瓷系统以及反馈控制器等。它与 STM 主要不同点是用一个对微弱力极其敏感的悬臂针尖(cantilever)代替了 STM 的针尖,并以探测悬臂的偏折代替了 STM 中的隧道电流。总的来讲,AFM 的工作原理就是将探针装在一弹性微悬臂的一端,微悬臂的另一端固定,当探针在样品表面扫描时,探针与样品表面原子间的微弱的排斥力($10^{-8} \sim 10^{-6}$ N)会使得微悬臂轻微变形,这样,微悬臂的轻微变形就可以作为探针和样品间排斥力的直接量度。一束激光经微悬臂的背面反射到光电检测器,可以精确测量微悬臂的微小变形,这样就实现了通过检测样品与探针之间的原子排斥力来反映样品表面形貌和其他表面结构的三维信息。

AFM 的工作模式是以针尖与样品之间作用力的形式来区分的。主要有接触模式、非接触模式和敲击模式 3 种工作模式。

(1) 接触模式:接触模式是 AFM 最直接的成像模式。AFM 在整个扫描成像过程中,探针针尖始终与样品表面保持紧密的接触,而相互作用力是排斥力。扫描时,悬臂施加在针尖上的力有可能破坏试样的表面结构,因此力的大小范围为 $10^{-10} \sim 10^{-6}$ N。若样品表面柔嫩,不能承受这样的力,便不宜选用接触模式对样品表面进行成像。

(2) 非接触模式:悬臂梁在离样品表面 5~10 nm 的距离处进行非接触模式检测。在这种情况下,样品和针尖之间的相互作用由范德瓦尔斯力控制的,通常为 10~12 N,样品无损坏,针尖也无污染,这使得它特别适合研究柔软的表面。这种操作方式的缺点是在室温和大气条件下很难实现。

(3) 敲击模式:敲击模式是介于接触模式和非接触模式之间的一种混合概念。悬臂梁在样品表面上方以其共振频率振荡,其尖端只是短暂地周期性接触/撞击样品表面。这意味着当针尖接触试样时产生的侧向力明显减小。因此,AFM 敲击模式是软样品测试的最佳选择之一。一旦 AFM 开始对样品进行成像扫描,设备就会将相关数据输入系统,如表面粗糙度、平均高度、最大峰谷距离等,用于物体表面分析。同时,AFM 还可以通过测量悬臂梁的弯曲度来确定尖端与试样之间的力。

5.2.4　热分析技术

热分析技术是在程序温度控制下研究材料的各种转变和反应,如脱水、结晶-熔融、蒸发、相变等以及各种无机和有机材料的热分解过程和反应动力学问题等,同时也可帮助推断物相特性。其中,热重法、差热分析法的最为广泛。

1) 热重分析法

样品在热环境下的化学变化、分解和成分变化可能伴随着质量的变化。热重分析(TGA)是一种动态热分析技术,用来测量样品在不同热条件下的质量变化(恒定速率加热或等温延长时间)。

热重法(thermogravimetry,TG)是在程序控温下,测量物质的质量与温度或时间关系的方法,通常是测量试样的质量变化与温度的关系。热重分析的结果用热重曲线(curve)或微分热重曲线表示。其数学表达式为

$$\Delta W = f(T) \text{ 或 } f(\tau) \tag{5-8}$$

式中,ΔW 是质量变化,T 是热力学温度,τ 是时间。

热重法试验得到的曲线称为热重曲线(即 TG 曲线),TG 曲线以质量(或质量百分率,%)为纵坐标,从上到下表示减少;以温度或时间为横坐标,从左至右增加。试验所得 TG 曲线(见图 5 - 23)对温度或时间求微分(dW/dt)可得到一阶微商曲线 DTG。

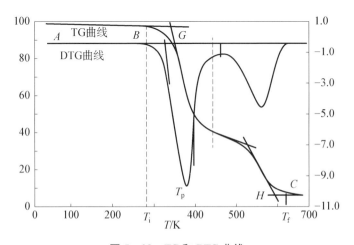

图 5 - 23　TG 和 DTG 曲线

如图 5-23 所示，TG 曲线上质量基本不变的部分称为平台，两平台之间的部分称为台阶。B 点所对应的温度 T_i 是指累积质量变化达到能被热天平检测出的温度，称为反应起始温度。C 点所对应的温度 T_f 是指累积质量变化达到最大的温度（TG 已检测不出质量的继续变化），称之为反应终了温度。

DTG 曲线上出现的峰表明质量发生变化，峰的面积与试样的质量变化成正比，峰顶与失重变化速率最大处相对应。

反应起始温度 T_i 和反应终了温度 T_f 之间的温度区间称为反应区间。亦可将 G（切线交点）点取作 T_i 或以失重达到某一预定值（5%、10% 等）时的温度作为 T_i，将 H（切线交点）点取作 T_f。T_p 表示最大失重速率温度，对应 DTG 曲线的峰顶温度。

用于热重分析的仪器是热天平，其基本原理是将样品重量变化引起的天平位移转化为电磁量。这个微小的电量被放大器放大，送到记录器进行记录。电量正比于变化样本的质量。当被测物质在加热过程中有升华、汽化、分解出气体或失去结晶水时，被测的物质质量就会发生变化。这时热重曲线就不再是水平直线而是有所下降。通过分析热重曲线，就可以知道被测物质在多少温度时产生变化，并且可以根据失重量计算失去了多少物质（如 $CuSO_4 \cdot 5H_2O$ 中的结晶水）。从热重曲线上我们就可以知道 $CuSO_4 \cdot 5H_2O$ 中的 5 个结晶水是分三步脱去的。由 DTG 曲线可以得到样品的热变化所产生的物质热性能方面的信息。

2）差热分析法

差热分析（differential thermal analysis，DTA），也称差示热分析，是在温度程序控制下，测量物质与基准物（参比物）之间的温度差随温度变化的技术。样本加热（冷却）过程中发生物理或化学变化，吸热或放热效应发生时，如果在实验温度范围内以不发生物理变化或化学变化的惰性材料为参比物，样品与参比物之间的温差随温度变化的曲线即为差热曲线或 DTA 曲线。差热分析是研究加热（或冷却）过程中发生的物理和化学变化的重要手段，相比热重量法其能提供更多的信息。熔融、蒸发、升华、解吸和脱水都是吸热作用。吸附、氧化和结晶是放热效应。分解反应的热效应取决于化合物的性质。想要了解每种热效应的性质，需要使用热重测量、X 射线衍射、红外光谱、气体分析、化学分析等分析方法。

（1）差热分析原理。试样和参比物之间的温度差用差示热电偶测量，差示热电偶由材料相同的两对热电偶组成，按相反方向串接，将其热端分别与试样和参比物容器底部接触（或插入试样内），并使试样和参比物容器在炉子中处于相同受热位置。当试样没有热效应发生时，试样温度 T_s 与参比物温度 T_R 相等，即 $T_s - T_R = 0$，两对热电偶的热电势大小相等，方向相反，互相抵消，差示热电偶无信号输出，DTA 曲线显示为一直线，称基线（由于试样和参比物热容和受热位置不完全相同，实际上基线略有偏移)。当试样有吸热效应发生时,$\Delta T = T_s - T_R < 0$(放热效应则 $T_s - T_R >$ 0),差示热电偶就有信号输出,DTA 曲线会偏离基线,随着吸热效应速率的增加,温度差则增大,偏离基线也更远,一直到吸热效应结束,曲线又回到基线,在 DTA 曲线上形成一个峰,称为吸热峰;放热效应中峰的方向相反,称为放热峰。

(2) 差热分析装置。一般的差热分析装置由加热系统、温度控制系统、信号放大系统、差热系统和记录系统等组成,有的还包括气氛控制系统和压力控制系统。

① 加热系统:提供测试所需的温度条件。根据炉温可分为低温炉(低于 250℃)、普通炉、超高温炉(可达 2 400℃);按结构形式可分为微型、小型、立式和卧式。系统中的加热元件及炉芯材料可根据测试范围的不同进行选择。

② 温度控制系统:用于控制测试过程中的加热条件,如加热速率、温度测试范围等,一般由定值装置、调节放大器、晶闸管调节器(PID - SCR)、脉冲移相器等组成。目前大部分已改用微机控制。

③ 信号放大系统:直流放大器将差动热电偶产生的微弱温差电动势放大、增大并输出,使仪器能够更准确地记录测试信号。

④ 差热系统:差动加热系统是整个装置的核心部分,由样品室、样品坩埚和热电偶组成。热电偶是差热系统中的关键部件,它不仅是温度测量工具,而且还是信号传输工具。

⑤ 记录系统:记录系统早期采用双笔记录仪进行自动记录,经升级后,目前已能使用微机进行自动控制和记录,并可对测试结果进行分析,为实验提供很大方便。

⑥ 气氛控制系统和压力控制系统:该系统能够为试验研究提供气氛条件和压力条件,增大了测试范围。

(3) 影响差热分析的因素。差热分析法操作简单,但在实际应用中,经常发现同一试样在不同仪器上或不同人在同一仪器上测量得到的差热分析法曲线结果不同。峰的最高温度、峰的形状、峰的面积和峰的大小都有变化。主要原因是热量与多种因素有关,传热情况更为复杂。虽然影响因素较多,但只要严格控制一定的条件,可获得较好的重现性。

5.2.5　聚合物相对分子质量及其分布的测定

相对分子质量及其分布是表征聚合物材料的最基本参数之一。高分子材料的相对分子质量和相对分子质量分布与高分子材料的机械强度、加工和聚合反应机理密切相关。聚合物的许多优良性能是由于它们的高相对分子质量。只有当聚合物的相对分子质量达到一定值时,聚合物才能表现出适当的机械强度。如果相对分子质量过低,材料的机械强度和韧性差,则没有应用价值。而相对分子质量过高时熔体黏度增大,给加工成型带来一定的困难。因此,聚合物的相对分子质量和相对分子质量分布必须控制在一个合适的范围内。

由于聚合过程的复杂性和聚合过程中链转移反应的存在,聚合物的相对分子质量不均匀,具有多重分散性。因此,聚合物的相对分子质量具有统计学意义,只能表示为统计平均值。即使是平均相对分子质量相同的聚合物,其相对分子质量分布也可能不同。因此,为了准确、清晰地显示聚合物分子的大小,除了相对分子质量的统计平均值外,还需要知道聚合物的相对分子质量分布。

1)聚合物相对分子质量及其分布的表示

聚合物的相对分子质量呈多分散性,通常用平均相对分子质量表示。不同的统计方法可以得到不同的平均相对分子质量。聚合物常用的统计相对分子质量包括平均相对分子质量、Z均相对分子质量、黏均相对分子质量和重均相对分子质量。

(1)聚合物相对分子质量分布的表示方法。相对分子质量分布是指聚合物试样中各个级分的含量和相对分子质量的关系。相对分子质量分布能够揭示聚合物中各个同系物组分的相对含量。相对分子质量分布也是影响聚合物性能的因素之一,不同用途的聚合物应有其合适的相对分子质量分布。聚合物相对分子质量分布有分布曲线和多分散系数与分布宽度指数两种表示方法。

① 分布曲线。聚合物的相对分子质量分布可以用一条连续的曲线来表示,因为聚合物的级分数可达数万个,每个级分的差只是一个结构单元。常见的分布曲线有微分重量分布曲线、对数微分重量分布曲线和积分重量分布曲线(见图 5-24),其中微分重量分布曲线是不对称的,对数微分重量分布曲线是对称的,符合正态分布。

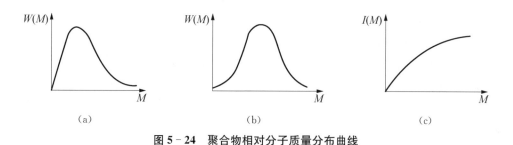

图 5‑24 聚合物相对分子质量分布曲线

(a)高聚物相对分子质量微分重量分布曲线;(b)高聚物相对分子质量对数微分重量分布曲线;(c)高聚物相对分子质量积分重量分布曲线

② 多分散系数与分布宽度指数。相对分子质量不均匀的样品称为多分散性,相对分子质量均匀的样品称为单分散性。多分散性系数和分布宽度指数可以表征聚合物样品相对分子质量的分散性。

(2)聚合物相对分子质量与相对分子质量分布的测定方法。根据聚合物稀溶液相对于纯溶剂的一些物理化学性质的变化而引起的溶液浓度与聚合物相对分子质量之间的定量关系进行测定。

根据不同物理量与聚合物相对分子质量之间关系,测定方法可分为如下 4 种:① 光学方法,如光散射法;② 热力学方法,如渗透压法;③ 动力学方法,如黏度法和凝胶渗透色谱法;④ 化学方法,如端基分析法。

根据测试方法的不同,聚合物相对分子质量的测定可分为绝对法和相对法。绝对法不需要假设一种聚合物的结构,直接根据实验数据决定聚合物的分子量和相对分子质量之间的关系,包括端基分析、依数性的方法(沸点升高、冰点降低、蒸气压下降和膜渗透)、散射法(静态光散射、小角 X 射线散射和中子散射)和沉降平衡。相对法确定的物理量与相对分子质量之间的关系需要用其他绝对分子质量测量方法进行校准,如稀溶液黏度法和体积排阻色谱法。各种方法都有其优缺点和适用的相对分子质量范围,不同方法得到的相对分子质量平均值也不同。

聚合物相对分子质量分布的测定多采用实验分级的方法来进行,主要有三类:① 利用聚合物在溶液中的分子运动特性,如超高速离心沉降法,得到聚合物的相对分子质量分布;② 相对分子质量分布可以通过不同尺寸的聚合物得到,如电子显微镜法、凝胶渗透色谱法等;③ 利用聚合物溶解度的相对分子质量依赖性,将试样分成相对分子质量不同的级分,从而得到试样的相对分子质量分布,如沉淀分级、溶解分级。在高分子稀溶液(1‰)中逐步加入沉淀剂,使之产生相分离,将浓相取出,称为第一级分(先沉下的是大分子),然后在稀相中再加入沉淀剂,又产生相分离,取出浓相(较小分子),称为第二级分。各级分的平均相对分子质量随着级分序数的增加而递减。

2) 数均相对分子质量的测定

聚合物数均相对分子质量的测定依据为聚合物稀溶液的某些性质变化是溶质分子数目的函数,包括基于基团间化学反应的方法(如端基分析法)和利用稀溶液的依数性的方法(如沸点升高和冰点降低法、蒸气压下降法和膜渗透法)。

(1)端基分析法。端基分析通过测定一定质量的聚合物中特征基团的含量来获得其平均分子量。如果线性聚合物的化学结构很清楚,且每个聚合物链的端部有一个可以定量分析的基团,那试样的数均分子量可以通过测定一定质量的高聚物中的端基数目来实现。

(2)沸点升高法和冰点降低法。利用溶液的依数性质测定溶质分子量是一种经典的热力学方法。当不挥发的溶质加入溶剂中时,溶液的蒸气压降低,导致沸点升高,凝固点降低。溶液的沸点升高值 ΔT_b 或冰点降低值 ΔT_f 正比于溶液中溶质的摩尔分数,而与其大小和状态无关,这种性质称为溶液的依数性。

(3)蒸气压下降法。蒸气压下降法又称为气相渗透法(VPO)。根据拉乌尔定律,聚合物溶液的蒸气压低于纯溶剂的蒸气压。在一个密闭容器中,在恒温 T_0 下,含有非挥发溶质的溶液滴和另一种纯溶剂滴同时悬浮在纯溶剂的饱和蒸气中。由于溶剂在溶液中的蒸气压较低,蒸气相中的溶剂分子会落入溶液中并放出冷凝热。将液滴的温度提高到 T,当达到平衡时,溶液滴和溶剂滴之间将产生温差 ΔT,ΔT 与溶液中溶质的摩尔分数成正比。

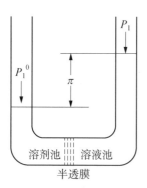

图 5 - 25 渗透压与溶质浓度及相对分子质量的关系示意图

(4) 膜渗透压法。当高分子溶液与纯溶剂被一层只允许溶剂分子透过而不允许溶质分子透过的半透膜隔开时,由于膜两边的化学位不等,纯溶剂将透过半透膜向高分子溶液一侧渗透,从而导致溶液池的液面升高,当达到渗透平衡时溶液池与溶剂池的液柱高差为渗透压 π,如图 5 - 25 所示。渗透压 π 的大小与溶质浓度及相对分子质量有关,通过测定不同浓度下溶液的渗透压,外推至浓度为零即可计算聚合物的相对分子质量。与前几种测量聚合物数均分子量的方法相比,膜渗透压法测定聚合物的相对分子质量得到数据更准确,测量范围也更广。

3) 光散射法测重均分子量

测定重均分子量的方法有很多种,包括光散射法、超速离心沉降平衡法、超速离心沉降速度法、凝胶渗透色谱法等。此处仅讨论光散射法。

光散射技术是利用聚合物稀溶液对光的散射性质测量聚合物相对分子质量的绝对方法,测量范围可达 $5 \times 10^3 \sim 1 \times 10^7$。随着光散射技术的发展,光散射法已成为测定高聚物的均方半径、重均分子量、第二维利系数以及高分子在溶液中的扩散系数和流体力学体积的重要方法。

光散射法测定的相对分子质量范围为 $1 \times 10^4 \sim 1 \times 10^7$。因为光散射方法可以同时获得聚合物链的基本参数如衡量相对分子质量、均方旋转半径和第二维利系数等,其在研究聚合物溶液的性质、聚合物的结构和形态研究中具有重要作用。特别是近年来发展起来的激光小角度光散射器,可以在非常小的角度($2° \sim 7°$)下测量。相对分子质量的测量不需要外推到角度,因此测量更加简单,提高了实验精度。特别是对于相对分子质量较大的样品,可以避免角度外推造成的误差。

4) 黏度法测定聚合物的黏均分子量

在聚合物相对分子质量的测定方法中,黏度法因设备简单、操作方便、测试和数据处理快速、准确度高、相对分子质量测定范围广而被广泛应用。与绝对平均分子量的聚合物可以直接计算黏度的方法不同,本方法可间接通过实证计算相对分子质量与黏度之间的关系求得聚合物相对分子质量大小,可以采用膜渗透压法或光散射法求得绝对分子量来对经验公式进行修正。因此黏度法测相对分子质量是一种相对方法,测量范围为 $1 \times 10^4 \sim 1 \times 10^7$。

（1）黏度的定义。黏度是运动分子的内摩擦阻力的量度。聚合物稀溶液属于牛顿流体。层流中的剪切应力与剪切速率成正比,比例系数为剪切黏度。

当聚合物的化学组成、溶剂和温度确定时,黏度值只取决于聚合物的相对分子质量。因此,如果能建立相对分子质量与特征黏度之间的关系,则可以通过测量其特征黏度得到聚合物的相对分子质量。

（2）聚电解质溶液的黏度。聚电解质在非极性溶剂中的行为与聚丙烯酸在二噁烷溶液中的行为相同。而在电离溶剂中,聚电解质由于分子链上的电荷斥力相同而导致分子链膨胀,溶液浓度越低,电离度越大;因此,随着浓度的降低,溶液的黏度急剧增加。在较高的浓度范围内,黏度随浓度的增加而增加,和非电解质的情况一样。如果在溶液中加入无机盐,溶液离子强度增加,聚电解质的电离被抑制,使其黏度降低。加入的盐浓度越高,黏度越小。当加盐浓度接近 0.1 mol/L 时,黏度性质正常。因此,聚电解质溶液的黏度不仅与聚合物、溶剂和温度有关,还与加入的盐浓度有关。如果用黏度法测定其分子量,最好在非离子溶剂中进行,否则需要添加一定浓度的盐。

（3）支化高分子的黏度。高分子支化后,链段在空间上比线性分子排列得更紧密。因此,在相同分子量的情况下,溶液中支化分子的尺寸小于线性分子,水动力体积和相应的特征黏度减小。随着高分子链支化程度的增加,溶液的特征黏度降低,且降低的越大,聚合物的支化程度越大。因此,通过测定支化聚合物和相同分子量的线性聚合物的特征黏度,可以得到聚合物的支化程度。

5.3 电网部分非金属材料的理化检验

5.3.1 拉伸试验

拉伸试验适用于电缆、光缆和架空绝缘导线绝缘和护套材料、复合绝缘子硅橡胶绝缘材料、电能计量箱壳体和观察窗。

1）试验标准

拉伸试验参考的标准包括《电缆和光缆绝缘和护套材料通用试验方法 第 11 部分:通用试验方法——厚度和外形尺寸测量——机械性能试验》（GB/T 2951.11—2008）;《硫化橡胶或热塑性橡胶 拉伸应力应变性能的测定》（GB/T 528—2009）;《塑料 拉伸性能的测定》（GB/T 1040—2018）;《橡胶塑料拉力、压力和弯曲试验机（恒速驱动）技术规范》（GB/T 17200—2008）。

2）试验原理

为制备符合标准的试样,试样的抗拉强度和断裂伸长率由同一实验室、同一台机器、同一人员、同一试验方法测定。拉伸强度是指从拉伸试样到断裂所记录的最大拉伸应力。断裂伸长率是试样拉伸至断裂时，未拉伸试样的标记距离和未拉伸试样的标记距离增量的百分比。

3）试验仪器

试验所需仪器包括拉力试验机、制样装置和测厚计。

拉力试验机应符合 GB/T 17200—2008 和 GB/T 1040.1—2018 中 5.1.2～5.1.5 部分的规定。对于在标准试验实验室温度以外的试验，拉伸试验机应配备一台合适的恒温装置。

裁刀和裁片机应符合相关产品标准要求，试样制备尽可能地使用哑铃试件，测量哑铃状试样的厚度和环状试样的轴向厚度所用的测厚计应符合《橡胶物理试验方法 试样制备和调节通用程序》(GB/T 2941—2006)和 GB/T 1040—2018 的规定。

4）试验方法

试验应在与试样状态规定相同的环境中进行，除非有关各方另有约定，如在高温或低温下进行。拉力机的夹头可以是自紧的，也可以是非自紧的。

（1）电缆、光缆和架空绝缘导线绝缘和护套材料按照标准 GB/T 2951.11—2008 试验。

（2）复合绝缘子伞套等绝缘材料按照标准 GB/T 528—2009 试验。

（3）电能计量箱壳体和观察窗材料按照标准 GB/T 1040—2018 试验。

数据测量：试验期间测量并记录最大拉力。同时在同一试件上测量断裂时两个标记之间的距离；在夹头处拉断的任何试件的试验结果均作废。

5）结果计算及判定

抗张强度根据试样的原始截面积按式(5-9)计算应力值。

$$\sigma = \frac{F}{A} \tag{5-9}$$

式中，σ 为拉伸应力(MPa)；F 为所测的对应负荷(N)；A 为试样原始截面积(mm²)。

断裂伸长率根据式(5-10)计算应变值。

$$\varepsilon = \frac{L - L_\circ}{L_\circ} \tag{5-10}$$

式中，ε 为应变，用比值或百分数表示；$L_\circ$ 为试样的标距(mm)；L 为试样变形后标记间的长度(mm)。

根据式(5-9)和式(5-10)分别计算出抗张强度和断裂伸长率，应确定试验结果的中间值。结果判定依据各种材料的行业标准规定。

5.3.2　维卡软化温度试验

维卡软化温度试验适用于热塑性塑料电缆保护管、电能计量箱壳体和观察窗及各种热塑性塑料。

1）试验标准

试验参考标准包括《热塑性塑料维卡软化温度（VST）的测定》（GB/T 1633—2000）和《热塑性塑料管材、管件 维卡软化温度的测定》（GB/T 8802—2001）。

2）试验原理

当匀速升温时，测定在给出的某一种负荷条件下标准压针刺入热塑性塑料试样表面 1 mm 深时的温度。通过维卡软化温度测定的方法可判定该种材料的耐热性能是否符合相关标准要求。

3）试验仪器

试验仪器包括维卡软化试验机、砝码和制样装置。试验装置应符合 GB/T 1633—2000 和 GB/T 8802—2001 中第 4 部分关于仪器要求的规范。

4）试验方法

（1）取样：依据标准直接在被试品上取样，试样按照受试材料规定加工成相应的标准试块，试块表面应平整、平行、无飞边。

（2）试验：试样在实验前，应预先清洁，去除附着物、污秽、油垢等；采用加热浴方法测量，将试样放在液体介质（硅油）中，在标准规定载荷压力、等速升温条件下（50℃/h）测定标准压针在规定力作用下，压入试样内 1 mm 时的温度。

其中 CPVC[①] 和 UPVC[②] 按照 GB/T 8802—2001 第 5 部分规定进行试验，其余热塑性塑料按照 GB/T 1633—2000 第 5 部分规定进行试验。

注意事项：维卡试样放置时将凹面朝上，试样底部和仪器接触面应是平的。

5）结果判定

每次试验用两个试样，两个试样结果差值应不大于 2℃，取算术平均值作为试验结果，单位以℃表示。结果判定依据各种材料的行业标准规定。

5.3.3　气候老化试验

气候老化试验适用于电缆、架空绝缘导线绝缘和护套材料及电力设备用塑料材质。

---

① CPVC，是 chlorinated polyvinyl chloride 的缩写，该塑料由聚氯乙烯（PVC）树脂氯化改性制得。
② UPVC，是 unplasticized polyvinyl chloride 的缩写，该塑料由氯乙烯单体经聚合反应制成的无定形热塑树脂加一定的添加剂组成。

1）试验标准

试验参考标准如下：《塑料 实验室光源暴露试验方法 第 1 部分：总则》（GB/T 16422.1—2006）；《塑料 实验室光源暴露试验方法 第 2 部分：氙弧灯》（GB/T 16422.2—2014）；《塑料 实验室光源暴露试验方法 第 3 部分：荧光紫外灯》（GB/T 16422.3—2014）。

2）试验原理

当塑料在室内或室外使用时，经常暴露在阳光或过滤玻璃下很长一段时间，所以确定光、热、湿度和其他气候压力对塑料颜色和性能的影响非常重要。塑料样品在受控环境条件下进行实验室光源暴露试验，以模拟材料在实际使用环境中暴露在阳光或过滤窗玻璃下的自然老化效应。

3）试验仪器

试验仪器包括氙灯老化试验机、紫外老化试验机。氙灯老化试验机需满足 GB/T 16422.2—2014 第 4 部分要求，紫外老化试验机需满足 GB/T 16422.3—2014 第 4 部分要求。

4）试验方法

（1）取样：试验的制备方法及数量按照 GB/T 16422.1—2006 第 6 部分规范要求。

（2）试验：暴露试验的条件和步骤依赖于所选的特定试验方法，参考 GB/T 16422.2—2014、GB/T 16422.3—2014 的适合部分，常用方法有氙灯老化和紫外老化。按《塑料 暴露于透过玻璃的日光、自然风化或实验室光源以后颜色改变和性能变化的测定》[ISO 4582：2017（E）]的规定进行性能变化的测定。

5）结果判定

在大气和光老化的作用下，对光照面和样品进行无明显裂纹的检查，样品性能变化应符合相关产品标准的要求。

5.3.4 熔体流动速率测定

熔体流动速率测定试验适用于电缆、架空绝缘导线聚乙烯护套料及电力设备用热塑性塑料。

1）试验标准

试验参考标准为《塑料 热塑性塑料熔体质量流动速率（MFR）和熔体体积流动速率（MVR）的测定 第 1 部分：标准方法》（GB/T 3682.1—2018）。

2）试验原理

在规定的温度和负荷下，由通过规定长度和直径的口模挤出的熔融物质计算熔体质量流动速率（MFR）和熔体体积流动速率（MVR）。

3）试验仪器

试验仪器包括挤出式塑化仪和天平。挤出式塑化仪需满足 GB/T 3682.1—2008 第 5 部分要求。

4）试验方法

（1）取样：试验的形状及数量按照 GB/T 3682.1—2008 第 6 部分的要求。

（2）试验：试验方法可分为质量测量法和位移测量法，分别按照 GB/T 3682.1—2008 第 8 和第 9 部分进行。

5）结果判定

根据选取方法，分别按照 GB/T 3682.1—2008 中 8.5 和 9.6 部分规定进行结果计算，得出结果与对应产品标准进行比对。

5.3.5 机械/机电负荷试验

机械/机电负荷试验适用于玻璃绝缘子、支柱瓷、盘型瓷、针式绝缘子、悬式复合绝缘子、复合绝缘子、拉紧绝缘子、蝶式绝缘子。

1）试验标准

试验参考标准包括《标称电压高于 1 000 V 的架空线路绝缘子 第 1 部分：交流系统用瓷或玻璃绝缘子元件——定义、试验方法和判定准则》（GB/T 1001.1—2003）、《架空线路绝缘子 标称电压高于 1 000 V 交流系统用悬垂和耐张复合绝缘子定义、试验方法及接收准则》（GB/T 19519—2014）、《标称电压高于 1 000 V 交流架空线路用线路柱式复合绝缘子——定义、试验方法及接收准则》（GB/T 20142—2006）、《低压电力线路绝缘子 第 1 部分：低压架空电力线路绝缘子》（JB/T 10585.1—2006）、《低压电力线路绝缘子 第 2 部分：架空电力线路用拉紧绝缘子》（JB/T 10585.2—2006）。

2）试验原理

机械负荷试验：通过拉伸设备对被测产品施加拉伸或弯曲载荷，可以得到最大机械载荷。

机电负荷试验：对试验产品施加工频率电压，同时对连接附件之间施加张力负荷，在整个试验过程中保持该电压，以获得试验产品所能达到的最大机电负荷值。

3）试验仪器

试验仪器包括卧式拉力试验机、机电破坏试验机和弯扭试验机。其中卧式拉力试验机适用于盘型玻璃绝缘子、悬式复合绝缘子、拉紧绝缘子和蝶式绝缘子；机电破坏试验机适用于盘型瓷绝缘子；弯扭试验机适用于支柱瓷、复合绝缘子和针式绝缘子。

4）试验方法

盘型悬式瓷绝缘子机电破坏负荷试验按照 GB/T 1001.1—2003 规范要求试验。

盘型悬式玻璃绝缘子机械破坏负荷试验按照 GB/T 1001.1—2003 规范要求试验。悬式复合绝缘子机械负荷试验按照 GB/T 19519—2014 规范要求试验。拉紧绝缘子机械负荷试验按照 JB/T 10585.2—2006 规范要求试验。蝶式绝缘子和针式绝缘子机械负荷试验按照 JB/T 10585.1—2006 规范要求试验。支柱瓷、复合绝缘子，针式绝缘子弯扭试验按照 GB/T 1001.1—2003 规范要求试验。

5）结果判定

记录试验后样品所能达到的最大机械或机电负荷值，根据上述标准条款进行判定。

5.3.6　可燃性试验

可燃性试验适用于电缆和光缆、复合绝缘子伞套橡胶料、电能计量箱壳体和观察窗等电工设备用塑料。

1）试验标准

试验参考标准包括《电缆和光缆在火焰条件下的燃烧试验 第11部分：单根绝缘电线电缆火焰垂直蔓延试验 试验装置》(GB/T 18380.11—2008)、《电工电子产品着火危险试验》(GB/T 5169—2008)、《橡胶燃烧性能的测定》(GB/T 10707—2008)。

2）试验原理

在实验室环境中，模拟因设备故障产生的火焰效应，测定电缆或其他非金属材料的燃烧性能和阻燃性能。

3）试验仪器

试验仪器包括水平垂直燃烧仪等燃烧装置及烟气处理设备。

其中电缆和光缆燃烧装置应满足 GB/T18380.11—2008 规范要求，复合绝缘子伞套燃烧装置满足 GB/T 10707—2008 规范要求，电工设备用塑料燃烧装置满足 GB/T 5169.22—2008 规范要求。

4）试验方法

现场抽样进行实验室燃烧性能检测。电缆和光缆燃烧试验根据 GB/T 18380—2008 进行火焰条件下的燃烧试验，复合绝缘子伞套橡胶料试验可采用氧指数法和垂直燃烧法，其中氧指数法按照 GB/T 10707—2008 第 4 部分规范要求试验，垂直燃烧法按照 GB/T 10707—2008 第 5 部分规范要求进行试验，电工设备用塑料按照 GB/T 5169—2008 规范要求试验。

5）结果判定

记录试品燃烧情况，根据标准确定试品燃烧等级进行判定。

第6章 无 损 检 测

无损检测(nondestructive testing,NDT)是指在不损坏检测对象的前提下,以物理或化学方法为手段,借助相应的设备器材,按照规定的技术要求,对检测对象的内部及表面的结构、性质或状态进行检查和测试,并对结果进行分析和评价。

根据不同的原理方法、检测方式和信息处理技术,无损检测可以分为六大类70余种。但在实际应用中比较常见的是五类常规无损检测方法,即射线检测(radiographic testing,RT)、超声检测(ultrasonic testing,UT)、磁粉检测(magnetic particle testing,MT)、渗透检测(penetrant testing,PT)和涡流检测(eddy current testing,ET)。非常规的无损检测方法有太赫兹无损检测(terahertz NDT,THz-NDT)、红外热波无损检测(infrared thermal wave NDT)、紫外成像检测(UV imaging testing)、激光超声检测(laser ultrasonic testing)、声发射检测(acoustic emission testing)、交流电磁场检测(alternating current field measurement,ACFM)、漏磁检测(magnetic flux leakage testing,MFL)以及电网设备金属(材料)检测中的厚度测量等。

由于无损检测的种类、方法比较多,需满足的检测条件和要求高,因此,我们在准备对某一检测对象进行无损检测时,要提前考虑、注意和重点把握好以下几个方面的内容才能达到无损检测的目的。

1) 要选择合适的无损检测方法

在选择时,既要考虑被检对象的材质、结构、形状、尺寸,还要考虑可能产生的缺陷种类、缺陷形状、缺陷走向以及缺陷大概位置等。常规无损检测方法的能力范围与局限见表6-1,常规无损检测方法与能检测的缺陷见表6-2。无损检测方法选择的一般原则如下。

(1) 能检测任何位置缺陷的无损检测方法包括射线检测、超声检测、衍射时差法超声检测和X射线数字成像检测。一般而言,超声检测、衍射时差法超声检测对于表面开口缺陷或近表面缺陷的检测能力低于磁粉检测、渗透检测或涡流检测。

(2) 能检测表面开口缺陷和近表面缺陷的无损检测方法包括磁粉检测和涡流检测。磁粉检测主要用于铁磁性材料,涡流检测主要用于导电金属材料。铁磁性材料表面或近表面缺陷应优先采用磁粉检测,因结构形状等原因不能采用磁粉检测时可采用其他无损检测方法。

（3）仅能检测表面开口缺陷的无损检测方法包括渗透检测和目视检测。渗透检测主要用于非多孔性材料，目视检测主要用于宏观可见缺陷的检测。

（4）检测承压设备内部或表面存在的活性缺陷的强度和大致位置，可采用声发射检测。声发射检测需对承压设备进行加压试验，发现活性缺陷时应采用其他无损检测方法进行复验。

（5）仅能检测承压设备贯穿性缺陷或整体致密性的无损检测方法为泄漏检测。

2）选择恰当的无损检测时机

不同的无损检测目的，其检测时机不同。比如，检测焊缝有无延迟裂纹，则至少应在焊接完成 24 h 以后进行；对于紧固件和锻件的表面检测一般在最终热处理之后进行；渗透检测在喷丸和研磨操作前进行，如在其后进行，则应进行包括腐蚀在内的预清洗操作，使表面开口缺陷完全开口。因此，只有根据不同的检测对象，选择好恰当的无损检测时机，才能顺利完成检测，达到最终检测效果。

3）综合应用各种无损检测方法

每一种无损检测方法都有其能力范围和局限性，因此，为了避免缺陷漏检和最大限度地全面检测出缺陷信息，在条件允许的情况下，应尽可能地同时采用几种无损检测方法，以保证各种检测方法取长补短。另外，还应利用被检设备的有关材料、焊接、加工工艺、产品结构等的知识、信息，综合起来进行判断。比如，超声波对裂纹缺陷的检测灵敏度比较高但定性不准，而射线对缺陷的定性就比较准确，两者结合起来使用就保证了检测结果的可靠性和准确性。

采用一种无损检测方法按不同工艺进行检测时，如果检测结果不一致，以危险度大的评定级别为准；当采用两种或两种以上的检测方法对被检对象的同一部位进行检测时，则应按各自的方法评定级别。

表 6-1　常规无损检测方法的能力范围与局限

无损检测方法	能力范围	局限
射线检测（RT）	①焊接接头中裂纹、未焊透、未熔合、气孔、夹渣以及铸件中缩孔、气孔、疏松、夹杂等能被检出；②能确定缺陷平面投影的位置、大小及缺陷性质；③射线检测穿透厚度主要由射线能量确定	①缺陷深度、自身高度难确定；②较难检测出厚锻件、管材、棒材及 T 形焊接接头、堆焊层中的缺陷；③焊缝中细小裂纹及层间未熔合也难检出
超声检测（UT）	①能检出原材料、零部件及焊接接头内存在的缺陷；②能确定缺陷位置和相对尺寸；③面状缺陷检出率高；④检测厚度大	①缺陷性质较难确定；②缺陷位置、取向和形状对检测结果有一定影响；③粗晶材料和焊接接头中缺陷较难检测

（续表）

无损检测方法	能 力 范 围	局 限
磁粉检测（MT）	铁磁性材料中的表面开口缺陷和近表面缺陷	①非铁磁性材料不能检测；②结构复杂的工件也较难检测
渗透检测（PT）	能检测表面开口缺陷	多孔材料难检测
涡流检测（ET）	①能检出金属材料对接接头、母材以及带非金属涂层的金属材料的表面、近表面缺陷；②能确定缺陷位置及表面开口缺陷或近表面缺陷埋深参考值；③检测灵敏度和深度由涡流激发能量、频率确定	①埋藏缺陷、涂层厚度超过 3 mm 的表面及近表面缺陷难检出；②焊缝表面微细裂纹难检出；③缺陷的自身宽度和准确深度较难检出
X 射线数字成像检测	①焊接接头中裂纹、未焊透、未熔合、气孔、夹渣以及铸件中缩孔、气孔、疏松、夹杂等能被检出；②能确定缺陷平面投影的位置、大小及缺陷性质；③射线检测穿透厚度主要由射线能量确定；④可实现静止和连续成像；⑤一次透照厚度宽容度大于 RT；⑥图像分辨率由探测器的像素大小和射线机焦点尺寸决定	①缺陷自身高度难确定；②较难检测出厚锻件、管材、棒材及 T 形焊接接头、角焊缝中的缺陷；③焊缝中细小裂纹及未熔合难检出；④数字探测器性能受检测环境的温度和湿度影响
声发射检测（AE）	①能检出金属材料制承压设备加压试验过程中的裂纹等活性缺陷的部位、活性和强度；②一次加压，能整体检测和评价整个结构中缺陷的分布和状态；③能检出活性缺陷随载荷等外变量而变化的实时和连续信息	①非活性缺陷难检出；②定性和定量较难；③对材料敏感，易受到机电噪声干扰；④对数据的正确解释需要丰富的数据库及现场检测经验
衍射时差法检测（TOFD）	①能检出焊接接头中的裂纹、未焊透、未熔合、气孔、夹渣等缺陷；②能确定缺陷的长度、深度及自身高度；③厚工件缺陷检测灵敏度较高；④检测结果直观，数据可记录和存储	①表面和近表面缺陷较难检出；②粗晶焊接接头中缺陷较难检测；③复杂结构工件焊缝较难检测；④缺陷定性比较困难
漏磁检测（MFL）	①能检出带涂层铁磁性材料母材表面的腐蚀、机械损伤等厚度减薄类体积性缺陷及母材表面的裂纹等面状缺陷；②能确定缺陷位置及表面开口缺陷的长度或体积型缺陷的深度当量；③灵敏度和检测深度主要由励磁深度和传感器分辨率决定	①难检出铁磁性材料内部的埋藏缺陷；②难检出厚度超过 30 mm 工件的缺陷以及焊接缺陷；③与励磁方向平行的缺陷也难检出
目视检测（VT）	①目力所能及的范围均能检测；②缺陷位置、大小及缺陷性质能确定；③人为因素影响较大	①有遮挡的工件表面状态不能观测；②有油污等的工件表面状态难观测

表 6-2　常规无损检测方法与能检测的缺陷

	表面①		近表面②		所有位置③				
	VT	PT	MT	ET	RT	DR	UTA	UTS	TOFD
使用产生的缺陷									
点状腐蚀	●	●	●		●	●		◎	
局部腐蚀	●	●						●	●
裂纹	◎	●	●	◎	◎	◎	●		●
焊接产生的缺陷									
烧穿	●				●	●	◎		◎
裂纹	◎	●	●	◎	◎	◎	●	○	◎
夹渣			◎	◎	●	●	●	◎	●
未熔合	◎		◎	◎	●	●	●	◎	●
未焊透	◎	●	●	◎	●	●	●	◎	●
焊瘤	●	●	●	○	●	●	○		◎
气孔	●	●	○		●	●	●	◎	●
咬边	●	●	●	●	●	●	○		
产品成型产生的缺陷									
裂纹(所有产品成型)	○	●	●	◎	◎	◎	◎		
夹渣(所有产品成型)			◎	◎		●	●	○	○
夹层(板材、管材)	◎	◎	◎					●	
重皮(锻件)	○	●	●	○	◎	◎		○	
气孔(铸件)	●	●	○		●	●	○	○	

① 仅能检测表面开口缺陷的无损检测方法。

② 能检测表面开口和近表面缺陷的无损检测方法。

③ 可检测被检工件中任何位置缺陷的无损检测方法。

注：字母说明，VT—目视检测；PT—渗透检测；MT—磁粉检测；ET—涡流检测；RT—射线检测；DR—X 射线数字成像检测；UTA—超声检测(斜入射)；UTS—超声检测(直入射)；TOFD—衍射时差法超声检测。

符号含义，●—在通常情况下能检测出的缺陷；◎—在特殊条件下能检测出的缺陷；○—在专用技术和条件下能检测出的缺陷。

6.1 射线检测

6.1.1 射线检测原理

6.1.1.1 X 射线与 γ 射线

X 射线、γ 射线与无线电波、红外线、紫外线一样,都是电磁波、光子流,具有波粒二象性。X 射线与 γ 射线传播时产生的干涉与衍射现象体现其波动性,X 射线、γ 射线与物质相互作用体现其粒子性。

电磁波波长 λ、频率 ν 和光速 c 之间的关系为

$$\lambda = \frac{c}{\nu} \tag{6-1}$$

电磁波的能量 E 与频率 ν 的关系为

$$E = h\nu = \frac{hc}{\lambda} \tag{6-2}$$

式中,c 为电磁波波速;h 为普朗克常数,$h = 6.62 \times 10^{-34}$ J·s;ν 为频率。

X 射线和 γ 射线的能量与频率成正比,与波长成反比。频率越高,波长越短,其能量就越高,穿透能力也就越强。

X 射线与 γ 射线具有以下特点。

(1) 具有很强的穿透能力。X 射线与 γ 射线频率很高,波长很短,具有非常高的能量,能穿透可见光不能穿透的物质。

(2) 在真空中直线传播。

(3) 不受电磁场的影响。X 射线与 γ 射线是一种电磁波,不带电,不受电磁场影响,在实际检测中,不需要考虑附近电磁场的影响。

(4) 会发生干涉和衍射现象。

(5) 能杀死生物细胞,过量照射会造成人身伤害,需要做好安全防护。

X 射线通过 X 射线管产生,在 X 射线管里阴阳两极之间施加高直流电压,当阴极加热到白炽状态释放大量电子,电子在高压电场被加速,从阴极高速撞击阳极,从而产生 X 射线。γ 射线由放射性同位素原子核能级跃迁产生,放射性同位素从激发态向稳定态变化过程中,产生 γ 光子。由于原子核能级差大,产生的 γ 射线比 X 射线能量高,波长更短,穿透力更强。在射线检测中,常用的放射性元素都是人工放射性同位素,如 ^{60}Co、^{192}Ir 等。

6.1.1.2 射线与物质的相互作用

X射线与γ射线穿透物质时,射线与物质会发生相互作用,如光电效应、康普顿效应、汤姆逊效应及电子对效应等。

1)光电效应

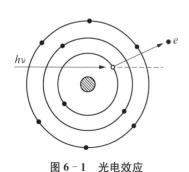

图6-1 光电效应

X射线与γ射线撞击物质原子壳时,将全部能量传递给某个束缚电子,使之发射出去,而X射线与γ射线随之消失的现象,称为光电效应,如图6-1所示。

发生光电效应时,原子吸收了X射线与γ射线的全部能量,发射出去的电子称为光电子。发生光电效应的前提是X射线与γ射线能量必须大于电子的结合能。随着光子能量增加,在发射光电子的同时,还会产生次级X射线和俄歇电子。在实际射线检测中,X射线与γ射线穿透工件与胶片或显像板作用,产生大量光电子和俄歇电子,从而使胶片和显像板感光或接受,才能达到检测目的。

2)康普顿效应

X射线与γ射线撞击物质原子壳时,将部分能量传递给某个束缚电子,将之击出,X射线与γ射线能量降低,方向发生改变的现象,称为康普顿效应,如图6-2所示。

康普顿效应发生在原子束缚最弱的外层,X射线与γ射线的能量传递给击出的电子和散射射线,散射角越大,散射射线的能量就越小,当散射角达到180°时,散射射线的能量最小。

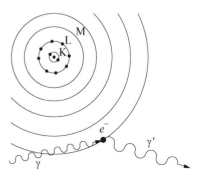

图6-2 康普顿效应

由于康普顿效应产生大量的散射射线,在射线检测中使得底片清晰度下降,灵敏度降低,需要进行一定的屏蔽处理,提高检测质量。

3)汤姆逊效应

X射线与γ射线撞击物质时,原子中电子产生强迫振动形成辐射源,辐射出与原频率、波长相同的散射射线,这种现象称为汤姆逊效应。与康普顿效应不同,汤姆逊效应是一种相干散射,是原子核外所有电子都会产生的效应,但是这种效应产生的散射射线强度很低,对射线检测影响不大。

4)电子对效应

当X射线与γ射线能量足够高,它从原子核旁边经过时,在核库仑场作用下,射线光子可能转化成一个正电子和一个负电子,这种现象称为电子对效应,如图 6-3 所示。电子对效应产生的前提条件是 X 射线与 γ 射线能量大于或等于 1.02 MeV。发生电子对效应后,正电子的寿命很短,与负电子相结合后,很快消失。

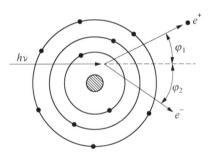

$h\nu$—入射光子;e^+—正电子;e^-—负电子;φ_1、φ_2—正负电子偏转角。

图 6-3 电子对效应

X 射线与 γ 射线透射工件时,发生各种效应,将对射线检测质量产生不同影响。如 X 射线、γ 射线撞击工件,发生光电效应和电子对效应时,射线能量将被吸收;发生康普顿效应和汤姆逊效应时,产生散射射线。因此,在射线检测时,穿透工件的射线包括透射射线和散射射线。

6.1.1.3 射线的衰减

射线在物质中传播时,随着距离的增加,其能量会逐渐减弱的现象,称为射线的衰减。与超声波一样,射线的衰减主要包括吸收衰减、散射衰减及扩散衰减。

1)吸收衰减

射线穿透工件发生光电效应和电子对效应,其射线被吸收而产生的能量衰减,称为吸收衰减。

2)散射衰减

射线穿透工件发生康普顿效应和汤姆逊效应,产生散射且射线能量衰减,称为散射衰减。

3)扩散衰减

射线在传播过程中,由于扩散引起射线能量衰减,称为扩散衰减。射线穿透工件的衰减程度用衰减系数 μ 来表示。

$$\mu = \mu_1 + \mu_2 + \mu_3 + \mu_4 \qquad (6-3)$$

式中,μ_1 为光电效应衰减系数;μ_2 为康普顿效应衰减系数;μ_3 为汤姆逊效应衰减系数;μ_4 为电子对效应衰减系数。

一般情况下,衰减系数与物体密度成正比,常用质量衰减系数 μ_m:

$$\mu_m = \frac{\mu}{\rho} \qquad (6-4)$$

式中,μ_m 为光电效应衰减系数;ρ 为物质密度。

射线的衰减系数与射线能量、材料特性相关,几种材料的衰减系数见表 6-3。

表 6-3　几种材料的衰减系数

射线能量/MeV	水	碳	铝	铁	铜	铅
0.25	0.121	0.26	0.29	0.80	0.91	2.7
0.50	0.095	0.20	0.22	0.665	0.70	1.8
1.0	0.069	0.15	0.16	0.469	0.50	0.8
1.5	0.058	0.12	0.132	0.370	0.41	0.58
2.0	0.050	0.10	0.116	0.313	0.35	0.524
3.0	0.041	0.83	0.100	0.270	0.295	0.482
5.0	0.030	0.067	0.075	0.244	0.284	0.494
7.0	0.025	0.061	0.068	0.233	0.273	0.53
10.0	0.022	0.054	0.061	0.214	0.272	0.6

4）半价层

在实际射线检测中,常用半价层来描述射线的穿透能力。使入射工件的射线能量减少一半的工件厚度,称为半价层,常用 $T_{1/2}$ 来表示,几种材料的半价层 $T_{1/2}$ 见表 6-4。

表 6-4　几种材料的半价层 $T_{1/2}$（单位：mm）

射线能量/keV	铝	铁	铜
50	7.2	0.46	0.3
100	15.1	2.37	1.69
150	18.6	4.5	3.5
200	21.1	6.0	5.0
300	24.7	8.0	7.0
400	27.7	9.4	8.3
500	30.4	10.5	9.3

材料的半价层与入射线的能量、吸收体的原子序数及密度相关。一般情况下,材料的半价层与衰减系数成反比,半价层越大,衰减越小,半价层越小,衰减越大。

6.1.1.4　射线的危害及防护

射线照射人体时,使身体内生物细胞发生电离而受到损伤,当射线摄入量过大时,会引起人体各器官的功能下降,产生各种慢性放射病和急性放射病。射线对人体产生危害的因素包括射线种类、照射方式、一次照射量、照射剂量率、照射均匀性等。

（1）射线种类的影响。不同类型的射线对人体危害不同，如在一定的照射量下，中子射线比 X 射线与 γ 射线的危害更大。

（2）照射方式的影响。不同的照射方式对人体危害也不相同，同种射线在一定的照射量下，一般内照射比外照射危害大。

（3）一次照射量的影响。一次照射量越大，对人体危害越严重。

（4）照射剂量率的影响。照射总剂量相同，剂量率越大，对人体的危害越大。

（5）照射均匀性的影响。在相同照射剂量条件下，集中照射比分次照射危害大。

（6）照射部位的影响。射线对人体的危害与照射部位有关。人体各器官对射线的敏感程度不同，一般腹部最敏感，头部次之，四肢最不敏感，在射线检测时要重点对敏感器官进行防护。

在射线检测过程中，射线对人体的危害是客观存在，必须采取一定的防护方法来降低射线对人体的危害程度。常用的防护方法有时间防护、距离防护和屏蔽防护等。

（1）时间防护。在射线检测中，辐射场中检测人员受照射的累积剂量与时间成正比，因此，在照射率不变的情况下，缩短照射时间便可减少人体受到的照射剂量，使检测人员受到的照射剂量控制在标准范围内，从而达到射线防护的目的。

（2）距离防护。在射线检测中，当时间受到工艺操作限制时，需要增加检测人员与射线源之间的距离来降低人体受到的照射剂量。一般射线检测辐射源焦点很小，辐射场中各点的照射量、吸收剂量均与距离的平方成反比，因此在实际射线检测中，充分利用控制电缆长度来减小人体的照射剂量。

（3）屏蔽防护。在射线检测中，当照射时间和距离受到限制时，只能选用屏蔽射线的方式进行人体防护。在人体与射线源之间加一层屏蔽物，使射线穿透屏蔽物后的强度变弱，从而达到射线防护的目的。这些屏蔽物包括防护墙、防护门、防护衣服等，如在防护墙、防护门等物体中间加装一层铅板或采用钡水泥（添加有硫酸钡，也称重晶石粉末的水泥）墙等。

根据《电离辐射防护与辐射源安全基本标准》（GB 18871—2002）要求，射线检测人员在检测过程中必须佩带个人计量仪，每年定期进行职业病防护体检，要求个人剂量每年不大于 5 mSv。

6.1.1.5 射线检测原理

射线穿透工件时，由于射线与物质相互作用，发生吸收或散射衰减，衰减程度与物质的密度和厚度有关，如果被透射工件内部存在缺陷时，缺陷与母材的密度不同，对射线的衰减作用不同，导致穿透工件后的射线强度不一样，使得在工件后的底片感光不同，从而实现对工件内部质量的检测。

射线检测技术有很多，包括 X 射线胶片检测（RT）、成像板射线检测（CR[①]）、X 射线荧光实时成像检测（图像增强器）、数字实时成像检测（DR[②]）、射线层析检测（CT）等。

X 射线胶片检测是 X 射线穿透被检测物体后，在胶片上记录检测影像并形成射线底片，在观片灯下进行缺陷评定。

成像板射线检测是 X 射线穿透被检测物体后，在 IP 板上记录检测影像，经过计算机软件进行数据读取并进行缺陷评定。

数字实时成像检测是 X 射线穿透被检测物体后，由射线接收/转换装置接收并转换成模拟信号或数字信号，经半导体传感技术、计算机图像处理技术及信息处理技术等信息处理，在显示器上直接显示检测影像并进行缺陷评定。

X 射线胶片检测、成像板射线检测、X 射线荧光实时成像检测（图像增强器）、数字实时成像检测等常规射线检测技术都是将三维物体变为二维图像，存在检测信息叠加，导致被检工件中缺陷位置、形状、大小等信息难以精准测量。

射线层析检测是通过 X 射线对工件一定厚度的层面进行逐层扫描，形成一组射线影像，利用计算机软件进行数据重构，就能得到被检工件的二维断面或三维立体图像。射线层析检测能很好地克服常规射线检测技术的局限性，实现被检工件空间连续性（缺陷检测）、密度连续性（密度测量）、几何尺寸、孔隙率等参数的检测。

在射线胶片检测技术中，底片质量特性用灵敏度、黑度、清晰度来描述，与之相对应，X 射线实时成像检测技术的图像质量特性用灵敏度、灰度、清晰度来描述。

常规射线检测的目的是获得清晰的检测对象影像，胶片检测通常以灵敏度作为底片质量的主要特性，灵敏度是对细小缺陷检测能力的表征。工件中沿射线穿透方向上的最小缺陷尺寸，称为绝对灵敏度。缺陷尺寸占射线穿透工件厚度的百分比，称为相对灵敏度。一般采用像质计指数来表征检测灵敏度。

在射线检测中，图像清晰度是描述图像细节表现能力的物理量，指的是射线影像上影纹及其边界的清晰程度，以相邻两影像之间边界的宽度来表示，边界宽度愈大，图像愈清晰。由于相邻影像之间边界宽度具有不确定性，不容易测量，因此，图像清晰度是非定量概念，常用图像不清晰度来表示相邻影像之间边界的模糊程度。由于 X 射线激发射线产生衍射会使影像边界变得模糊，且射线源不是点光源，存在几何投影误差使影像边界变得模糊，其模糊程度可以通过计算或试验测量，因此，在 X 射线检测中，常用"图像不清晰度"来间接地评价射线图像清晰度。射线图像不清晰度分为几何不清晰度和固有不清晰度，几何不清晰度指射线透照几何条件形成的影像边

① CR，computed radiography 的缩写。

② DR，directdigit radiography 的缩写。

沿虚化现象,影响因素包括射线源焦点尺寸、焦距、不连续边界与成像媒介的距离等。焦点尺寸越小,焦距越大,不连续边界与成像媒介的距离越小,几何不清晰度越小。反之,焦点尺寸越大,焦距越小,不连续边界与成像媒介的距离越大,几何不清晰度越小。固有不清晰度是指在射线直接照射胶片形成的不均匀现象,与射线能量和胶片的类型有关。

6.1.2 射线检测设备与器材

射线检测设备和器材包括射线源、记录媒介、增感屏及像质计等。

6.1.2.1 射线源

射线源是射线检测系统中最重要的组成部分,常用的射线源包括 X 射线机和 γ 射线机。

1）X 射线机

X 射线机如图 6-4 所示,种类比较多。按外形结构划分为便携式 X 射线机和移动式 X 射线机;按用途可分为定向 X 射线机、周向 X 射线机、脉冲 X 射线机、微焦点 X 射线机等。X 射线机由 X 射线管、高压部分、冷却部分、保护部分、控制部分组成。

图 6-4 X 射线机

（1）X 射线管。X 射线管是 X 射线机的核心部件(见图 6-5)。它是一个真空度为 $1 \times 10^{-5} \sim 1.33 \times 10^{-4}$ Pa 的二极管,由阴极(灯丝)、阳极(金属靶)、玻璃壳组成。

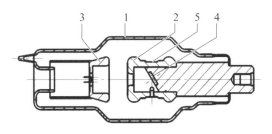

1—玻璃壳;2—阳极罩;3—阴极;4—阳极;5—阳极靶。

图 6-5 X 射线管

阴极发射电子和聚焦电子,由灯丝和阴极罩组成。灯丝由钨丝绕制而成,钨丝的直径和长度取决于 X 射线管的管电流和焦点尺寸,而钨丝绕制的形状取决于焦点的形状,常用的 X 射线管为圆焦点和线焦点(方形或长方形)两种。灯丝的作用是产生热电子,阴极罩的作用是聚焦电子。当阴极通电后,灯丝被加热到白炽状态,产生热电子,在阴极罩电场的作用下聚焦成电子束,在高压电场作用下高速撞击阳极金属靶,产生 X 射线。一般情况下,灯丝加热温度越高,放出的电子越多,得到的管电流也就越大,产生 X 射线强度更大。

阳极由阳极靶、阳极罩和阳极体组成,它的作用是阻止高速电子,产生 X 射线。由于高速电子流撞击阳极靶时,将其 98% 以上的能量转换成热能,因此,阳极靶多用熔点高的金属钨制作。阳极体起支撑并传递金属靶上热量的作用,常用热传递系数较好的铜制作。阳极罩主要用于吸收高速电子流撞击阳极靶时产生的二次电子,常用对 X 射线吸收小的金属铍制作。

玻璃外壳的作用是将 X 射线管密封成高真空,使阴极电子在高压电场作用下加速,顺利飞向阳极,撞击阳极靶,产生 X 射线。

X 射线管直接影响射线检测质量,其性能参数包括焦点、管电压、强度分布、真空度及寿命等。

X 射线管的焦点大小对射线检测底片清晰度有明显影响,焦点越小,底片越清晰。X 射线管焦点分为实际焦点和有效焦点。实际焦点是阳极靶上被高速电子流撞击产生 X 射线的实际面积,有效焦点是指实际焦点在与 X 射线管轴线平行的水平方向上的投影。

管电压是指 X 射线管承载的最大峰值电压,通常在仪器上进行标称。管电压越高的仪器,X 射线的波长越短,穿透能力越强。

X 射线管以一定锥角发射射线,在锥角范围内,X 射线的强度非均匀分布,因此,在射线检测中,要尽可能使工件被检部位与 X 射线管的轴线垂直,以便得到黑度均匀的底片。

X 射线管必须在真空度为 $10^{-5} \sim 1.33 \times 10^{-4}$ Pa 条件下才能正常工作,因此,在实际射线检测中,应尽可能降低阳极靶温度,防止过热释放气体,导致 X 射线管真空度下降,造成 X 射线管击穿。

X 射线管的寿命与工作负荷有直接关系,长期高负荷运行,将直接影响 X 射线管的寿命。

(2)高压部分。包括高压变压器、灯丝变压器、高压整流管、高压电容及高压电缆。

(3)冷却系统。X 射线机冷却系统的质量直接影响 X 射线管的寿命和连续工作时间。常用的冷却方式包括油冷却、水冷却及自冷却。

（4）保护部分。X 射线机的保护部分可防止电气设备发生短路或高压放电导致设备损坏或人身安全事故。保护部分包括保险丝、过压继电器、零位控制器、油温开关等。

（5）控制部分。控制部分用于控制 X 射线机工作，调节 X 射线机管电压、管电流及曝光时间等。

2）γ 射线机

与 X 射线机相比，γ 射线机具有体积小、重量轻、穿透力强、操作简单等优点。γ 射线机主要包括 γ 射线源、保护罐、导管及控制机构等。

γ 射线源必须具有足够的能量、合适的半衰期及较小的焦点等。常用的 γ 射线源都是人工放射性同位素，如 ^{60}Co、^{192}Ir、^{137}C$_s$ 等。在实际射线检测中，γ 射线的能量比 X 射线高，强度比 X 射线低，因此，γ 射线检测曝光时间要比 X 射线长。

保护罐用来存储 γ 射线源，常用铅或贫化铀制作。导管用于 γ 射线源的传输，通过控制机构实现 γ 射线源的输出与回收。

与 X 射线机相比，γ 射线机的优点：① 穿透能力强，检测工件厚度大；② 体积小、重量轻、不用水和电，适合野外工作；③ 周向曝光，效率高，适合球罐类工件检测；④ 设备故障低，可以连续工作，不受温度、压力等外界环境影响。

γ 射线机的缺点：① γ 射线源有一定半衰期，使用一段时间需要进行更换；② 射线源能量固定，无法根据工件厚度进行调节；③ 清晰度不如 X 射线机好；④ 安全防护要求高。

3）电子直线加速器

电子直线加速器利用电子在微波电场内不断加速的原理，使电子加速在管内沿直线运动，获得一定能量后撞击金属靶材产生 X 射线。电子直线加速器结构比较简单，体积小，输出的 X 射线能量可高达 15 MeV，但是焦点较大，价格昂贵。常用的电子直线加速器能量为 1～9 MeV，焦点为 1～3 mm。

电子直线加速器一般用于医学和工业 CT 系统，是 CT 系统的关键部件，其质量直接影响 CT 系统综合性能。与 X 射线机相比，电子直线加速器发射的射线具有特点：① 穿透能力很强；② 散射线少，清晰度高；③ X 射线能量转换率高；④ 检测厚度相差较大的工件时不需要进行补偿。

6.1.2.2　射线检测的记录媒介

射线检测的记录媒介很多，包括胶片、CR 成像板、DR 成像板等。

1）胶片

与一般的感光胶片不同，射线胶片是在胶片片基两面涂结合层、感光乳剂层和保护层的专用胶片。片基是胶片基体，常用聚酯材料、醋酸纤维等材料制作，片基较薄，韧性好，强度高。结合层的作用是增强感光乳剂层对片基的附着力，防止感光乳剂层在胶片冲洗加工时从片基上脱落下来。感光乳剂层是胶片的重要部分，由卤化银、明胶、光学增感材料等组成，用于记录射线曝光后形成的影像。保护层是防止感光乳剂层受到机械损伤和污物黏染造成的伪影。保护层是一层透明坚硬的高分子材料，厚度为 $1\sim2~\mu m$。

射线胶片感光乳剂层卤化银颗粒大小及均匀性直接影响胶片成像质量，一般颗粒大小为 $1\sim5~\mu m$，颗粒越小，成像分辨率越高，但感光速度会变慢，增加曝光时间，因此，只有检测细小缺陷时才选用微粒或超微粒的胶片。

2）CR 成像板

CR 成像板是 X 射线影像信息的采集部件，其外观和结构形式与 X 线射线用的增感屏一样，由保护层、成像层、支持层和背衬层复合而成。成像层的氟卤化钡晶体是记录影像的核心材料，晶体内的化合物经过 X 射线照射后可将接收到的 X 射线模拟影像以潜影的形式储存在晶体内。一般来说，这种信息潜影在 CR 成像板中留存时间可达 8 h 以上。当需要分析潜影信息时，可用激光束扫描成像板激发储存在晶体内的潜影能量，使之转换成荧光输出。

3）DR 成像板

在数字化射线检测中，射线能量转换成电信号是通过 DR 成像板来实现的，所以 DR 成像板的特性会对射线检测图像质量产生比较大的影响。DR 成像板分为非晶硒成像板和非晶硅成像板，如图 6-6 所示。从能量转换的方式来看，非晶硒成像板属于直接转换成像板，非晶硅成像板属于间接转换成像板。非晶硒成像板用于医学人体检测，非晶硅成像板用于工业 X 射线检测。

图 6-6　DR 成像板

非晶硅平板由碘化铯等闪烁晶体涂层与薄膜晶体管、电荷耦合器件、互补型金属氧化物半导体构成。首先闪烁晶体涂层将 X 射线的能量转换成可见光，然后通过

TFT、CCD、CMOS 等元件将可见光转换成电信号。由于在转换过程中可见光会发生散射,对空间分辨率会产生一定的影响,因此,一般将闪烁体加工成柱状,以提高对 X 射线的利用及降低散射影响。

DR 成像板不能进行弯曲,其重要技术参数包括像素矩阵、像素间距、空间分辨率及耐压范围,在使用时应注意不要超过最大工作压力,以免使得 DR 成像板出现坏点、伪影等问题。

6.1.2.3 增感屏、像质计和黑度计

1) 增感屏

X 射线的波长短、穿透力强,感光能力比较弱,一般情况下,只有 2% 的能量使胶片感光,为了提高射线检测的效率,在射线检测胶片两侧贴放一种能增强胶片感光作用的辅助器材,这种器材称为增感屏。

增感系数 K 是增感屏的重要性能参数,是指在相同透照条件下获得同一黑度,不用增感屏与使用增感屏所需曝光时间的比值。

常用的增感屏有金属增感屏、荧光增感屏及金属荧光增感屏。金属增感屏增强感光作用较弱,但成像的清晰度和灵敏度高,一般用于检测质量要求较高的工件。荧光增感屏增强感光作用强,但成像的清晰度和灵敏度低,一般用于检测质量要求不高、大尺寸的工件。金属荧光增感屏增强感光作用较强,一般用于检测质量要求不高且工件尺寸较大的工件。

在使用增感屏时,应保持增感屏表面光洁平整,与胶片贴紧,放入或取出时防止与胶片摩擦产生荧光,使胶片感光,影响检测质量。

2) 像质计

像质计(见图 6 - 7)是用来检查和定量评价射线底片影像质量的工具,又称为透度计。像质计通常采用与被检工件材质相同或射线吸收系数相似的材料制作。像质计上加工一些人工缺陷,如槽、孔、丝等,其尺寸根据被检工件的厚度进行选择,如常用的金属丝型像质计。

图 6 - 7　像质计

底片上发现最小像质计尺寸称为像质计灵敏度,底片上发现的最小实际缺陷尺寸称为射线检测灵敏度,一般情况下,像质计灵敏度高,其射线检测灵敏度也高。在实际射线检测中,常说的射线检测灵敏度就是指像质计灵敏度。

3)黑度计

底片的黑度是指垂直入射到底片前可见光强度与透过底片的可见光的强度之比。底片的黑度用黑度计来测量,射线检测常用数显式黑度计。黑度计应定期进行校验。

6.1.3 射线检测通用工艺

射线检测通用工艺是根据检测对象、检测要求及相关检测标准要求而确定的,主要包括检测前准备、检测系统的选择、透射布置、技术参数的选择、检测、图像处理及质量要求、质量评定与分级、记录与报告。

(1)检测前准备。检测前要熟悉并检查被检工件及现场检测条件是否符合标准要求,登高时,必须佩戴安全带,挂在牢固处,所带物品可靠放置,避免坠落,现场设置射线检测的控制区和管理区,做好安全警戒标记。

(2)检测系统的选择。DR数字射线成像系统中射线机、成像板、系统软件、计算机系统的性能应满足《承压设备无损检测 第11部分:X射线数字成像检测》(NB/T 47013.11—2015)的相应要求。

检测用工装应依据所采用的检测设备和检测方法进行设计,确保能够牢固地固定X射线机及成像系统。

(3)透射布置。透照时,射线机、成像板如图6-8所示进行布置,并使X射线束中心垂直指向透照区中心。成像板宜紧贴工件,保持与工件平行,不得产生弯曲变形。如现场条件受限不能紧贴时,应适当拉大焦距。在透照时,不应直接朝向有人方位。

(4)技术参数的选择。

① 焦距。透射焦距应满足

$$F \geqslant (d+1)f_2 \qquad (6-5)$$

式中,F 为焦距(mm);d 为射线机的焦点直径或当量直径(mm)。

② 管电压。检测时,管电压应根据透照厚度进行选择,如电网耐张线夹压接质量检测参照表6-5进行选择,并根据透照质量进行调整。调整时,在保证曝光量的前提下,尽量选择较低的管电压。

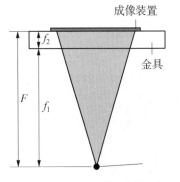

F—焦距;f_1—射源与金具间距离;f_2—金具与成像板间距离。

图6-8 透射布置

表6-5 耐张线夹压接质量检测推荐透照管电压/脉冲数

被检设备	检测部位	射线机类型	管电压/脉冲数
耐张线夹	钢锚和铝管压接部位、铝管和绞线压接部位	常规射线机	60～110 kV
		脉冲射线机	15～50 个脉冲
	钢锚压接部位	常规射线机	100～160 kV
		脉冲射线机	30～90 个脉冲
接续管	铝管和绞线压接部位	常规射线机	60～110 kV
		脉冲射线机	15～50 个脉冲
	钢接续管压接部位	常规射线机	100～160 kV
		脉冲射线机	30～90 个脉冲

③ 曝光量。在实际检测时,应按照检测速度、检测设备和检测质量的要求,通过调节管电流和曝光时间等参数来选择合适的曝光量。

(5)检测。按照仪器操作规程和作业指导书进行检测,在检测时每组有效的射线图像应做好标记,包括工程名称、电压等级、工件编号、透照日期等信息。识别标记可由计算机写入,但应保证不能被随意更改,同时提交原始电子文件。

(6)图像处理及质量要求。采用 DR 数字射线检测技术进行检测时,应采用专用软件获取数字图像,且应采用不可更改的格式存储原图。必要时,可采用系统软件对数字图像黑度、对比度等功能进行调节,不得随意更改关键图像信息。

检测图像质量应满足标记齐全、清晰、完整,且不应遮挡重点部位;同一工件检测得到的一张或多张图片,应能反映该工件所有被检部位结构信息;图像黑度、对比度应适当,被检测部位影像清晰,各不同材质或部件之间界限清晰;图像上应无干扰缺陷识别或测量的其他构件影像或伪像。

(7)质量评定与分级。按照相应产品技术条件或相关技术标准要求,对工件检测质量进行评定。

(8)记录与报告。按相关技术标准要求,做好原始检测记录及检测报告编制审批。

6.2 超声检测

6.2.1 超声检测原理

超声波是声波的一种,是频率高于约 20 000 Hz 的声波,因其频率太高不能被人类听到被称为超声波。超声波属于机械波,其实质是机械振动能量在介质中传播的过程。产生机械波必须具备两个基本条件:要有作为机械振动的波源和有能传播振动能量的弹性介质。

超声波之所以能在无损检测中获得广泛的应用,主要由于超声波具有以下几方面的特性。

(1)具有良好的方向性。超声波是频率高、波长短的机械波。在工业超声波检测中,一般使用的超声波波长为毫米级,声源的尺寸一般都大于波长数倍以上,因此具有良好的指向性,频率越高指向性越好,能以很狭窄的波束向介质中传播,从而易于发现并确定缺陷位置。

(2)具有高能量。超声波检测频率远高于声波,而声强与频率的平方成正比,因此超声波的能量远大于声波的能量。如 1 MHz 的超声波传播能量相当于 1 kHz 的声波传播能量的 100 万倍。

(3)能在界面上产生反射、折射和波型转换。超声波传播遇到不同介质界面时,由于介质的物理特性差异,因此在界面上产生反射、折射,并伴有波型转换发生。在超声波检测中,利用这些特性,可以通过分析异质界面的反射及折射波来评判缺陷;还可以在通过波型转换,获得检测中所需的波型。

(4)穿透能力强。超声波在大多数介质中传播时,传播能量损失小,传播距离大,穿透能力强,在一些特殊部件超声检测中甚至可达数十米远。

超声波的主要物理量有频率、波长和波速。

(1)频率,用 f 表示,主要与激励产生超声波的振源有关。频率的常用单位为Hz(赫兹),通常采用 kHz(千赫)、MHz(兆赫)。

(2)波长。超声波经过一个完整周期所传播的距离,称为波长,用 λ 表示,在实际应用中,常用相邻的两个波峰或波谷之间的距离表示。波长的常用单位为 mm。

(3)波速。超声波在介质中单位时间内传播的距离称为波速,用 c 表示,波速的常用单位为 m/s。

波速、波长、频率之间关系为

$$\lambda = \frac{c}{f} \qquad\qquad (6-6)$$

式中, λ 为波长(mm); c 为波速(m/s); f 为频率(Hz)。

由式(6-6)可知,波长与波速成正比,与频率成反比。当频率一定时,波速越高,波长就越长;当波速一定时,频率越低,波长就越长。

1)超声波的类型

在超声检测中主要应用的波型有纵波、横波、表面波、板波等。

（1）纵波。介质中质点的振动方向与波的传播方向一致的波称为纵波,常用 L 表示,如图 6-9 所示。

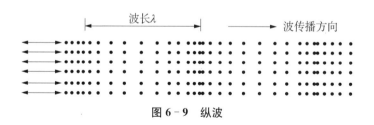

图 6-9　纵波

纵波中介质质点受到交变拉压应力作用并产生伸缩形变,故纵波也称为压缩波。凡是能承受拉伸或压缩应力的介质都能传播纵波,因此纵波是唯一在固体、液体和气体中均可传播的波型,其在工业超声检测中获得广泛应用。

（2）横波。介质中质点的振动方向与波的传播方向相互垂直的波称为横波,常用 S 或 T 表示,如图 6-10 所示。

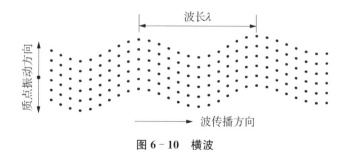

图 6-10　横波

横波中介质质点受到交变剪切应力作用并产生切变形变,故横波也称为剪切波。只有固体介质才能承受剪切应力,因此横波只能在固体介质中传播而不能在液体和气体介质中传播。

（3）表面波。介质表面在交变应力作用下产生沿介质表面传播的波称为表面波,用 R 表示,如图 6-11 所示。

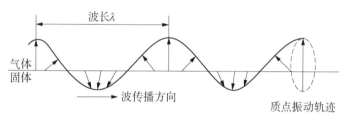

图 6-11　表面波

表面波只能在固体介质表面传播,其能量随传播深度的增加迅速减弱,在工业超声检测中一般把沿材料表面深度方向约 1 个波长的深度作为有效检测范围。

(4)板波。在板厚与波长相当的薄板中传播的波称为板波。

根据质点振动方向,板波可以分为 SH 波和兰姆波,在工业超声检测中,板波可用于薄板的分层、裂纹等缺陷及复合材料黏接质量的检测。

(5)爬波。当纵波以接近第一临界角斜入射时,被检介质中产生接近表面传播的纵波,称为爬波。爬波非常适合探测近表面的裂纹缺陷,对表面深度 1~9 mm 内的缺陷检测有效,常用于检测支柱绝缘子及瓷套法兰口附近的裂纹。

(6)导波。超声波在存在两个平行边界的工件中传播时,遇到界面不断发生反射及波型转换而形成的一种超声波,称为导波。导波具有频散特性及多模态,以波导的形式在介质中传播,能同时检测内部缺陷和表面缺陷;由于导波传播衰减小,可以传播非常远的距离,因此超声导波技术非常适用于 GIS 组合电器及管母质量检测。

2)超声场的特征值

超声波传播过程中涉及的介质空间称为超声场,常用声压、声强、声阻抗等特征值进行描述。

(1)声压。当超声波在介质中传播时,由于介质质点发生振动,以致原来处于平衡状态的质点承受一个附加压强的作用,这种附加压强与静态压强之差称为超声波的声压,用 p 表示。

$$p = \rho c v = \rho c v_0 \sin \omega t \tag{6-7}$$

式中,ρ 为介质密度;c 为声速;v 为质点的振动速度;v_0 为质点振动速度的振幅值;ω 为角频率;t 为时间。

在超声检测中,超声检测仪器显示的信号幅值与声压成正比关系,其反映缺陷的当量大小。

(2)声阻抗。超声场中任一点声压与质点振动速度之比称为声阻抗,用 z 表示。

$$z = \rho c \tag{6-8}$$

式中,ρ 为介质密度;c 为声速。

(3)声强。单位时间内通过垂直于声波传播方向上单位面积的声波能量称为声强,用 I 表示。

$$I = \frac{1}{2} \rho c A^2 \omega^2 = \frac{1}{2} \frac{p^2}{Z^2} \tag{6-9}$$

式中,p 为声压;ρ 为介质密度;c 为声速;ω 为角频率;A 为声源面积。声强与超声波频率的平方成正比,与声压的平方成正比。一般超声波的频率较大,所以超声波的能量较强,这是超声波能够应用于无损检测的重要原因。

（4）分贝。在超声波检测中,常用声强之比或声压之比来表示信号幅值,当超声仪器的垂直线性较好时,仪器显示波高与声压成正比,则

$$\Delta = 20\lg\frac{p_2}{p_1} = 20\lg\frac{H_2}{H_1}(\mathrm{dB}) \tag{6-10}$$

式中,H_1 为反射体 1 在仪器显示屏上的波高,H_2 为反射体 2 在仪器显示屏上的波高。

3）超声波的反射、折射及波型转换

当超声纵波 L 倾斜入射到介质界面时,会产生反射、折射及波型转换现象,如图 6-12 所示各种超声反射波和折射波遵循反射、折射定律。

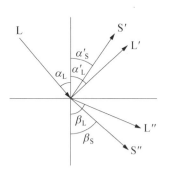

图 6-12 超声波反射、折射图

$$\frac{\sin\alpha_L}{c_{L1}} = \frac{\sin\alpha'_L}{c_{L1}} = \frac{\sin\alpha'_S}{c_{S1}} = \frac{\sin\beta_L}{c_{L2}} = \frac{\sin\beta_S}{c_{S2}} \tag{6-11}$$

式中,c_{L1}、c_{S1} 为第一介质中纵波、横波波速;c_{L2}、c_{S2} 为第二介质中纵波、横波波速;α_L、α'_L 为纵波入射角、反射角;β_L、β_S 为横波入射角、反射角;α'_S 为横波反射角。

随着 α_L 增加,β_L 也增加,当 $\beta_L = 90°$,此时纵波入射角称为第二临界角,用 α_1 表示。

当 $\beta_S = 90°$,此时纵波入射角称为第二临界角,用 α_2 表示。

当 $\alpha_1 > \alpha_L > \alpha_2$ 时,第二介质中只有横波,没有纵波,这是横波探头的制作原理。

当 $\alpha_L \geqslant \alpha_2$ 时,第二介质中,既无横波,也无纵波,只有介质表面波,这是表面波探头的制作原理。

4）波的干涉和衍射

当频率相同、波型相同、相位相同的两列超声波相遇时,会使某些区域的振动加强,某些区域的振动减弱,而且振动加强的区域和振动减弱的区域相互隔开,这种现象称为波的干涉。产生干涉现象的波称为相干波,相干波现象的产生是相干波传播到各点时波程不同所致。当波程差等于波长的整数倍时,合成振幅达到最大值,当波程差等于半波长的奇数倍时,合成振幅达到最小值。

在均质弹性介质内传播的超声波遇到与基体声阻抗不同的异质界面的障碍物（如缺陷）时,根据惠更斯-菲涅耳原理,该异质界面上的每一个点都可以看作是发射子波的波源,产生球面子波,其后任意时刻,这些子波波前相切的包络面就是新的波阵面,这种现象称为波的衍射。在超声检测中,可利用缺陷两端点的衍射波做端部峰

值法测长,衍射时差法(TOFD)超声检测就是利用检测到的缺陷上下边缘的衍射波,通过计算得到缺陷在被检工件(如焊缝)中的垂直高度。

5) 超声波的衰减

超声波在介质中传播时,随着距离增大,能量逐渐减弱的现象称为超声波衰减,超声波衰减包括扩散衰减、散射衰减和吸收衰减。

扩散衰减。超声波在传播过程中,由于波束的扩散,使得超声波能量随着距离增加而减弱的现象称为扩散衰减,其大小与声束扩散角有关,即与声束的指向性有关,与探头的压电晶片尺寸及超声波在传声介质中的波长相关。

散射衰减。超声波在传播过程中,遇到阻抗不同的界面会产生散乱反射导致能量衰减的现象称为散射衰减。散射衰减与介质晶粒有关,介质晶粒粗大,则散射衰减严重。

吸收衰减。超声波在传播过程中,由于介质中振动摩擦和热传导导致超声波能量衰减的现象称为吸收衰减。

6) 近场区和半扩散角

在超声场中,近场区及半扩散角是关键技术指标。

(1) 近场区。超声场近场区长度为

$$N = \frac{D_s^2 - \lambda^2}{4\lambda} \approx \frac{F_S}{\pi\lambda} \qquad (6-12)$$

式中,D 为晶片直径;λ 为传声介质中的超声波长;F_S 为声源(晶片)辐射面积。

由于近场区内声压分布不均匀,处在声压较小处较大缺陷回波较低,声压较大处较小缺陷回波较高,容易引起误判,甚至漏检,因此应合理选择频率、晶片尺寸大小来避免近场区检测。

(2) 半扩散角。超声场声束半扩散角为

$$\theta = \arcsin\frac{1.22\lambda}{D} \qquad (6-13)$$

或近似为

$$\theta = 70\frac{\lambda}{D} \qquad (6-14)$$

式中,θ 为声束半扩散角;λ 为超声波在传声介质中的波长;D 为圆形压电晶片的名义直径。

增加探头直径,提高检测频率,则半扩散角将减小,从而可以改善波束指向性,使超声波能量集中,提高检测灵敏度。

7) 规则反射体的回波声压

在超声波检测中,常用缺陷反射回波声压的高低来评价缺陷大小,而工件中缺陷形状、性质各不相同,很难准确识别缺陷的真实大小和形状,因此引用当量法,也就是用规则反射体的回波声压与缺陷回波声压进行比较,当两者相同时,即认为此规则反射体尺寸就是缺陷当量尺寸。超声波检测中常用的规则反射体有平底孔、长横孔、短横孔、大平底等。

(1) 平底孔。圆平面(平底孔)回波声压(圆平面与声轴线垂直,声轴线通过圆心)为

$$p_F = p \frac{\pi \Phi_F^2}{4\lambda x} \tag{6-15}$$

式中,p_F 为探头接收到的平底孔回波声压,p 为入射到平底孔时的声压,Φ_F 为平底孔直径,x 为平底孔到波源的距离。

(2) 长横孔。长横孔回波声压(孔长大于声束直径,声轴线与孔轴线垂直并通过孔长的中心)为

$$p_L = \frac{p}{2} \frac{\Phi_L^{\frac{1}{2}}}{2x} \tag{6-16}$$

式中,p_L 为探头接收到的长横孔回波声压,p 为入射到长横孔时的声压,Φ_L 为长横孔直径,x 为长横孔到波源的距离。

(3) 短横孔。短横孔回波声压(孔长不超过声束直径,声轴线与孔轴线垂直并通过孔长的中心)为

$$p_S = p \frac{l}{2x} \frac{\Phi_s^{\frac{1}{2}}}{\lambda} \tag{6-17}$$

式中,p_S 为探头接收到的短横孔回波声压,p 为入射到短横孔时的声压,Φ_s 为短横孔直径,l 为短横孔长度,x 为短横孔到波源的距离。

(4) 大平底。大平底面回波声压(声轴线与大平底面垂直)为

$$p_B = \frac{p}{2} \tag{6-18}$$

式中,p_B 为探头接收到的大平底面回波声压,p 为入射到大平底面时的声压。

(5) 横槽。横槽回波声压(槽长大于声束直径,声轴线与槽轴线垂直并通过槽长的中心)为

$$p_c = \frac{pU}{(2\lambda x)^{\frac{1}{2}}} \tag{6-19}$$

式中，p_c 为探头接收到的横槽回波声压，p 为入射到槽侧壁面时的声压，U 为横槽的长度，x 为横槽到波源的距离。

8）超声检测原理

超声检测是利用材料及其缺陷的声学性能差异，对超声波传播波形反射和穿透的能量变化来检验材料内部缺陷的无损检测方法。其检测原理：超声探头激励脉冲超声波进入到工件，当遇到有声阻抗差异的界面时（声阻抗差异往往是由于材料中某种不连续性造成，如裂纹、气孔、夹渣等），超声波会在介质界面产生反射，反射波被检测仪器接收和分析，从而确定缺陷位置、大小等。

6.2.2 超声检测设备与器材

超声检测设备与器材包括超声检测仪、探头、试片、耦合剂及机械扫查装置等。

1）超声检测仪

超声检测仪是超声检测的主体设备，其作用是激励探头发射超声波，同时接收探头转换的电信号，以一定方式显示出来，从而得到被检工件相关信息。超声检测仪主要由发射电路、同步电路、接收放大电路、扫描电路、显示电路等组成。它的工作原理是同步电路产生的激发脉冲同时加载扫描电路和发射电路。扫描电路受激发在仪器上显示一条扫描时基线，同时，发射电路受激发产生高频脉冲，施加至探头产生超声波，超声波在工件中传播，遇到缺陷产生反射、衍射和波型转换，被探头接收，通过接收放大电路，在仪器上对应的位置显示缺陷波幅。

按照波型显示，超声波检测分为 A 型显示、B 型显示和 C 型显示。

超声波 A 型显示采用点扫描检测方式，是将超声信号的幅值与传播时间的关系以直角坐标的形式显示出来。在屏幕上，横坐标代表时间，纵坐标代表反射波幅值。当超声波在均匀介质中传播时，声速是恒定的，传播时间可转换成传播距离，从而确定缺陷位置，回波幅值可以确定缺陷当量尺寸。超声 A 型显示是一维数据，只能反应被检工件内缺陷位置及当量尺寸，不能显示缺陷的形状及性质等详细信息。

超声波 B 型显示采用线扫描检测方式，是将探头在工件表面沿着一条线扫查时的距离与声传播时间的关系以直角坐标的形式显示出来。在信号处理过程中，将时间轴上不同深度的信号幅值记录下来，在每个探头移动位置沿时间轴用不同颜色显示出信号的幅值。超声 B 型显示是二维数据，可以得出工件中缺陷位置、取向与深度及幅值信息。

超声波 C 型显示采用面扫描检测方式，探头在工件表面进行二维扫查，仪器显示屏的二维坐标对应探头的扫查位置，显示在对应的探头位置上某一深度范围缺陷的二维形状与分布。超声 C 型显示是二维数据，它只能反映被检工件中缺陷的水平投影位置，不能给出缺陷的埋藏深度。

按照技术应用,超声波检测仪可分为 A 型脉冲超声检测仪、相控阵超声检测仪、TOFD 超声检测仪、超声导波检测仪等。A 型脉冲超声检测仪是最早开发的一款超声波检测仪器,具有操作简单、结构小巧、适用性强等优点,广泛用于电网设备无损检测。相控阵超声检测仪是通过控制探头激发超声波束的偏转和聚焦来实现工件的无损检测,它能实现工件中缺陷的 A 型显示和 C 型显示,十分直观、可靠。TOFD 超声检测仪是利用超声波衍射现象来实现工件检测,它能实现工件中缺陷的 B 型显示,主要用于裂纹、缝隙等缺陷检测。超声导波检测仪利用超声导波来实现工件检测,主要用于管道、容器等设备的长距离检测。

2)探头

超声波探头主要用来激励和接收超声波,与超声波仪器一样,它也是超声波检测系统中最重要的组件之一,分为压电效应、磁致伸缩效应、洛伦兹力效应三种工作方式。

晶体材料在交变应力(交变电场)作用下产生交变电场(交变应力)的现象,称为压电效应。压电超声波探头采用具有压电效应的晶片(石英、硫酸锂等),在高频电脉冲作用下,将电能转换成声能,激发超声波;反之,当探头接收超声波时,会将声能转换成电能。压电超声波探头多用于常规超声波检测、相控阵超声波检测及 TOFD 超声检测。

磁致伸缩效应是指磁性物质在磁化过程中因外磁场条件的改变而发生几何尺寸可逆变化的现象。磁致伸缩探头一般采用具有电磁能与机械能可相互转换的功能材料,如镍、铁、钴、铝类合金与镍铜钴铁氧陶瓷。

洛伦兹力效应是指材料在交变电场作用下产生洛伦兹力,引起材料局部机械振动,产生超声波。洛伦兹力探头与磁致伸缩探头相似,都属于电磁超声探头,主要用于长距离超声导波检测。

超声波探头种类很多,根据波型不同,可分为纵波探头、横波探头、爬波探头等;根据晶片数量不同,可分为单晶探头、双晶探头等;根据应用不同,可分为相控阵超声探头、TOFD 超声探头、超声导波探头等,如图 6 - 13 所示。

直探头是入射角为 0°的探头,可以激发纵波或横波,以探头直接接触工件表面的方式进行垂直入射检测,主要用于检测与检测面平行或近似平行的缺陷,如板材、锻件检测等。

斜探头是利用楔块使压电晶片激发的纵波声束倾斜入射工件,根据波型转换原理,得到设计好的波型和角度在工件传播。斜探头一般以钢种折射角进行标称,常见的有 45°、56.3°、63.4°、68.2°、71.6°,对应 K1、K1.5、K2、K2.5、K3。实际检测中,由于楔块磨损会导致斜探头原定的入射角、折射角、入射点位置会发生变化,因此需定期对斜探头的相关技术参数进行测定,保证检测质量。

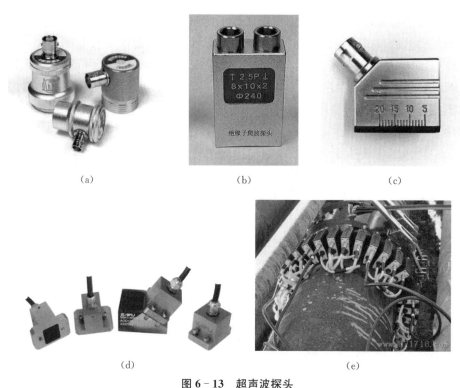

图 6‑13　超声波探头

(a) 直探头；(b) 爬波探头；(c) 斜探头；(d) 相控阵探头；(e) 超声导波探头

　　表面波探头与斜探头工作原理类似，是指晶片激发的纵波入射角等于或稍大于第二临界角，会在工件表面产生表面波，主要用于检测工件表面裂纹类缺陷。

　　小角度纵波探头也属于斜探头类型，与斜探头不同的是其声波在楔块内入射角小于第一临界角的 1/2，主要是在这个范围内折射的纵波分量较强而折射的横波分量较弱。小角度纵波探头常用于一些纵波直探头由于结构限制无法使用的场合的超声检测，如绝缘子与底座法兰镶嵌处裂纹缺陷及连接螺栓疲劳裂纹检测等。

　　爬波探头是利用楔块中纵波波束以接近第一临界角入射工件界面而产生爬波。爬波探头分为单晶和双晶两种类型，双晶爬波探头比单晶爬波探头具有更好的检测效果，具有盲区小、检测灵敏度高、信噪比高等优点。爬波探头主要用于绝缘子与底座法兰镶嵌处裂纹缺陷检测。

　　相控阵超声探头是多个晶片以一定规则排列构成的探头，分为线形(线阵列)、面形(二维矩形阵列)和环形(圆形阵列)三种方式。常用线形相控阵超声探头，它通过控制单元按照一定的延迟时间规则发射和接收超声波，从而动态控制超声波束在工件中的偏转和聚焦，提高检测效率与缺陷检出率。

　　超声导波探头分为压电效应、磁致伸缩效应、洛伦兹力效应三种工作方式，每种工作方式的适用范围有一定区别,磁致伸缩效应和洛伦兹力效应超声导波探头常用于管道超声导波检测,压电效应超声导波探头与普通超声探头类似,可用于各种工件超声导波检测。

3) 试块

为了保证检测结果的准确性,必须用已知固定特性的试样对检测系统进行校准,这种按一定用途设计制作的具有简单几何形状的人工反射体或模拟缺陷的试样称为试块。试块主要分为标准试块、对比试块和模拟试块。

标准试块由权威机构制定,其特性与制作要求有专门的标准规定。标准试块的声速与标称值误差不超过±1%;室温下声波衰减也有标准要求;用超声纵波直射检测时试块不应存在超过最小人工相对平底孔反射回波幅值 20% 的缺陷回波。标准试块主要用于系统性能测试校准和检测校准。如检测系统性能测试标准试块 IIW,如图 6-14 所示,钢板检测用标准试块 CBⅠ、CBⅡ,锻件检测

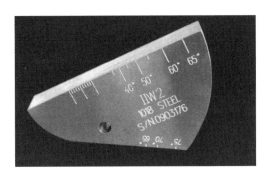

图 6-14　标准试块 IIW

用标准试块 CSⅠ、CSⅡ、CSⅢ,焊缝接头检测用标准试块 CSK-IA 等。

对比试块是以特定方法检测特定工件而制作的试块。其制作材质与相应被检工件的化学成分、组织状态相似;声学性能应与被检工件相同或接近,两者误差一般要求不超过±1%。对比试块主要用于检测及评估缺陷的当量尺寸,以及将所检出的不连续信号与试块中已知反射体产生的信号相比较。如锻件检测用对比试块 CS 系列,铝合金焊缝检测对比试块 1 号和 2 号,钢结构焊缝检测对比试块 RB 系列和 SD 系列,TOFD 超声检测专用对比试块 TOFD 系列等,如图 6-15 所示。

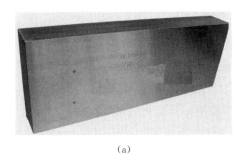

(a)

(b)

图 6-15　对比试块

(a) RB-3 对比试块;(b) TOFD-A 对比试块

模拟试块是含有模拟缺陷的试块,可以是模拟工件中实际缺陷而制作的试块,也可以是以往检测中发现含有自然缺陷的样件。模拟试块用于检测方法的试验、无损检测人员技术评定和验证检测系统的检测能力和检测工艺等。

试块中往往会加工各种各样的人工反射体,这些人工反射体根据用途进行选择,尽可能与需检测的缺陷特征相似。常用的人工反射体主要有平底孔、长横孔、短横孔、横通孔、V型槽、线切割槽等。平底孔具有点状面积型反射体特征,主要用于锻件、钢板等工件超声检测,适用于直探头和双晶探头的检测及校准;长横孔和长通孔反射体反射波幅比较稳定,有线性反射体特征,主要用于工件焊接接头内部裂纹、未焊透、条形夹渣等缺陷检测,适用于各种斜探头的检测及校准;短横孔在近场区为线性反射体特征,在远场区为点状反射体特征,主要用于工件焊接接头各种缺陷检测,适用于各种斜探头的检测及校准;V型槽和线切割槽具有表面开口的线性反射体特征,主要用于钢板、钢管等工件裂纹缺陷检测,适用于各种斜探头的检测及校准。

4)耦合剂

耦合剂是为了改善探头与工件之间声能的传递,在探头与工件表面之间施加的液体。在实际检测中,探头与工件之间有一层薄薄的空气层,导致超声波的入射反射率几乎为100%,严重阻碍超声波入射到工件内,因此,在探头与工件表面之间施加耦合剂,可完全填充探头与工件之间的空隙,使超声波能够顺利传入工件完成检测。另外,耦合剂还有润滑作用,可以减小探头与工件表面之间的摩擦,防止探头磨损过快。

耦合剂必须具有良好的透声性能和润湿性能,水、甘油、化学糨糊、机油等都是常用耦合剂。

6.2.3 超声检测通用工艺

超声检测通用工艺根据检测对象、检测要求及相关检测标准要求进行确定,主要包括检测面选择、仪器和探头选择、仪器调节、扫查方式、缺陷测量、缺陷评定等。

1)检测面的选择

选择检测面前,需了解被检工件材质、规格、结构及需检测缺陷等详细信息,要保证工件被检部位被超声波全覆盖,检测面的表面质量应经外观检查合格,检测面(探头经过的区域)上所有影响检测的油漆、锈蚀、飞溅和污物等均应予以清除,表面粗糙度应符合检测要求,表面的不规则状态不应影响检测结果的有效性。

检测面的选择应考虑待检测缺陷的性质及特征,尽可能使缺陷取向与主声束轴线接近垂直,从而获得最大回波波幅;缺陷性质和特征应根据被检工件材质、结构特点及制造工艺等综合判断;另外,检测面的选择还需与检测技术方法相结合,方便现场检测技术的实施。

2) 仪器和探头的选择

仪器的选择应满足工件检测要求及现场条件要求,同时考虑仪器和探头的水平线性、垂直线性、组合频率、灵敏度余量、盲区(仅限直探头)和分辨力等综合性能。

探头的选择应满足工件结构尺寸、声学性能及所需检测缺陷性质等。探头的主要参数包括探头类型、频率、晶片尺寸和斜探头 K 值等。

探头类型应根据工件形状和所需检测缺陷性质来决定,如直探头用于检测钢板中分层缺陷,斜探头用于检测对接焊缝中夹渣、气孔等缺陷,表面波探头用于检测工件表面裂纹类缺陷。

探头频率应根据工件材质和声学特性来选择,一般来说,晶粒较细的工件,衰减系数较低,可选用较高频率(如 $2.5\sim5.0$ MHz),以提高检测分辨率和检测能力;对于晶粒较粗大的工件,晶粒对超声波散射较大,若频率过高,衰减严重,会产生林状回波,降低检测信噪比,严重时可能无法检测,应选择较低频率,如 $0.5\sim1.5$ MHz。

探头晶片尺寸直接关系到检测分辨率,晶片尺寸增大,半扩散角减小,声束指向性好,有利于提高检测分辨率,同时,近场区增大,对检测不利。因此,在实际检测中,对于较大工件,选择晶片尺寸较大的探头,对于小型工件,选择晶片尺寸较小的探头,探头的晶片尺寸一般不宜大于 500 mm^2,圆形晶片尺寸一般不宜大于 $\Phi25$ mm。

探头的 K 值对缺陷检出率、检出灵敏度等有较大影响,在实际检测中,在保证主声束完全覆盖被检区域下,尽可能使声束轴线与缺陷垂直,对于薄壁工件,选用较小 K 值,对于单面焊接根部未焊透的检测,应选择 K 值为 $0.7\sim1.5$ 的探头,提高端角反射率,从而提高缺陷检出率。

3) 耦合和补偿

超声波在探头与工件之间传播,需施加一层耦合剂,耦合剂的厚度、工件与试块表面质量差异、工件与试块形状差异等因素直接影响耦合效果,当超声波透过耦合层进入工件时,会发生一定的能量损失,因此需要进行适当的耦合补偿,耦合补偿可以按相关标准进行测定,一般耦合补偿为 $2\sim6$ dB。

4) 扫描速度的调节

仪器示波屏上时基扫描线的水平刻度值与实际声程的比例关系称为扫描速度。

对于数字式探伤仪,缺陷位置参数是根据超声波传播时间、材料声速和探头折射角由仪器计算并显示出来的,仪器调节主要是零位调节、声速调节和探头延迟、斜探头 K 值及斜探头前沿距离等参数调节。

扫描速度的调节都是在试块上进行的,不同检测方法,扫描速度调节的方式不同,纵波检测一般用具有不同厚度的试块的底面反射来调节仪器,如图 6-16(a)所示。表面波检测用不同声程的端角反射来调节,如图 6-16(b)所示。爬波检测用表面加工有线切割槽的试块进行调节,如图 6-16(c)所示。横波检测用校准试块上不

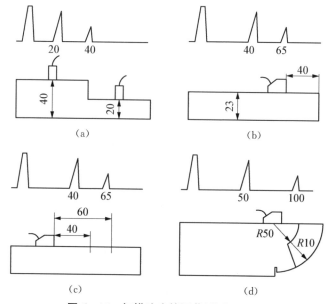

图 6‑16　扫描速度的调节(单位：mm)

(a) 纵波检测；(b) 表面波检测；(c) 爬波检测；(d) 横波检测

同半径的圆弧面反射进行调节,如图 6‑16(d)所示。

扫描速度调节的操作步骤基本一致,根据参考反射体的声程选择合适的扫描范围,一般选择为 100mm,并大致设定声速,然后利用具有不同声程的两个参考反射体回波,反复调节仪器的声速和零位,使两个回波的前沿分别位于示波屏上与其声程相对应的水平刻度处,得到实际声速和探头零位调节。对于斜探头,需要用 CSK‑IA 试块进行斜探头 K 值及前沿距离测定。

5) 检测灵敏度的调节

超声波检测灵敏度是指在确定的声程范围内发现规定大小缺陷的能力,一般来说,超声波检测灵敏度是按产品技术要求或有关标准确定。

超声波检测灵敏度调节主要用于工件检测中缺陷的评定,检测灵敏度设定太高或太低都对检测不利。检测灵敏度太高,仪器上杂波多,不利于缺陷识别;检测灵敏度太低,容易引起漏检。在实际检测中,粗探时往往适当增加检测灵敏度,提高检测效率;当发现异常信号时,选择适当的检测灵敏度对其位置、方向、当量尺寸等参数进行测量。

与扫描速度的调节一样,超声波检测灵敏度也是在试块上进行,超声波检测灵敏度调节主要分为试块调节法和工件底波调节法两种。

(1) 试块调节法。根据相关标准要求选择相应试块,如钢制对接焊缝检测选用 SD 系列试块和 CSK 系列试块,钢板检测选用 CB 系列试块等,将探头对准试块上的人工缺陷,找到最大回波,调节仪器上的有关灵敏度旋钮,使人工缺陷的最高反射回波达基准高度,按标准规定增加一定的分贝值即可。

试块调节法操作简单、方便,适合于各种检测方法和检测对象,但需要制作各种各样的试块,成本高,携带不方便,同时在检测中,需要考虑工件与试块因材质、表面质量等因素引起的耦合补偿。

(2) 工件底波调节法。对于具有上下平行表面或圆柱形工件的纵波检测,如钢板纵波检测、锻件纵波检测等,当声程不低于 $3N$①时,由于底波高度与规则反射体的回波高度存在一定关系,因此可以利用工件底波来调整检测灵敏度。

对于平行底面纵波直射检测时,超声波检测灵敏度不低于最大检测距离处平底孔当量直径,底波与平底孔回波幅度的分贝差为

$$\Delta = 20\lg\frac{2\lambda x}{\pi\phi^2} \qquad (6-20)$$

式中,Δ 为分贝差(dB);ϕ 为平底孔直径(mm);λ 为波长(mm);x 为平板工件厚度或圆柱形工件直径(mm)。

将直探头稳定耦合在被检工件表面,调节增益使工件底波高度达到基准高度,按式(6-20)计算的 Δ 值即为再增益。

工件底波调整检测灵敏度不需要加工任何试块,也不需要进行补偿,但这种方法只适用于纵波检测,要求待检工件具有平行底面或圆柱曲底面且工件厚度不低于 $3N$,若底面粗糙或有水、油时,由于底面反射率降低,调整的灵敏度将会偏高。

6) 扫查

探头的扫查速度一般不应超过 150 mm/s。为确保检测时超声声束能扫查到工件的整个被检区域,探头的每次扫查覆盖范围应大于探头直径或宽度的 15%。

对于纵波直探头检测,扫查方式有全面扫查、局部扫查、分区扫查等。对于横波斜探头检测,扫查方式有前后、左右、转角、环绕四种扫查方式,如图 6-17 所示。前

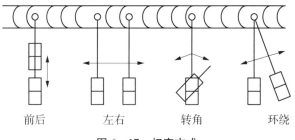

图 6-17　扫查方式

---

① N,指近场区长度,即波源轴线上最后一个声压极大值至波源的距离,详见 180 页式(6-12)。

后扫查确定缺陷水平距离和深度,左右扫查测定缺陷指示长度,转角扫查确定缺陷取向,环绕扫查确定缺陷形状。

7) 缺陷定位

在超声波检测中,缺陷位置的确定是指确定缺陷在工件中的位置,简称定位,一般根据发现缺陷时探头位置及仪器显示的缺陷位置参数(声程、深度和水平距离)来进行缺陷定位。

不同检测方法的缺陷定位方法基本一致,都是先找到缺陷最高回波,再根据探头位置及缺陷反射波的声程经计算等方式获得。

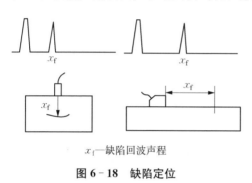

（1）纵波直探头检测时缺陷定位。当纵波直探头检测时,发现缺陷最大回波时,缺陷陷位于主声束轴线上,可根据此时探头位置及仪器显示的缺陷反射波声程确定缺陷位置,如图6-18所示。

x_f—缺陷回波声程

图 6-18　缺陷定位

（2）表面波及爬波检测时缺陷定位。其缺陷定位方法与纵波检测基本相同,只是缺陷位于工件表面,并正对探头中心轴线,如图6-18所示。

（3）横波检测平面工件时缺陷定位。找到缺陷最大回波后,根据探头位置及探头前沿距离、K 值计算求得,如图6-19所示。

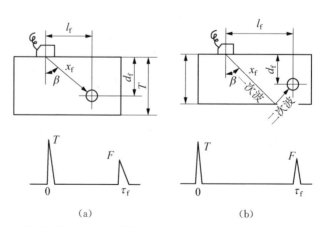

x_f—缺陷回波声程;β—入射角度;l_f—缺陷水平距离;d_f—缺陷深度;F—缺陷波;T—始波;τ_f—缺陷水平刻度。

图 6-19　横波检测平面工件时的缺陷定位

（a）一次波;（b）二次波

对于数字式超声波探伤仪,可直接显示缺陷反射波的声程、水平距离及深度。

8) 缺陷定量

缺陷的定量包括缺陷的大小(当量尺寸、面积、长度、体积)和数量。常用的缺陷定量方法有当量法、测长法及底波高度法等。对于缺陷尺寸小于声束截面时,利用当量法和底波高度法确定缺陷当量大小,当缺陷尺寸大于声束截面时,用测长法确定缺陷长度或面积。

常用的当量法有当量试块比较法、当量计算法和 AVG 曲线法[①]。

(1) 当量试块比较法。采用工件中缺陷回波与试块上同声程人工缺陷回波进行比较来对缺陷定量的方法,称为当量试块比较法。

当量试块比较法是一种直观、易懂的方法,要求试块材质、表面状态等参数与工件相同或相似,但需制作大量试块,成本高,是非常实用的一种定量方法。

(2) 当量计算法。当缺陷位于 3 倍近场长度以外,可以根据检测中缺陷波波高的 dB 值,利用各种规则反射体的理论回波声压公式通过计算来确定缺陷当量尺寸的定量方法,称为当量计算法。这种方法不需要制作专门的超声试块,是比较常用的一种定量方法。

(3) AVG 曲线法。利用通用 AVG 或实用 AVG 曲线来确定工件中缺陷的当量尺寸,称为 AVG 曲线法。AVG 曲线法需要制作超声试块,操作比较繁琐,也是非常实用的一种定量方法。

利用底波与缺陷波的相对高度进行评定缺陷尺寸的方法,称为底波高度法。底波高度法的原理:利用缺陷对超声波主声束的遮挡,导致底波回波幅度降低来进行评定。其可用于密集缺陷、工件材质晶粒度等相关技术参数评定。

(1) F/B_f 法。在一定的灵敏度条件下,以缺陷波高 F 与缺陷处底波高 B_f 之比来衡量缺陷的相对大小。

(2) F/B 法。在一定的灵敏度条件下,以缺陷波高 F 与无缺陷处底波高 B 之比来衡量缺陷的相对大小。

(3) B/B_f 法。在一定的灵敏度条件下,以无缺陷处底波高度 B 与缺陷处底波高度 B_f 之比来衡量缺陷的相对大小。

底波高度法操作方便,不用试块就可以完成缺陷定量,但无法测定缺陷的当量尺寸。

当工件中缺陷尺寸较大时,需测定缺陷的长度,一般利用缺陷波高变化时探头移动距离来确定缺陷的长度,这种方法称为测长法。测长法分为相对灵敏度法和端点

---

① AVG 曲线是描述规则反射体的距离、回波高及当量大小间关系的曲线。A、V、G 分别是德文距离、增益、大小的单词首字母。

峰值法。

（1）相对灵敏度测长法。以缺陷最高回波为相对基准，沿缺陷长度方向移动探头，降低一定的 dB 值来测定缺陷的长度。常用的有 6 dB 法和端点峰值降低 6 dB 法，一般情况下，缺陷回波只有 1 个峰值时，用 6 dB 法，当缺陷回波有 2 个及以上峰值时，用端点峰值降低 6 dB 法，如图 6‐20 所示。

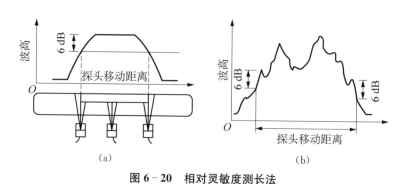

图 6‐20　相对灵敏度测长法

(a) 6 dB 测长法；(b) 端点峰值 6 dB 测长法

（2）绝对灵敏度法。在一定灵敏度下，探头沿缺陷长度方向移动，当缺陷最大波高降到规定值时，探头移动的距离就是缺陷的长度，如图 6‐21 所示。

（3）端点峰值法。当缺陷回波有 2 个及以上峰值时，用缺陷回波两端峰值探头移动距离作为缺陷长度，如图 6‐22 所示。

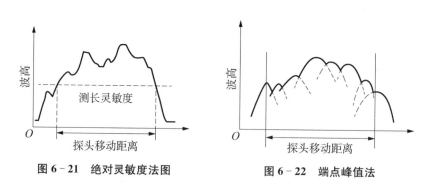

图 6‐21　绝对灵敏度法图　　　　　图 6‐22　端点峰值法

9）缺陷评定

按照相应产品技术条件或相关技术标准要求，对工件检测质量进行评定。

10）记录与报告

按照相关技术标准要求，做好原始检测记录及检测报告编制审批。

6.3 磁粉检测

6.3.1 磁粉检测原理

材料具有吸引铁质物体的性质,称为磁性。磁性是材料的基本属性之一,根据材料的磁性,可以分为铁磁性材料、顺磁性材料和抗磁性材料。一般来说,将相对磁导率远大于1的材料称为铁磁性材料,如铁、钴、镉及其合金。

1) 磁场的特征

(1) 磁力线。磁场存在于被磁化物体或通电导体的内部和周围空间,它是由运动电荷或电流形成的。磁场是看不到摸不着的特殊物质,磁场的强度用磁力线来描述,磁力线连续闭合且互不相交,在磁体内磁力线是从 S 极到 N 极,在磁体外磁力线从 N 极到 S 极,在磁力线上任意一点的切线方向表示该点磁场的方向。

(2) 磁场强度。通过某一截面磁力线的条数,称为磁通量,用 $\varPhi$ 表示,单位为韦伯(Wb)。垂直通过单位面积的磁力线条数,称为磁场强度,用 H 表示,单位为安/米(A/m)。

$$H = \frac{\varPhi}{S} \tag{6-21}$$

磁力线越密集,即通过单位面积的磁力线越多,磁场强度就越强,反之,磁力线越稀疏,即通过单位面积的磁力线越少,磁场强度就越弱。磁场中某处磁场强度的方向可以用小磁针来测定。

(3) 磁感应强度。铁磁性物质在磁场中被磁化具有强磁性的现象,称为磁感应现象。铁磁性物质在磁场中被磁化后,会产生一个与原磁场方向相同的附加磁场,与原磁场相互叠加,从而使磁通量增加。我们把感应磁场与原磁场叠加后的总磁场强度称为磁感应强度 B,单位为特斯拉(T)。

$$B = \frac{\varPhi}{S} = \frac{\varPhi_1}{S} + \frac{\varPhi_2}{S} \tag{6-22}$$

式中,$\varPhi_1$ 为原磁场的磁通量,$\varPhi_2$ 为附加磁场的磁通量。

(4) 磁导率。磁导率表示材料被磁化的难易程度或导磁能力的强弱,单位为特斯拉·米/安(T·m/A)。磁导率越大,表示该材料易磁化,导磁能力强。在真空中,磁导率是一个恒量,用 μ_0 表示。

$$\mu_0 = 4\pi \times 10^{-7} \frac{T \cdot m}{A} \tag{6-23}$$

为了比较材料的导磁能力,把任意一种材料的磁导率 μ 与真空磁导率 μ_0 的比值称为相对磁导率 μ_r。

$$\mu_r = \frac{\mu}{\mu_0} \qquad\qquad (6-24)$$

把相对磁导率 μ_r 远大于 1 的材料称为铁磁性材料。

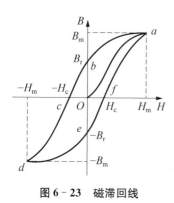

图 6-23 磁滞回线

(5) 磁滞回线。材料的磁感应强度与磁场强度有密切关系,当磁场强度周期性变化时,铁磁性材料产生磁滞现象的闭合磁化曲线称为磁滞回线,如图 6-23 所示。当磁场强度 H 由 0 逐渐增加时,磁感应强度 B 沿曲线 Oa 变化,当磁场强度 H 增加到一定程度(大于 H_m)时,磁感应强度 B 达到饱和,称为磁饱和现象。当磁场强度 H 由 H_m 逐渐降低时,磁感应强度 B 不是沿 Oa 降低,而是沿 ab 曲线变化。当磁场强度 H 为 0 时,材料内部仍保留一定的磁感应强度 B_r,称为剩磁。为消除材料内部的剩磁需要施加反向磁场强度 H_c,称为矫顽力。

不同铁磁性材料的磁滞回线形状不同,软磁性材料磁滞回线面积小,磁导率小,矫顽力小,剩磁小,难磁化,易退磁。硬磁性材料磁滞回线面积大,磁导率大,矫顽力大,剩磁大,难磁化,难退磁。

2) 漏磁场

当工件表面存在缺陷时,缺陷处空气的磁导率较小,磁阻很大,磁力线难以通过缺陷,从而使得一部分磁力线被挤出工件表面再进入工件,从而在工件表面缺陷处形成漏磁场,如图 6-24 所示。

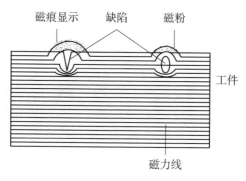

图 6-24 漏磁场

磁粉检测是通过漏磁场吸附磁粉形成磁痕显示进行材料表面及近表面检测。因此,漏磁场的强弱对磁粉检测灵敏度有直接影响,影响漏磁的因素包括工件磁化程度、缺陷埋藏深度、缺陷方向、缺陷深宽比、缺陷性质、工件表面覆盖层等。

外加磁场强度直接影响工件磁化程度。当外加磁场强度越大,形成的漏磁场强度也越大。在实际磁粉检测中,必须施加足够大的外加磁场,使工件磁化程度达到80%以上,才能保证检测质量。

漏磁场与缺陷埋藏深度有密切关系。随着缺陷埋藏深度增加,漏磁场强度将逐渐变小。当缺陷埋藏深度足够大时,漏磁场将变得很小,难以吸附磁粉形成磁痕显示。

当缺陷与磁力线垂直或接近垂直时,漏磁场最强,反之,当缺陷与磁力线平行或接近平行时,几乎不会产生漏磁场。

缺陷的深宽比越大,漏磁场越强,反之,缺陷的深宽比越小,漏磁场越弱。

不同性质缺陷,磁阻不同。缺陷磁阻越大,磁力线就越难通过,漏磁场越强。

工件表面覆盖层直接影响漏磁场的强弱。随着覆盖层厚度增加,漏磁场的强度将减弱,因此,磁粉检测前尽量打磨工件表面,清除工件表面的油漆、铁锈等。

3)磁粉检测原理

铁磁性材料工件被磁化后,由于缺陷处磁阻大,使磁力线穿出和进入工件,形成漏磁场,吸附施加在工件表面的磁粉形成磁痕,从而显示缺陷的位置、大小、形状等特征。

磁粉检测有很多优势,如能发现裂纹、折叠、疏松等缺陷,可直观显示缺陷的形状、大小和位置。具有很高的灵敏度,能够检测如发纹这样的细小缺陷。只要采用合适的磁化方法,几乎可以检测任何形状和大小的工件。相对其他表面检测方法,磁粉检测成本低、速度快。

磁粉检测也有一些局限性,如只适用于检测铁磁性材料的表面或近表面缺陷(一般小于3 mm)。检测灵敏度与磁化方向和缺陷方向有很大关系,工件表面的覆盖层、油漆、喷丸层会降低检测灵敏度。对于特殊工件检测后需要进行退磁处理等。

6.3.2 磁粉检测设备与器材

磁粉检测设备与器材包括磁粉探伤仪、磁粉与磁悬液、试片、辅助器材等。

1)磁粉探伤仪

磁粉探伤仪种类很多,包括固定式磁粉探伤仪、移动式磁粉探伤仪和便携式磁粉探伤仪,如图6-25所示。

固定式磁粉探伤仪工作位置固定,一般由机身、磁化电源和辅助装置构成,体积大,重量大,可用于各种类型工件检测。移动式磁粉探伤仪一般由磁化电源、电缆和小车构成,可以自由移动,能进行多种方式磁化,用于检测不易搬运的大型工件。便携式磁粉探伤仪一般由磁轭、电缆绕组构成,重量小、体积小、便于携带,适合野外和

图 6‑25　磁粉探伤仪

高空检测作业。

　　磁轭探伤仪是最常用的便携式磁粉探伤仪,分为直流磁轭探伤仪、交流磁轭探伤仪及交叉磁轭探伤仪。提升力是磁轭探伤仪最重要的技术指标,交流磁轭探伤仪至少应有 45 N 的提升力,直流电(包括整流电)磁轭或永久性磁轭至少应有 177 N 的提升力,交叉磁轭至少应有 118 N 的提升力。

　　目前,便携式磁粉探伤仪已经逐步向数字化方向发展,与传统的磁粉探伤仪相比,数字式磁粉探伤仪有以下优点:① 带显示屏、摄像头,可实时观察缺陷;② 能全程录像、拍照、存储检测记录、打印检测报告;③ 可以自动测量缺陷长度;④ 实时标注缺陷位置,仪器可以内置检测工件图形;⑤ 检测数据可进行无线传输,实时连接手机或电脑,实现远程数据传输。

　　数字式磁粉探伤仪比较典型的设备有秦皇岛市盛通无损检测有限责任公司生产的 STC‑1 型系列,如图 6‑26～图 6‑29 所示。

图 6‑26　STC‑1 型便携式数字磁粉探伤仪　　图 6‑27　STC‑1 YC 型便携式一体磁粉探伤仪

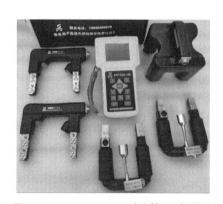
图 6-28 STC-1 XA 型旋转、磁轭数字
多功能探伤仪

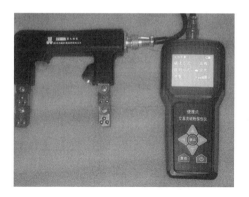
图 6-29 交、直流便携式数字磁粉探伤仪

2）磁粉与磁悬液

在磁粉检测中,磁粉是形成磁痕显示的重要材料,其分类方法很多:按磁痕观察方式不同,分为荧光磁粉和非荧光磁粉;按介质不同,分为干磁粉和湿磁粉。磁粉的性能直接影响磁粉检测质量,磁粉性能包括磁性、粒度、形状等。荧光磁粉需要在黑光灯下观察,其灵敏度比非荧光磁粉高,主要用于检测表面质量要求较高的工件。湿磁粉用于湿法检测。

将磁粉与水和油按一定比例混合而成的悬浮液,称为磁悬液。磁悬液浓度应根据磁粉种类、粒度、施加方式及工件表面状态等因素确定。一般来说,非荧光磁悬液浓度为 10~25 g/L,荧光磁悬液浓度为 0.5~3 g/L。以水为载体配置磁悬液时,应加入适当的防锈剂和表面活性剂,必要时添加消泡剂。

3）试片

在磁粉检测中,发现规定大小缺陷的能力称为磁粉检测灵敏度,磁粉检测灵敏度常用灵敏度试片来测定(见图 6-30)。灵敏度试片上加工各种不同类型的人工缺陷,可用于评价磁粉检测系统的综合性能,也可以评价磁粉检测工艺。

标准灵敏度试片种类较多,常用的有 A 型、C 型、D 型和 M1 型。一般检测作业应选用 A1:30/100 型标准试片;当检测位置狭小时,可选用 C:15/50 型标准试片;D 型和 M1 型主要用于特殊工件磁粉检测。使用灵敏度试片时,需清洗试片及工件表面,用胶带将标准试片上开槽的一面紧贴被检工件表面,保证被检工件与试片有良好接触。

4）辅助器材

（1）黑光灯。荧光磁粉检测时,需要用黑光灯进行观察。要求黑光灯光源波长为315~400 nm,波峰波长为 365 nm,其在工件表面的辐照强度不小于 1 000 μW/cm^2。

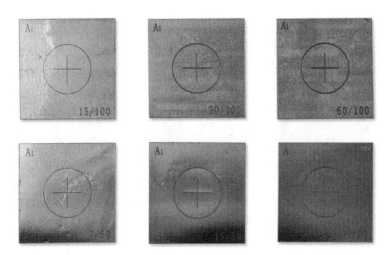

图 6‑30　磁粉灵敏度试片

（2）磁场指示器。与灵敏度试片一样，磁场指示器用于测定磁场方向和磁粉检测工艺。

（3）反差增强剂。为了提高缺陷磁痕与工件表面颜色的对比度，检测作业前在工件表面涂上一层厚度为 25～45 μm 的白色薄膜，待干燥后再磁化工件，再喷洒黑磁粉磁悬液，其缺陷磁痕就会清晰可见，这一层白色薄膜即反差增强剂。

（4）提升力试块。用于核查电磁轭提升力的试块称为提升力试块。提升力试块重量应进行定期校准，在使用、保管过程中发生损坏，应重新进行校准。

6.3.3　磁粉检测通用工艺

磁粉检测通用工艺根据检测对象、检测要求及相关检测标准进行确定，主要包括检测面处理、检测时机的选择、检测方法的选择、施加磁粉或磁悬液、磁痕的观察与记录、缺陷评定、退磁、记录与报告等。

1）检测面处理

工件被检区表面及其相邻至少半径 25 mm 范围内应保持干燥，并不得有油脂、铁锈、氧化皮、纤维屑、焊剂、焊接飞溅或其他黏附磁粉的物质。表面的不规则状态不得影响检测结果的正确性和完整性，否则应做适当的修理，修理后被检工件表面粗糙度 $R_a \leqslant 25$ μm。

2）检测时机的选择

磁粉检测应在制造工序（焊接、钻孔、热处理等）完成之后进行，对于有延迟裂纹倾向的材料，磁粉检测应根据要求至少在焊接完成 24 h 后进行，关于紧固件和锻件的磁粉检测应安排在最终热处理之后进行。

3）检测方法的选择

根据工件的材质、结构尺寸、表面状态及缺陷性质等信息选择适宜的磁粉检测方法。

当使用湿法（荧光磁粉和非荧光磁粉）检测时，采用磁轭和交叉磁轭探访仪用连续法进行检测，磁轭的磁极间距应控制在 75～200 mm 之间，检测的有效宽度为两极连线两侧各 1/4 极距的范围内，每次磁化应有不少于 10% 的重叠，检测区域至少应进行两次独立的检测，两次检测的磁力线方向应大致相互垂直。

4）施加磁粉或磁悬液

连续法检测时，磁化工件的同时施加磁粉或磁悬液，至少 1 s 后方可停止磁化，磁化时间一般为 1～3 s。剩磁法检测时，磁化工件之后施加磁粉或磁悬液，磁化时间一般为 0.25～1 s。均匀施加磁粉到工件表面，以免掩盖缺陷磁痕，在清除多余磁粉时不应干扰缺陷磁痕。磁悬液的施加可采用喷、浇、浸等方法，不可采用刷涂，流速不能过快。

5）磁痕的观察与记录

缺陷磁痕的观察应在磁痕形成后立即进行。

非荧光磁粉检测时，磁痕的观察应在可见光下进行，且工件被检表面可见光照度应不小于 1 000 lx，由于条件所限可见光照度最低也不得低于 500 lx。

荧光磁粉检测时，缺陷磁痕的观察应在暗区黑光灯激发的黑光下进行，工件被检面的黑光辐照度不小于 1 000 $\mu W/cm^2$，暗黑区室或暗处可见光照度应不大于 20 lx，检测人员进入暗区至少经过 5 min 后进行荧光磁粉检测，观察时不应佩戴对检测结果评判有影响的眼镜或滤光镜。当辨认细小的缺陷磁痕时，应用 2～10 倍放大镜进行观察。

磁痕记录的内容有磁痕显示的位置、形状、尺寸和数量等，可采用文字描述、草图、照片、透明胶带、录像、磁带、可剥离的反差增强剂、电子扫描等一种或多种方式记录。

6）缺陷评定

缺陷磁痕显示分为相关显示、非相关显示和伪显示。

长度与宽度之比大于 3 的磁痕，按线性磁痕显示处理，长度与宽度之比不大于 3 的磁痕，按圆形磁痕显示处理。两条或两条以上缺陷磁痕在同一直线上且间距不大于 2 mm 时，按一条磁痕显示处理，其长度为两条磁痕长度之和加间距。

按工件制造技术条件及检测标准要求，对缺陷进行综合评定。

7）退磁

工件经过磁粉检测后，会保留一定的剩磁，当工件的剩磁影响到使用时，应进行退磁处理。退磁可选交流退磁法或直流退磁法。退磁效果可用磁场强度计测量或其他剩磁检测仪测量,退磁后剩磁强度应不大于 0.3 mT(240 A/m)或按照产品技术条件规定。

8）记录与报告

按相关技术标准要求,做好原始检测记录及检测报告编制审批。

6.4 渗透检测

6.4.1 渗透检测原理

液体表面所有分子都受到与液面垂直指向液体内部的合力作用,因此在液体表层对内部将产生一种压强,称为液体分子压强。在液体分子压强的作用下,液体表面形成一层紧缩的弹性薄膜,这层薄膜总是使液面尽量收缩。这种在液体表面产生的使液面收缩的力称为表面张力。表面张力的方向与液面相切,指向使液面缩小的方向。

表面张力一般以表面张力系数表示,它是指单位长度上的表面张力,单位为牛顿/米(N/m)。不同种类液体的表面张力系数不同。表面张力系数小,则液体表面能小,容易挥发。表面张力系数还与温度有关,温度升高,表面张力系数将减小。

1）润湿现象

固体表面上的一种流体被另一流体取代的现象,称为润湿现象。液体对固体表面的润湿程度与液体分子与固体分子间作用力的相对大小有关。当液体内部分子间作用力大于固体分子间作用力时,液体不润湿固体,反之,当液体内部分子间作用力小于固体分子间作用力时,液体润湿固体。

一般情况下,常用液体与固体界面切线的夹角 θ 来表示润湿程度。当 $\theta>90°$ 时,不润湿;当 $\theta<90°$ 时,则为润湿。接触角 θ 越小,润湿性能越好,如图 6-31 所示。液体表面张力系数直接影响到润湿程度,表面张力系数大,接触角 θ 大,润湿程度差;反之,表面张力系数小,接触角 θ 小,润湿程度好。

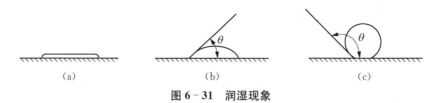

图 6-31 润湿现象

(a) 全部润湿;(b) 部分润湿;(c) 不润湿

在渗透检测中,渗透剂对工件表面的良好润湿是进行渗透检测的先决条件。只有当渗透剂充分润湿工件表面时,渗透剂才能向狭窄的缝隙内渗透。此外,渗透液还必须能润湿显像剂，以便将缺陷内的渗透剂吸出来从而显示缺陷。

2）毛细现象

液体润湿毛细管时，对液体内部产生拉应力，使液面上升；液体不润湿毛细管时，对液体内部产生压应力，使液面下降。这种由于润湿或不润湿使毛细管内液面升高或降低的现象，称为毛细现象，如图 6-32 所示。

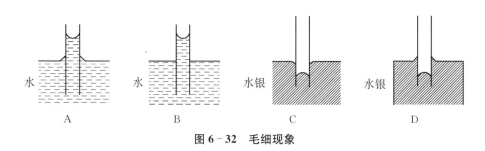

图 6-32　毛细现象

在渗透检测中，工件表面开口类缺陷相当于毛细管或毛细缝隙，施加渗透剂后，渗透剂在毛细作用下渗入缺陷内，在显像时，显像剂在缺陷处形成的众多细小的毛细管将缺陷内渗透剂吸附到工件表面，形成缺陷显示。

3）乳化作用

使不相融的两种液体变为相融的均匀分散液体的过程，称为乳化作用，具有乳化作用的化学试剂称为乳化剂。根据两种液体混合后形成的分散相和连续相不同，乳化剂分为水包油型乳化剂和油包水型乳化剂。

在渗透检测中，渗透过程结束后，以浸渍方式施加亲油型乳化剂，使其与渗透剂相结合发生乳化反应，再用水直接将表面多余的渗透剂和乳化剂清除。乳化时间不能过长，防止乳化剂将缺陷缝隙中渗透剂吸附出来，影响检测质量。

4）渗透检测原理

工件表面施加含有荧光染料或者着色染料的渗透剂后，在毛细作用下，经过一定时间，渗透剂渗入表面开口缺陷中，用水或清洗剂清除工件表面多余的渗透剂，经干燥后，在工件表面喷洒显像剂，同样在毛细作用下，显像剂将吸附缺陷中的渗透剂，在一定的光源下（黑光或白光），缺陷处的渗透剂痕迹被显示（黄绿色荧光或鲜艳红色），从而显示缺陷的形貌及分布状态，如图 6-33 所示。

渗透检测有很多优势：不受材料类型及化学成分的限制，可检测金属材料、非金属材料、焊接质量等；不受缺陷尺寸、方向和形状的限制，可检查各种取向和形状的缺陷；显示直观，具有较高的灵敏度；使用简便，在无水源、电源或高空作业的现场使用起来十分方便。

渗透检测也有一些局限性：只能检出表面开口的缺陷；不适于检查多孔性疏松

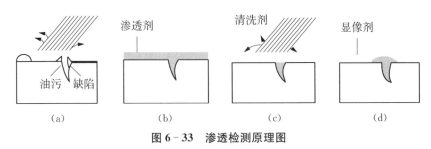

图 6 - 33　渗透检测原理图

(a) 预清洗；(b) 渗透；(c) 清洗；(d) 显像

材料制成的工件和表面粗糙的工件；检测工序多，速度慢，完成全部工序一般要 20～30 min，大型工件和形状复杂的工件耗时更长；只能检出缺陷的表面分布，难以确定缺陷的实际深度，因而很难对缺陷做出定量评价；检出结果受操作者的影响也较大。

6.4.2　渗透检测设备与器材

　　渗透检测首先需选用合适的渗透检测试剂。渗透检测试剂包括渗透剂、清洗剂、乳化剂和显像剂，如图 6 - 34 所示。

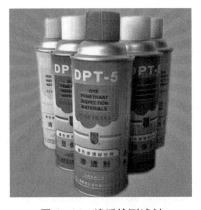

图 6 - 34　渗透检测试剂

　　(1) 渗透剂。渗透剂是一种有色染料或荧光染料渗透液体，有很好的渗透能力，在毛细作用下，能渗入缺陷缝隙并被显像剂吸附。

　　渗透剂的分类方式很多，根据渗透剂成分的不同，分为荧光渗透剂、着色渗透剂和荧光着色渗透剂。着色渗透剂中含有着色染料，在日光下观察；荧光渗透剂中含有荧光染料，在紫外光下观察。根据渗透剂清洗方式不同，分为水洗型渗透剂、溶剂去除型渗透剂、后乳化型渗透剂。水洗型渗透剂可以用水进行清洗；溶剂去除型渗透剂需要用有机溶剂进行清洗，如丙酮、乙醇等；后乳化型渗透剂需经过乳化工艺后才能用水清洗。

渗透剂的选用原则如下：

　　① 灵敏度满足检测要求。不同渗透剂的灵敏度不同，一般后乳化型渗透剂灵敏度比水洗型高，荧光渗透剂比着色渗透剂灵敏度高。

　　② 对工件无腐蚀、对人体无害。铝镁合金工件不应选用碱性水洗型渗透剂，奥氏体不锈钢不应选用含氯、氟等渗透剂。渗透剂要求毒性小，对人体无害。

　　③ 化学稳定性好。渗透剂属于化学物质，应有很好的化学稳定性，能长期储存，

在高温和潮湿环境下不容易分解或变质。

④ 成本低。渗透剂的使用量较大，要求价格低、来源广。

⑤ 安全性。渗透剂一般采用罐装，要求具有较高的燃点，使用安全性高。

（2）清洗剂。清洗剂主要用于清除材料表面多余渗透剂。不同的渗透剂，需要相匹配的清洗剂进行清除。对于水洗型渗透剂，水就是清洗剂。对于溶剂型渗透剂，需用有机溶剂进行清除。清洗剂应具有能与渗透剂互溶、挥发性小、毒性小等特点。常用的清洗剂有水、丙酮、乙醇等。

（3）乳化剂。采用后乳化渗透检测时，需要使用乳化剂乳化不溶于水的渗透剂，便于用水清洗。乳化剂应具有较好的乳化效果、稳定的化学性能，对工件无腐蚀、对人体无害、颜色与渗透剂有明显区别等特点。

（4）显像剂。显像剂的目的是吸附缺陷中渗透剂，形成清晰的缺陷显示。显像剂分为干式显像剂和湿式显像剂。

显像剂的选用原则：① 能被渗透剂湿润、悬浮性好、分散性好，能均匀覆盖在工件表面；② 颗粒度小、吸附力强、显像层不易脱落；③ 色泽洁白，与渗透剂能形成鲜明的对比；④ 成本低、化学稳定性好、对工件无腐蚀，对人体无害。

1）试块

渗透检测试块可用于评价渗透检测试剂的性能，也可以评价渗透检测工艺。常用的渗透检测试块有铝合金试块（A 型对比试块）和镀铬试块（B 型试块）。

（1）铝合金试块（A 型对比试块）。铝合金试块（A 型对比试块）由同一试片剖开后具有相同大小的两部分组成，分别标以 A、B 标识，A、B 试块上均应具有细密的、相对称的裂纹，如图 6-35 所示。铝合金试片有两种功能，一是在正常使用情况下，检验渗透检测剂能否满足要求，以及比较两种渗透检测剂性能的优劣；二是对用于非标准温度下的渗透检测方法做出鉴定。

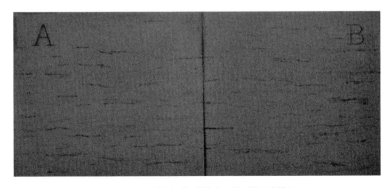

图 6-35 铝合金试块（A 型对比试块）

（2）镀铬试块（B 型试块）。镀铬试块（见图 6-36）由一块材料为 S30408 或其他不锈钢板材加工而成，在试块上单面镀铬，镀铬层厚度不大于 150 μm，表面粗糙度 R_a 为 1.2～2.5 μm，在镀铬层背面中央选相距约 25 mm 的 3 个点位，用布氏硬度法在其背面施加不同负荷，在镀铬面形成从大到小、裂纹区长径差别明显、肉眼不易见的 3 个辐射状裂纹区，按大小顺序排列区位号分别为 1、2、3。镀铬试块（B 型试块）主要用于检验渗透剂性能及操作工艺正确性。

图 6-36   镀铬试块（B 型试块）

渗透试块使用时，同一块试块不能用于两种及以上方法验证。当发现试块灵敏度下降时，应及时修复或更换。试块使用完毕，应用丙酮进行清洗，去除试块上的残留渗透检测试剂，清洗后，再将试块放入装有丙酮和无水酒精的混合液体（体积混合比为 1∶1）密闭容器中浸渍 30 min，干燥后储存。

2）辅助器材

（1）黑光灯。荧光渗透检测时，需要用黑光灯进行观察，要求黑光灯光源波长为 315～400 nm，波峰波长为 365 nm，工件表面的辐照强度应不小于 1 000 $\mu W/cm^2$。

（2）黑光辐照度计，用于测量黑光辐照度，其紫外线波长为 315～400 nm，峰值波长为 365 nm。

（3）荧光亮度计，用于测量渗透剂的荧光亮度，其波长应为 430～600 nm，峰值波长为 500～520 nm。

6.4.3   渗透检测通用工艺

渗透检测通用工艺根据检测对象、检测要求及相关检测标准要求确定，主要包括检测面处理、预清洗、施加渗透剂、清洗、干燥、显像、观察与评定、后清洗、记录与报告等。

1）检测面处理

工件被检表面不得有影响渗透检测的凹凸不平、油污、锈蚀、氧化皮、焊接飞溅、铁屑、毛刺等，可以打磨被检工件表面，但禁止使用喷砂或喷丸，防止堵塞缺陷开口，影响检测结果。被检工件机加工表面粗糙度 R_a 应不大于 25 μm，非机加工表面的粗糙度可适当放宽。局部检测时,准备工作范围应从检测部位四周向外扩展 25 mm。

2）预清洗

预清洗时,可以采用溶剂、洗涤剂等去除表面污渍,对于铝、镁等合金制造零件经机械加工的表面,如有必要,可以进行酸洗或碱洗。清洗后,检测面上遗留的溶剂与水分等必须干燥。

3）施加渗透剂

施加渗透剂必须覆盖整个工件检测面,并在渗透时间内保持润湿状态。施加渗透剂的方法有喷涂、刷涂、浸透、浇涂等,应根据零件大小、形状、数量和检测部位来选择。渗透温度一般控制在 10～50℃,时间一般控制在不应少于 10 min。当温度条件不能满足 10～50℃时,应对检测工艺进行评价。

4）清洗

清洗的目的是去除工件表面多余的渗透剂,根据不同的渗透剂,选择相应的清洗剂。水洗型渗透剂可用水直接去除,冲洗时,水射束与被检面的夹角以 30°为宜,水温为 10～40℃。溶剂去除型渗透剂用清洗剂去除,一般应先用干燥、洁净不脱毛的布依次擦拭,直至大部分多余渗透剂被去除后,再用蘸有清洗剂的干净不脱毛布或纸进行擦拭,直至将被检面上多余的渗透剂全部擦净。

在清洗过程中,要防止过度去除而使检测质量下降,同时也应注意防止清洗去除不足而造成缺陷显示识别困难。

5）干燥

施加溶剂悬浮显像剂时,应在施加前进行检测面干燥,施加水湿式显像剂(水溶解、水悬浮显像剂)时,应在施加后进行检测面干燥处理。一般可用热风进行干燥或进行自然干燥。干燥时,被检面的温度不得高于 50℃。当采用溶剂去除多余渗透剂时,应在室温下自然干燥。干燥时间通常为 5～10 min。

6）显像

针对不同渗透剂,选择不同显像剂进行显像。使用水湿式显像剂时,在被检面经清洗处理后,可直接将显像剂喷洒或涂刷到被检面上或将工件浸入显像剂中,然后再迅速排除多余显像剂,并进行干燥处理。使用溶剂悬浮显像剂时,在被检面经干燥处理后,将显像剂喷洒或刷涂到被检面,然后进行自然干燥或用暖风(30～50℃)吹干。溶剂悬浮式显像剂在使用前应充分搅拌均匀。显像剂的施加应薄而均匀,不可在同一地点反复多次施加。

喷涂显像剂时,喷嘴离被检面距离为 300～400 mm,喷涂方向与被检面夹角为 30°～40°。禁止在被检面上倾倒湿式显像剂,以免冲洗掉渗入缺陷内的渗透剂。显像时间取决于显像剂种类、需要检测的缺陷大小以及被检工件温度等,一般不应少于 10 min,不多于 60 min。

7）观察与评定

显像后要立刻观察，判别缺陷的真伪、位置及大小。着色渗透检测时，缺陷显示的评定应在白光下进行，通常工件被检面处白光照度应不小于1 000 lx，当现场由于条件所限无法满足该要求时，可见光照度可适当降低，但不得低于500 lx。荧光渗透检测时，显示的评定应在暗室或暗处进行，暗室或暗处白光照度应不大于20 lx。检测人员进入暗区，至少经过5 min的黑暗适应后，才能进行观察。检测人员不能戴对检测有影响的眼镜或滤光镜。辨认细小显示时可用5～10倍放大镜进行观察。必要时应重新进行处理、检测。

根据相关标准对缺陷进行评定和质量分级。

8）后清洗

工件检测完毕应进行后清洗，以去除对以后使用或对材料有害的残留物。可采用刷洗、水洗、布或纸擦除等方法。

9）记录和报告

按相关技术标准要求，做好原始记录及检测报告编制审批。

6.5 涡流检测

6.5.1 涡流检测原理

电磁感应现象是指闭合电路的一部分导体在磁场中做切割磁感线运动，导体中就会产生电流的现象。它的本质是闭合电路中磁通量的变化，由电磁感应现象产生的电流称为感应电流。

由于电磁感应现象，当导体处在变化的磁场中或相对磁场运动时，其内部会感应出电流，这些电流在导体中以涡旋状流动，称之为涡旋电流，简称涡流，如图6-37所示。

1）涡流场的特征

（1）电导率与磁导率。被检工件的电导率、磁导率是影响涡流场的重要因素。

电导率，也称为导电率，是指单位物质传导电流的能力，对于各向同性介质，电导率是标量，对于各向异性介质，电导率是张量，电导率用 σ 来表示，单位为西门子每米（S/m）。

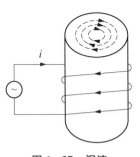

图6-37 涡流

磁导率，是指在空间或在磁芯空间中的线圈流过电流后，产生磁通的阻力或其在磁场中导通磁力线的能力，用 μ 表示，单位为享每米（H/m）。

（2）趋肤效应。当直流电流通过导线时，横截面上的电流密度是均匀相同的。

但交变电流通过导线时,导线周围变化的磁场也会在导线中产生感应电流,从而会使沿导线截面的电流分布不均匀,表面的电流密度较大,越往中心处电流密度越小,电流大小按负指数规律衰减,尤其是当频率较高时,电流几乎是在导线表面附近的薄层中流动,这种现象称为趋肤效应。

(3) 涡流渗透深度。涡流渗透深度是涡流检测的一个重要指标,它表示涡流透入导体的距离,通常将涡流密度衰减到其表面值 $1/e$ 时的渗透深度称为标准渗透深度,也称趋肤深度,它表征涡流在导体中的趋肤程度,用符号 δ 表示。

标准渗透深度为

$$\delta = \frac{1}{\sqrt{\pi f \mu \sigma}} \tag{6-25}$$

式中,f 为交流电流的频率;μ 为材料的磁导率;σ 为材料的电导率。由式(6-25)可知,频率越高、导电性能越好或导磁性能越好的材料,涡流渗透深度越小,趋肤效应越显著。

在工业检测中,距离工件表面 2.6 个标准渗透深度 δ 处,涡流密度将快速衰减约 90%,因此定义 2.6 倍的标准渗透深度为涡流的有效渗透深度,也就是说涡流检测工件范围约为 2.6 个标准渗透深度 δ。

(4) 有效磁导率与特征频率。福斯特通过理论研究和实验分析,提出了涡流场中有效磁导率的概念,它是用一个恒定的磁场 H_0 和变化着的磁导率替代实际变化的磁场 H_z 和恒定的磁导率 μ,这个变化的磁导率称为有效磁导率,用 μ_{eff} 表示。

$$\mu_{\text{eff}} = \frac{2}{\sqrt{-\text{j}} ka} \cdot \frac{J_1(\sqrt{-\text{j}} ka)}{J_0(\sqrt{-\text{j}} ka)} \tag{6-26}$$

式中,$k = \sqrt{\omega \mu \sigma} = \sqrt{\omega \mu_1 \mu_0 \sigma}$,$J_0$ 为零阶贝塞尔函数,J_1 为一阶贝塞尔函数。有效磁导率 μ_{eff} 不是一个常量,而是一个与激励频率 f 以及导体的半径 a、电导率 σ、磁导率 μ 有关的复变量。

福斯特把有效磁导率 μ_{eff} 表达式中贝塞尔函数的虚宗量的模为 1 时对应的频率定义为特征频率(或界限频率),用 f_g 表示。

$$f_g = \frac{1}{2\pi \sigma \mu a^2} \tag{6-27}$$

在实际检测中,通常把实际涡流检测频率 f 除以特征频率 f_g 作为参考值,表示为 f/f_g,则有效磁导率 μ_{eff} 是一个完全取决于频率比 f/f_g 大小的参数,μ_{eff} 的大小决定了试件内涡流和磁场强度的分布,因此,试件内涡流和磁场的分布是随 f/f_g 的变化而变化的。理论分析和推导证明,试件中涡流和磁场强度的分布仅仅是 f/f_g 的函数。由此可得出涡流试验的相似律:对于两个不同的试件,只要各自对应的频率

比 f/f_g 相同,则有效磁导率、涡流密度及磁场强度的几何分布均相同。

2) 阻抗分析法

影响工件中涡流变化的主要因素有电导率、磁导率、工件形状、线圈与工件距离、工件表面缺陷等,要从诸多因素中提取有意义的检测信号,常用阻抗分析法。

在阻抗分析中,由于线圈自身电感及互感的影响,需进行归一化处理,消除一次线圈电阻和电感,以一系列影响阻抗的因素(电导率、磁导率等)作为参量,定量地表示出各影响阻抗因素的效应大小和方向,减少各种效应的干扰。

(1)提离效应的影响。由于线圈和工件之间距离的变化使到达工件的磁力线发生变化,改变了工件中磁通量,从而影响线圈的阻抗,这种现象称为提离效应。涡流检测中提离效应影响很大,在实际应用中必须予以抑制,但提离效应也可用来测量金属表面涂层或绝缘覆盖层的厚度。

(2)边缘效应的影响。当线圈移近工件的边缘时,涡流流动的路径发生畸变,从而产生干扰信号,这种现象称为边缘效应。在实际涡流检测中,必须消除边缘效应的干扰。

(3)工件电导率 σ、磁导率 μ 的影响。对于非铁磁性材料,相对磁导率 $\mu_r \approx 1$,因此不影响阻抗,但对于铁磁性材料,其相对磁导率 $\mu_r \gg 1$,显著影响阻抗。在实际涡流检测中,常用直流磁化将被检铁磁性工件磁化到饱和,从而使磁导率达到某一常数,减小磁导率变化的影响。

(4)试验频率的影响。频率和电导率在阻抗图上的效应是一致的,常用相位分离法进行识别。

(5)工件厚度的影响。当工件厚度从无穷大减小到零时,放置式线圈的阻抗变化沿着曲线向上移动,与电阻率增大的效应类似。

(6)线圈直径的影响。线圈直径增加,放置式线圈的阻抗值沿着曲线向下移动,与频率增大的效应相似。这是因为线圈直径的增加使工件的磁通密度增加,增大了涡流值,相当于增大电导率。

3) 涡流检测原理

涡流检测是建立在电磁感应原理基础上的一种无损检测方法,当通有交流电的线圈建立的交变磁场与导体发生电磁感应时,在导体内产生涡流,导体内的涡流也会产生磁场,涡流磁场的作用改变了原磁场的强弱,进而导致线圈电压和阻抗的改变。当导体表面或近表面出现缺陷时,将影响到涡流的强度和分布,涡流的变化又引起了检测线圈电压和阻抗的变化,因此,通过测定检测线圈阻抗的变化,就可以判断出被测试件的性能及有无缺陷等信息。

6.5.2 涡流检测设备与器材

根据应用目的不同,涡流检测设备分为涡流探伤仪、电导率测量仪和涡流测厚仪三种类型。一般来说,一套涡流检测系统包括检测线圈、试样、涡流检测仪和辅助装置。

1) 检测线圈

涡流检测线圈是构成涡流检测系统的重要组成部分,对检测质量的可靠性起着重要作用。涡流检测线圈的结构和形式不同,其性能与适用性也随之形成很大差异。涡流检测线圈的分类方式很多,主要有感应方式、应用方式及比较方式等。

(1) 按照感应方式,涡流检测线圈分为自感式检测线圈和互感式检测线圈(见图6-38)。自感式检测线圈只有一个线圈,同时激励和接收涡流信号,对各种影响涡流变化因素的综合效应比较敏感,但是无法区分单一因素效应。互感式检测线圈有激励线圈和接收线圈,激励线圈用于激励涡流场,接收线圈负责接收涡流信号,能对各种影响涡流变化的响应信号分别进行提取和处理。

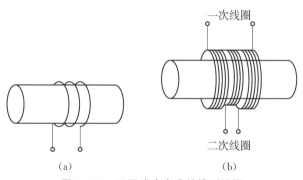

图6-38 不同感应方式的检测线圈

(a) 自感式线圈;(b) 互感式线圈

(2) 按照应用方式,涡流检测线圈分为外穿式、内穿式和放置式(见图6-39)。外穿式检测线圈主要检测管、棒、线等规则圆柱形工件外表面及近表面缺陷。内穿式

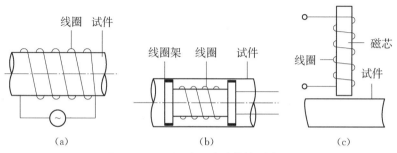

图6-39 不同应用方式的检测线圈

(a) 外穿式线圈;(b) 内穿过式线圈;(c) 放置式线圈

检测线圈主要检测管、棒、线等规则圆柱形工件内表面及近表面缺陷。放置式检测线圈主要检测管、板、棒等各类零件表面及近表面缺陷。

（3）按照比较方式，检测线圈可分为绝对式、自比式和他比式，如图6-40所示。绝对式检测线圈与自感检测线圈一样，只有一个检测线圈，对各种影响涡流变化因素的综合效应比较敏感。自比线圈自身磁场和感应磁场产生的涡流流动方向相反，能很好地抑制由于环境温度、工件外形尺寸等缓慢变化引起的线圈阻抗的变化。他比式检测线圈通过比较两个线圈分别作用于被检测对象和对比试样时产生的电磁感应的差异来评价被检测对象的质量，能够发现外形尺寸、化学成分等缓慢变化而引起线圈阻抗的变化。

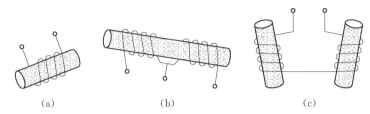

（a）　　　　　　（b）　　　　　　（c）

图6-40　不同比较方式的检测线圈

（a）绝对式线圈；（b）自比式线圈；（c）他比式线圈

2）试样

涡流检测试样是评价检测工件质量的重要依据，分为标准试样和对比试样。

标准试样是按相关标准规定的技术条件加工制作的，并经官方技术机构认证的用于评价检测系统性能的试样。其规格、材质及人工缺陷参数都必须满足相关技术条件要求，在长期使用过程中应按相关标准文件规定进行定期认证。标准试样用于评价检测系统性能，而不是产品的实际检测（见图6-41、图6-42）。

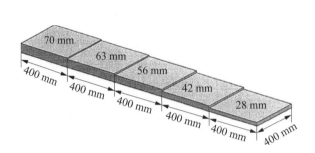

图6-41　脉冲涡流检测平板标准试样

图6-42　电导率标准试样

对比试样是根据检测对象和检测要求按照相关标准规定的技术条件加工制作而成,并经相关部门确认可用于检测工件质量的符合性评价。对比试样的材质应与被检工件相同或相近,主要用于实际检测灵敏度的调节和检测结果的评定。

3）涡流检测仪

涡流检测仪是涡流检测系统的核心部分。根据检测对象和目的,涡流检测仪可分为涡流探伤仪、电导率测量仪、涡流测厚仪三种。这三种仪器的电路组成和结构不相同,但工作原理一样:激励电路产生交变电流激励检测线圈,放大电路将检测线圈的电压信号采集并发送至信号处理电路,信号处理电路消除干扰信号,提取有用信息,通过显示单元进行显示。

涡流探伤仪能实现管、棒、线、丝、型材等各种工件表面和近表面的缺陷检测,无须耦合剂,易于实现高速、自动化在线或离线检测,广泛用于电网行业铝、铜及其合金制零件检测。

电导率测量仪能实现非铁磁性金属材料的电导率检测。由于材料的电导率与金属热处理状态、化学成分、材料纯度等因素有关,因此电导率测量仪还能用于材料成分及杂质含量的鉴别、热处理状态的鉴别、材料分选等。

涡流测厚仪能实现金属薄板或金属基体上的覆层厚度的检测,广泛应用于航天航空器、车辆、家电、铝合金门窗及其他铝制品表面防腐涂层厚度检测。

4）辅助装置

涡流辅助装置是实现工件检测所必须的辅助设备,主要有磁饱和装置、机械传动装置、记录装置、退磁装置等。

磁饱和装置主要用于铁磁性材料的涡流检测,使材料本身达到磁饱和状态,消除因磁导率不均匀而产生的干扰信号,经过磁饱和处理的铁磁性材料可作为非铁磁材料对待。磁饱和装置有两种,一种由线圈构成,并通以直流电,主要用于采用外穿式检测线圈的管、棒、线材等工件涡流检测;另一种由一个尺寸较小、磁导率非常高的磁棒或磁环构成,主要用于铁磁性工件局部磁化。

机械传动装置主要用于管、棒材生产线上的自动检测,它能保证被检工件与检测线圈之间以规定的方式平稳地做相对运动,且不应造成被检工件表面损伤。

记录装置也用于管、棒材生产线上的自动检测,对检测到的异常信号进行自动定位和标识。

6.5.3 涡流检测通用工艺

涡流检测通用工艺根据检测对象、检测要求及相关检测标准要求进行确定,不同被检工件的检测工艺差异较大,必须针对具体的工件参数及质量控制要求进行确定。在电网行业中,常用放置式检测线圈对变压器接线端子螺栓孔、开关柜铜排电导率、变电站构支架镀锌层厚度等工件参数进行检测,本节主要介绍放置式线圈零部件涡流检测通用工艺。

涡流检测通用工艺主要包括检测面的要求、涡流检测系统、仪器调节与检测灵敏度设定、检测过程、信号识别与分析、检测结果记录和评定等。

1) 检测面的要求

被检测区域应无润滑脂、油、锈或其他妨碍检测的物质;非磁性被检件表面不应有磁性粉末,当不满足这些条件,应进行表面清理,在表面清理时不应损伤被检零部件的表面。

检测表面应光滑,表面粗糙度不大于 6.3 μm,在对比试样人工缺陷上获得的信号与被检表面得到的噪声信号之比应不小于 3:1。被检部位的非导电覆盖层厚度一般不超过 150 μm,否则应采用相近厚度非导电膜片覆盖在对比试样人工缺陷上进行检测灵敏度的补偿。

2) 涡流检测系统

(1) 仪器。涡流仪器种类很多,需要选择的涡流仪应具有阻抗平面显示和时基显示方式,能够通过检测频率、响应信号相位和增益的调节良好地对连续性感应产生的涡流相应变化。

(2) 探头。根据检测对象和检测要求,选择大小、形状和频率合适的涡流探头,可采用屏蔽或非屏蔽的差动或绝对式涡流探头,涡流探头不应对施加的压力变化产生干扰信号。为了防止探头磨损,检测时可在探头顶部贴上耐磨的保护层,在检测过程中应随时检查探头的磨损情况,一旦发现磨损影响检测时,应停止使用。

(3) 试样。检测过程中需要标准试样和对比试样,其中标准试样主要用于评价检测系统的性能,对比试样主要用于工件或零部件的实际检测。

标准试样应采用 T3 状态的 2024 铝合金材料或导电性能相近的铝合金材料加工制作,其外形尺寸、人工槽伤深度应符合如图 6-43 所示要求,其中人工槽伤可采用线切割方式加工制作,宽度为 0.05 mm,A、B、C 三条槽伤深度分别为 0.2 mm、0.5 mm 和 1.0 mm,深度尺寸公差为 ±0.05 mm。

对比试样用于设定检测灵敏度、检测仪器工作状态和缺陷的评定,其电导率、热处理状态、表面状态及结构和人工缺陷的位置应与被检件相同或相近,对比试样的材料可依据

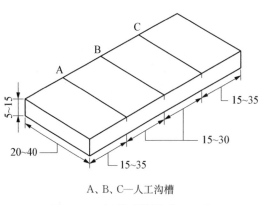

A、B、C—人工沟槽

图 6-43 标准试样(单位:mm)

表 6-6 选用。

表 6-6 对比试样材料的选用

被检工件的材料	对比试样的材料
电导率大于 15%IACS 的非铁磁性合金	电导率在被检材料电导率±15%1ACS 范围内,且不小于 15%IACS 的非铁磁性合金
电导率为 0.8%～15%IACS 的非铁磁性合金	电导率不高于被检材料电导率 0.5%IACS ,且不小于 0.8%IACS 的非铁磁性合金
高磁导率钢和不锈钢合金	4130、4330、4340 材料,或任何热处理状态的类似高磁导率合金
低磁导率合金	退火状态的 17-7PH

零部件及局部区域涡流检测用的对比试样可参照图 6-43 制作,人工缺陷的数量和深度可依据检测验收要求确定,对比试样可用实际零部件制成,表面粗糙度应满足对比试样上的人工缺陷信号与噪声信号比不小于 5:1,首次使用前,人工缺陷的宽度和深度尺寸应经过检测,符合制作要求才能投入使用。

3) 仪器调节与检测灵敏度设定

(1) 频率选择。根据检测深度、检测灵敏度、表面和近表面缺陷相位差、信噪比等条件选择检测频率。对零部件的检测还应考虑表面状况(粗糙度、漆层和曲面等)的影响。合适的检测频率应根据在对比试样及被检件上综合调试的结果确定。为提高检测可靠性,可采用多频检测方法,通过对比不同频率下缺陷信号的幅度或阻抗平面轨迹,综合判定缺陷的特征。

(2) 相位调节。仪器相位调节应有利于缺陷响应信号与提离干扰信号的区分与识别,通常提离信号的相位调节为水平方向,人工槽伤响应信号与提离信号之间有尽可能大的相位差。涡流响应信号会随着检测频率的改变而变化,在改变检测频率的同时应重新调节提离信号的相位,使其处于水平方向。必要时,可通过调节人工缺陷响应信号的垂直、水平比来增大人工槽伤响应信号与提离信号间的相位差。

(3) 灵敏度设定。在对比试样上用规定的验收水平调试检验灵敏度,使检测线圈通过作为验收水平的人工缺陷时,人工缺陷信号的响应幅度不低于满刻度的 40% ,人工缺陷信号与噪声信号比不小于 5。必要时,可根据作为验收灵敏度的人工缺陷响应信号设定仪器的报警区域。

4) 检测

在检测中,探头应垂直于被检工件表面,在检测零部件的曲面和边缘部位时,可采用专用检测线圈以确保电磁耦合的稳定。扫查速度应与仪器标定时的速度相同，零部件边缘的影响不应使信噪比小于3∶1；扫查中发现异常响应信号时，对有信号响应的被检区域反复扫查，观察响应信号的重复性，并与对比试样上的人工缺陷响应信号进行比较。探头的最大扫查速度应使对比试样上人工缺陷信号幅度不低于标定值的90%；扫查方向应尽可能与缺陷方向垂直，对未知的缺陷方向，至少要有两个互相垂直方向的扫查，扫查间距不大于检测线圈直径的1倍。检测形状复杂的制件时，应将被检表面按形状不同划分出检测区域，使每个区域的形状基本一致，扫查方式如图6-44所示。

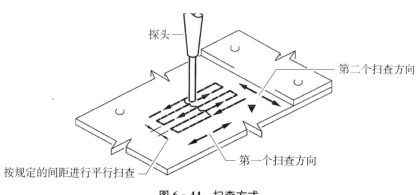

探头

第二个扫查方向

第一个扫查方向

按规定的间距进行平行扫查

图6-44 扫查方式

5）信号识别与分析

对于铁磁性材料，表面裂纹响应信号与提离信号之间通常存在较大的相位差；对于非铁磁性材料，表面裂纹响应信号与提离信号之间往往存在较小的相位差。表面裂纹响应信号一般具有较高的频率。对于出现异常响应信号的区域，应仔细观察相应信号对应在零部件表面的位置，依据图6-44所示扫查方式来确定裂纹的方向与长度或其他类型缺陷的大小。

6）检测结果评定和记录

对检测中发现的不能排除由相关干扰因素引起的信号，如提离、边缘、台阶等干扰信号视为由缺陷引起，并评定缺陷的方向、长度或面积及类型。对于表面缺陷，可根据响应信号幅值与对比试样上相关深度人工缺陷响应信号幅值的比较，评定引起该响应信号的缺陷深度。缺陷响应信号的相位可作为表面缺陷深度评定的参考信息。

按有关产品标准及技术条件或与供需双方合同的验收准则，对被检测零部件给出合格与否的结论。当产品标准及技术条件或与供需双方合同未给出验收准则时，可以仅对所发现缺陷给出定量的评定，而不给出合格与否的结论。

按照检测的实际情况详细记录检测过程的有关信息和数据。

6.6 厚度测量

厚度测量是最常用的一种无损检测方法,也叫测厚。常用的测厚方法包括超声法、X 射线荧光法、涡流法、磁性法等。

6.6.1 超声法测厚

超声波测厚分为共振法、干涉法及脉冲反射法等,其中超声波脉冲法测厚应用最广泛。超声波脉冲法测厚与超声波检测原理相同,当探头发射的超声波脉冲通过被测物体到达材料分界面时,脉冲被反射回探头,通过测量超声波在材料中传播的时间来确定被测材料的厚度。超声波以恒定速度在其内部传播的各种材料都可用超声波脉冲法测厚。超声波脉冲法测厚表达式为

$$d = \frac{ct}{2} \tag{6-28}$$

式中,d 为工件厚度;c 为材料声速;t 为传播时间。

当材料声速已知时,测量超声波在工件中传播的时间,就可以得到工件厚度,常用材料的超声波声速如表 6-7 所示。

表 6-7 常用材料的超声波声速

材料	声速/(m/s)	材料	声速/(m/s)
钢铁	5 900	不锈钢	5 740
铝	6 340~6 400	锌	4 170
铜	4 720	铅	2 400
黄铜	4 399	锡	2 960
金	3 251	有机玻璃	2 730
银	3 607	石英	5 630

1) 超声波测厚设备与器材

超声波测厚设备与器材包括超声波测厚仪、试块及耦合剂等。

超声波测厚仪由主机和探头两部分组成,主机采用高性能、低功耗微处理器技术,包括发射电路、接收电路、计数显示电路等,其中发射电路产生的高压冲击波激励探头,产生超声发射脉冲波,脉冲波经介质界面反射后被接收电路接收,通过单片机计数处理后,经液晶显示器显示厚度数值,如图 6-45 所示。

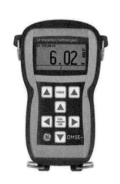

图 6-45 超声波测厚仪

按测量结果显示方式,超声波测厚仪分为数值型超声波测厚仪、波形显示型超声波测厚仪及数值-波形显示型超声波测厚仪等。

超声波测厚探头种类多,包括延迟探头、水浸探头、双晶探头等(见图 6-46)。延迟探头是在超声波探头与工件之间加装延迟块,能将激发脉冲和底面回波分离,从而实现薄壁材料厚度测量。水浸探头是利用柱状水或水池将声能耦合入试块,主要用于在线或加工过程中的工件测量。双晶探头独立的发射晶片和接收晶片,以一个小角度安装在延迟块上从而将能量聚焦,主要用于粗糙、腐蚀表面的工件测量。

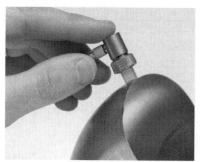

图 6-46 超声波测厚探头

一般情况下,选用超声波测厚探头时,需要遵循以下原则。

① 测量曲面工件厚度时,应选择与之曲率相近的曲面探头。

② 测量晶粒粗大材料时,应选择频率较低的专用探头。

③ 在高温条件下,应选用高温专用探头(300～600℃)。

④ 超声波测厚探头表面保护层有损伤时,应用 500♯砂纸打磨,使其平滑并保证平行度,如测量结果不稳定,应更换探头。

超声波测厚阶梯试块应采用与被检测工件材料相同或相近的材料制作,在试块上明确标称超声波声速值,可根据工件厚度来选择超声波测厚阶梯试片厚度范围,如图6-47。超声波测厚阶梯试块主要用于超声波测厚系统的校准与检测工艺的评价。

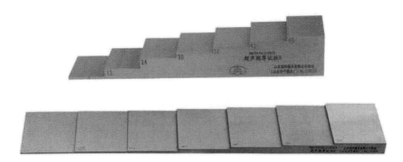

图6-47 超声波测厚阶梯试块

耦合剂详见6.2.2节耦合剂部分的内容。

2)超声波测厚通用工艺

超声波测厚通用工艺根据检测对象、检测要求及相关检测标准要求进行确定,主要包括检测面处理、仪器、试块及耦合剂选择、仪器的调试与校准、检测、测量结果评定、记录与报告等。

(1)检测面处理。工件表面质量经外观检查合格,表面应光洁平整,对于影响检测的油漆、锈蚀、飞溅和污物等均应予以清除,必要时应当进行适当的修磨。

(2)仪器、试块及耦合剂选择。根据工件材质、形状、厚度及检测精度等因素选择合适的超声波测厚仪及试块;根据工件厚度来选择超声波测厚阶梯试块厚度范围;采用与被检测工件材料相同或相近的测厚阶梯试块。

根据工件表面状况、声阻抗和被测材料的工艺要求,选用无气泡、黏度适宜的耦合剂。对于光滑表面工件厚度测量,选用机油耦合剂,对于粗糙或垂直表面工件厚度测量,选用高黏度的甘油、水玻璃、黄油等耦合剂。

(3)仪器的调试与校准。对超声波测厚仪进行声速的调整和零位的校准。

对于声速已知时的校准:若已知材料声速,可预先调整好声速值,然后将探头置于仪器附带的试块上,调整零位,使仪器显示与试块的厚度一致。

声速未知时的校准应注意以下4方面的内容:

① 采用与被测量工件相同材质制作的阶梯试块,分别在厚度接近待测工件厚度的最大值和待测工件厚度的最小值(或待测厚度最大值的一半)进行校准。

② 将探头置于较厚试块上,调整声速,使得测厚仪显示读数接近已知值。

③ 将探头置于较薄试块上,调整零位,使得测厚仪显示读数接近已知值。

④ 反复调整,直至量程的高低两端都得到正确的读数。

(4) 检测。在工件选定的测量位置表面涂布耦合剂,根据实际情况,选择单点测量、双点测量、多点测量、精准测量、连续测量等方式,对工件厚度进行测量。

多次测量时,应不断变化探头测量角度保证相邻两次测量探头轴向方向相互垂直。

在测量过程中,要不断地在标准试块上对仪器进行核准。当发现异常时,应对测厚仪重新校准,并对上一次校准合格后所有测量数据进行复核。

(5) 测量结果评定。按照相应产品技术条件或相关技术标准要求,对工件测量结果进行评定。

(6) 记录与报告。按相关技术标准要求,做好原始记录及检测报告编制审批。

6.6.2 X射线荧光法测厚

当原子受到X射线光子撞击使原子内层电子从轨道游离出来而出现空位,原子内层电子将重新配位,较外层电子会跃迁到内层电子轨道,同时释放出次级X射线,即X射线荧光。较外层电子跃迁到内层电子空位所释放的能量等于电子能级的能量差,不同元素具有波长不同的特征X射线荧光,根据X射线荧光特征波长可进行材料定性分析,根据释放出来的特征X射线荧光强度可以进行镀层厚度测量。

与超声波测厚不同,X射线荧光测厚主要用于几十微米的镀层厚度测量,如电网隔离开关、10 kV开关柜梅花触头、10 kV柱上开关等设备镀银(锡)层厚度测量。

1) X射线荧光测厚设备与器材

X射线荧光测厚设备与器材包括X射线荧光光谱仪、试块等。

X射线荧光光谱仪分为便携式和台式(见图6-48)。X射线荧光光谱仪测量镀层厚度时,不需要接触样品,照射样品的X射线只有几十瓦,不会对样品造成损伤,整

图6-48 X射线荧光光谱仪

个测量过程大约需要十几秒到几分钟。X 射线荧光光谱仪最多可以测量 6 层镀层的厚度,测量范围为 $0.1{\sim}50\ \mu m$,不同种类的镀层测量范围有一定的差异。

一般采用与被检测工件基体及镀层相同的材料制作成均匀厚度的试块,如图 6-49 所示,用于仪器校准及工艺评价,在试块上标称基体材料及镀层厚度值,应根据预估工件镀层厚度来选择试块镀层厚度范围。

图 6-49　镀层试块

2) X 射线荧光测厚通用工艺

X 射线荧光测厚通用工艺根据检测对象、检测要求及相关检测标准要求进行确定,主要包括检测面处理、仪器与试块、仪器的调试与校准、检测、测量结果评定、记录与报告等。

(1) 检测面处理。工件表面质量经外观检查合格,表面应光洁平整,对于影响检测的油漆、锈蚀及污物等均应予以清除。

(2) 仪器与试块。根据检测对象及工件情况,选择便携式或者台式 X 射线荧光光谱仪。选用与被检测工件基体及镀层相同的材料制作成均匀厚度的试块,根据预估工件镀层厚度来选择试块镀层厚度范围。

(3) 仪器的调试与校准。根据仪器操作规程对检测仪器进行调试和校准。

(4) 检测。按照作业指导书,对被检工件进行检测。

(5) 测量结果评定。按照相应产品技术条件或相关技术标准要求,对工件测量结果进行评定。

（6）记录与报告。按相关技术标准要求，做好原始检测记录及检测报告编制审批。

6.6.3 涡流法测厚

涡流法测厚利用涡流检测中的提离效应：高频交流电在探头线圈中产生一个电磁场，当探头靠近导体时，就会在导体中形成涡流，涡流产生的电磁场将影响到探头线圈的阻抗变化，且探头线圈阻抗变化是导体与探头之间非导电覆盖层厚度的函数，通过测量探头线圈的阻抗变化，就可以得出被检工件镀层厚度值。

涡流法测厚通常用高频材料做线圈铁芯，例如铂镍合金或其他新材料。与涡流探伤仪不同，涡流测厚仪使用固定的检测频率，并且其频率很高，为 $1\sim 10\,\mathrm{MHz}$，这样可以增大检测线圈在被测量覆盖层下导电基体中所激励产生涡流的密度，增强涡流的提离效应，从而提高测量灵敏度和准确度。

涡流法测厚适用于基体材料为非铁磁性导电材料，如常见的铜及铜合金、铝及铝合金、铁及钛合金以及奥氏体不锈钢等，覆盖层为非导电的绝缘材料，如漆层、阳极氧化膜等。

1）涡流测厚设备与器材

涡流测厚设备与器材包括涡流测厚仪、试块等。

涡流测厚仪由主机和探头两部分组成，如图 6-50 所示。涡流测厚仪适于测量各种导电体上的非导电体镀层厚度。

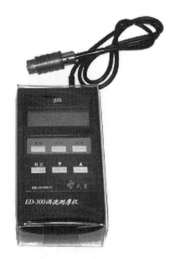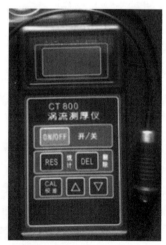

图 6-50 涡流测厚仪

标准涂层试块一般采用高分子化合物制作成均匀厚度的膜片，如图 6-51 所示，用于仪器校准及工艺评价。在实际涡流测厚过程中，应选择厚度与被测覆盖层厚度

图 6‑51 标准涂层试块

尽可能相近的标准试块校准仪器,且校准试块厚度的低值与高值所包含的范围应覆盖被测量镀层的厚度变化范围。

2)涡流测厚通用工艺

涡流测厚通用工艺根据检测对象、检测要求及相关检测标准要求进行确定,主要包括检测面处理、仪器与试块、仪器的调试与校准、检测、测量结果评定、记录与报告等。

(1)检测面处理。工件表面质量经外观检查合格,表面应光洁平整,对于影响检测的油漆、锈蚀及污物等均应予以清除。

(2)仪器与试块。选用合适的涡流测厚仪。选用标准试块,标准试块厚度与被测覆盖层厚度尽可能相近,校准试块厚度的低值与高值所包含的范围应覆盖被测量镀层的厚度变化范围。如果被测量镀层厚度变化范围较大,应按上述原则分别选用合适的标准试块校准仪器。

(3)仪器的调试与校准。分别用两块不同厚度(厚度值应覆盖被测量镀层的厚度变化范围)标准试块对仪器进行调试与校准,当试块实测值与标定值偏差不大于1%时,视为准确。否则,核查相关因素后再次测量核准。

(4)检测。选定测量位置后,进行测量。在测量时应保证探头平稳接触工件表面。每个部位测量 3 次,分别记录检测结果。当出现明显错误值时,应将错误值删除。

(5)测量结果评定。按照相应产品技术条件或相关技术标准要求,对工件测量结果进行评定。

(6)记录与报告。按相关技术标准要求,做好原始检测记录及检测报告编制审批。

6.6.4 磁性法测厚

磁性法测厚包括机械式和磁阻式两种测量方法。

机械式磁性法测厚原理如图 6-52 所示。当探头接触非铁磁性覆盖层时,由于铁磁性基体与探头中永久磁铁产生磁引力作用,导致永久磁铁克服弹簧力向下移动产生一定的位移,位移的大小与覆盖层的厚度有关。当覆盖层较薄时,磁引力大,永久磁铁的位移就大;反之,当覆盖层较厚,磁引力小,永久磁铁的位移就小。磁引力的大小,不仅与覆盖层的厚度有关,还与基体材料的磁性大小有关,永久磁铁的位移并不直接代表覆盖层的厚度,而是两者之间存在一种单值对应关系,这种对应关系随基体材料磁性不同而有所差异,因此需要采用标准厚度膜片针对具体的基体材料进行校准。

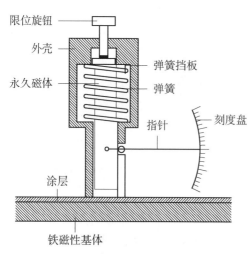

图 6-52 机械式磁性法测量原理

磁阻式磁性法测厚原理如图 6-53 所示。为降低涡流效应的影响,磁阻式磁性测厚仪采用较低的工作频率,通常是几十到几百赫兹。当通有低频交流电线圈接触非铁磁性覆盖层时,线圈内产生的磁通穿过磁芯和被测量对象的铁磁性基体形成闭合的磁路。磁路中的磁阻与非铁磁性覆盖层厚度有关。当覆盖层较薄时,回路中的磁阻较小;当覆盖层较厚时,回路中的磁阻较大,因此,可以采用该方法测量磁路磁阻的大小从而获得覆盖层的厚度。与机械式磁性测厚仪类似,磁路磁阻的大小不仅与非铁磁性覆盖层厚度有关,还与基体材料的磁性大小有关,因此,需要针对具体的基体材料,利用标准厚度膜片通过校准。

与涡流法测厚一样,无论是机械式磁性法测厚,还是磁阻式磁性法测厚,其结果的准确度都受基体的磁特性、基体的厚度、测量部位的形状、尺寸及表面粗糙度、校准膜片厚度的选择、覆盖

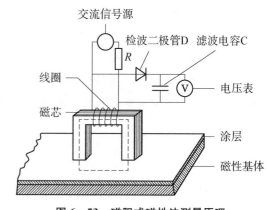

图 6-53 磁阻式磁性法测量原理

层刚性以及操作一致性等因素的影响。

1）磁性法测厚设备与器材

磁性测厚设备与器材包括磁性测厚仪、试块等。

磁性测厚仪由主机和探头两部分组成，如图 6-54 所示。磁性测厚仪适于测量各种磁性基体上的非磁性镀层厚度，可分为机械式磁性测厚仪和磁阻式磁性测厚仪。在电网检测中，常用磁阻式磁性测厚仪测量隔离开关操作机构、螺栓螺母、接地扁铁等工件表面的镀锌层厚度。

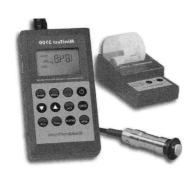

图 6-54　磁性测厚仪

与涡流测厚标准试块一样，用于磁性测厚仪校准的标准试块也是采用高分子化合物制作成均匀厚度的膜片，如图 6-55 所示。在实际磁性法测厚过程中，应选择厚度与被测覆盖层厚度尽可能相近的标准试块校准仪器，且校准试块厚度的低值与高值所包含的范围应覆盖被测量镀层的厚度变化范围。如果被测量覆盖层厚度变化范围较大，应按上述原则分别选用合适的标准试块校准仪器。

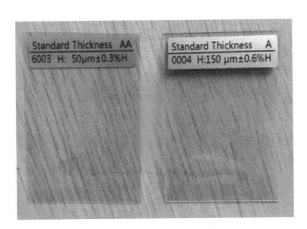

图 6-55　标准涂层试块

2）磁性法测厚通用工艺

磁性法测厚通用工艺根据检测对象、检测要求及相关检测标准要求进行确定,主要包括检测仪器的校准、检测、测量结果评定、记录与报告等。

（1）仪器的校准。仪器在使用前,按照仪器说明书用适当的校准标准片校准,或采用比较法进行校准,即从这些标准片中选出一种对其进行磁性法测厚,同时对其采用涉及该特定覆盖层的有关标准所规定的方法测厚,然后将测得的数据进行比较,对于不能校准的仪器,其与名义值的偏差应通过与校准标准片的比较来确定,而且所有的测量都要将这个偏差考虑进去。仪器在使用期间,每隔一段时间应进行校准。

① 铁基校准（零点校准）：为了保证测量的精确性,可以在测量测试件之前先进行铁基校准。

② 两点校准：测量过程中,如发现个别测量值偏差较大可以通过两点校准方法进行调整。

（2）检测。清除被测物件上的附着物,如尘土、油脂及腐蚀产物等,将仪器的探头擦拭干净。选定测量位置后,进行测量。在测量时应保证探头平稳接触工件表面。每个部位测量 3 次,分别记录检测结果。当出现明显错误值时,应将错误值删除。

（3）测量结果评定。按照相应产品技术条件或相关技术标准要求,对工件测量结果进行评定。

（4）记录与报告。按相关技术标准要求,做好原始记录及检测报告编制审批。

6.7　电网无损检测新技术

6.7.1　太赫兹检测

太赫兹（1 THz＝10^{12} Hz）波,是指介于微波和红外线之间,频率范围为 0.1～10 THz、波长范围为 0.03～3 mm 的电磁辐射波。图 6-56 所示为太赫兹的频谱位置。

由于太赫兹波在电磁波谱中所处的特殊位置,其具有以下一些特点：

（1）穿透能力强,适用范围广。太赫兹波对大部分介电材料,如陶瓷、混凝土、硅橡胶、环氧树脂等具有较好的穿透能力,可用于检测这些材料中的缺陷。

（2）成像能力强,分辨率高。太赫兹波成像的分辨率可达到十几微米。通过对样品太赫兹波的反射波或透射波获得的信息及成像,能比较准确地显示物质的内外部及缺陷信息。

（3）方向性好,抗干扰能力强。太赫兹脉冲宽度为几皮秒,利用时间分辨能力达到飞秒量级的太赫兹时域光谱探测技术,能够有效地抑制背景辐射噪声的干扰,获得

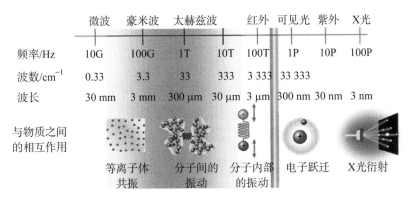

图6-56 太赫兹波的频谱位置

高达90 dB甚至更高的动态范围。

（4）能量低，安全性高。太赫兹波具有低光子能量，频率为1 THz的光子能量大约只有4 meV（毫电子伏），不会破坏被检测物体，对人体也没有电离伤害。

鉴于太赫兹波的上述特点，美国航空航天局（NASA）将太赫兹无损检测（THz-NDT）技术与X光、超声波、微波等并列为四大无损检测技术。与X光相比，THz-NDT的优势体现在无辐射电离伤害，为软材料提供更好的对比度；与超声波和微波技术相比，THz-NDT能够获得更好的成像分辨率，并且是一种非接触式测量，不需要在被测目标表面上涂抹匹配液。

THz-NDT的工作原理：利用太赫兹电磁信号的穿透性，结合各种成像技术，对非极性、非金属材料中的缺陷进行检测。即当太赫兹波入射到被检工件时，如果被检工件材料内部或表面不存在缺陷，则除了工件材料本身吸收极少部分太赫兹波外，剩下的绝大部分将透过被检工件后被探测器接收。当被检工件内部或表面存在缺陷，比如气隙、分层、裂纹、脱胶、夹杂等，太赫兹波将在存在缺陷的部位发生散射，造成绝大部分的能量损失，反映在成像上与没有缺陷的完好部分存在明显的差别。通过对被检工件的太赫兹频段吸收峰、折射率等信息进行扫描成像分析、图像处理，则被检工件的缺陷情况可比较完整、清晰地反映在成像结果上。脉冲太赫兹信号产生原理如图6-57所示。

太赫兹检测系统的工作原理：太赫兹源产生的脉冲太赫兹信号1照射到绝缘材料比如开关的绝缘拉杆、变压器的绝缘纸板等样品，在绝缘样品表面上反射脉冲峰信号2，部分太赫兹信号继续在绝缘材料样品内部传输，当绝缘材料试样内部有缺陷时，会引起传输速率的变化并产生脉冲反射信号3。通过反演分析表面反射的脉冲信号1和从试样内部反射的脉冲信号3，对比分析其峰位和波形，最终就可以得到缺陷的深度、位置和形状等信息。工作原理如图6-58所示。

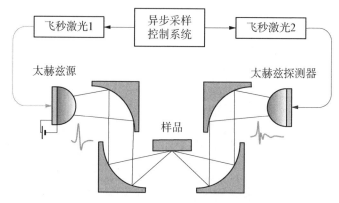

图 6-57 脉冲太赫兹信号产生原理示意图

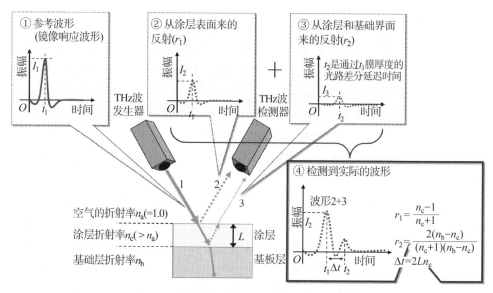

图 6-58 脉冲太赫兹检测系统原理示意图

与传统无损检测方法相比,使用脉冲 THz 技术进行检测,主要有以下优点:
① 响应迅速,检测精确度与可重复性极佳,可靠性高;② 无须接触样品表面,探头可在较远的位置对样品进行测量;③ 对于圆柱形的样品,探头与样品间距以及表面形状对检测结果的影响极小;④ 可准确检测出样品缺陷位置;⑤ 可分辨极细微的缺陷,分辨率高。

6.7.2 红外热波检测

红外热波无损检测(infrared thermal wave NDT)也称为热波检测,是一种利用红外热成像技术,通过主动式受控加热来激发被检测工件中因缺陷引起温度变化的一种无损检测方法。与红外热成像检测不同,红外热波无损检测采用了主动式控制热激励的方法,是主动式红外无损检测,而红外热成像检测是被动式红外无损检测,两者在本质上有着明显的区别。

红外热波无损检测的工作原理:根据被检测工件的材质、结构和缺陷种类以及在特定的检测条件下,使用不同的外部激励对被检测工件表面进行加热,热激励产生的瞬时热波在被检测对象内部进行传播、反射以及散射,再利用红外热成像技术对时序热波信号进行捕捉和数据采集,并用专用软件对所捕捉的图像信号进行处理、分析,从而获得被检测工件表面的温度变化图像和数据,最后根据热传导相关理论知识,求出缺陷大小和被检工件表面温度分布之间的定量关系,从而获得被检测工件中存在的缺陷位置、大小等相关信息。红外热波无损检测原理如图6-59所示。

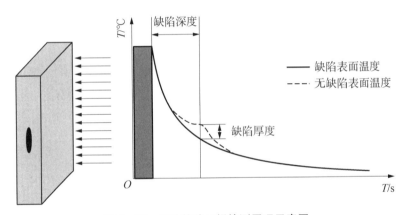

图6-59 红外热波无损检测原理示意图

根据热激励源的不同,红外热波分为脉冲热像法、锁相热像法、超声热像法和持续加热法等。它与传统的无损检测技术如X射线检测、超声检测、表面检测、涡流检测等相比,具有以下一些技术特点。

① 应用范围广。既适用于金属材料的检测,也适用于非金属材料的检测。

② 测量结果图像显示,比较直观、易懂。

③ 不受被检工件面积大小限制,检测速度快,每次检测只需几十秒即可完成。

④ 既可检测缺陷的深度、材料厚度和各种涂层、夹层的厚度,还可用于表面下材料和结构特性的识别。

⑤ 非接触检测,受工件表面状况及曲率的影响较小。

6.7.3 红外成像检测

红外成像检测技术是带电运行设备检测技术,它通过接收物体发出的红外线,将其热像显示在荧光屏上,获得运行设备表面的热分布状态,从而实现对设备运行状态进行实时、直观和准确诊断。

自然界中的一切物体,只要它的温度高于绝对温度(−273℃)就存在分子和原子无规则的运动,其表面就不断地辐射红外线。红外线是一种电磁波,它的波长范围为760 nm～1 mm,不为人眼所见。波长为 $0.78\sim2.0\ \mu m$ 的部分称为近红外,波长为 $2.0\sim1\ 000\ \mu m$ 的部分称为热红外线。红外线在地表传送时,会受到大气组成物质(特别是 H_2O、CO_2、CH_4、N_2O、O_3 等)的吸收,强度明显下降,仅中波 $3\sim5\ \mu m$ 及长波 $8\sim12\ \mu m$ 的红外线有较强的穿透率,红外成像设备就是探测物体表面辐射这两种波段不为人眼所见的红外线的设备。

物体的红外辐射遵循基尔霍夫定律,物体的辐射出射度 $M(T)$ 和吸收本领 α 的比值 M/α 与物体的性质无关,等于同一温度下黑体的辐射出射度 $M_0(T)$。吸收本领大的物体,其发射本领大,如该物体不能发射某一波长的辐射能,也决不能吸收该波长的辐射能。

(1)发射率。发射率又称为比辐射率,是指物体表面单位面积上辐射出的辐射能与同温度下黑体辐射出的辐射能的比值。发射率随物质的介电常数、表面粗糙度、温度、波长、观测方向等条件的不同而变化,其数值介于0～1。

不考虑波长的影响,物体在某一温度下的全发射率为

$$\varepsilon(T) = \frac{M(T)}{M_0(T)} \tag{6-29}$$

根据斯蒂芬-玻耳兹曼定律,实际物体辐射出射度 $M(T)$ 为

$$M(T) = \varepsilon(T)\sigma T^4 \tag{6-30}$$

(2)温升。通常把电气设备中各部件高出环境的温度称为温升。电气设备导体在运行状态下,会产生电流热效应,随着时间的变化,导体表面的温度将不断上升直至稳定,当导体在1 h测试间隔内温差不超过2 K,此时测得导体的温度与测试最后1/4周期环境温度平均值的差值称为温升。

(3)温差。在红外成像检测技术中,通常将用同一检测仪器相继测得的不同被测物或同一被测物不同部位之间的温度差称为温差。

(4)相对温差。相对温差是指两个对应测点之间的温度差与其中较热点的温升之比的百分数。

$$\delta_1 = \frac{\tau_1 - \tau_2}{\tau_1} \times 100\% = \frac{T_1 - T_2}{T_1 - T_0} \times 100\% \tag{6-31}$$

式中,τ_1 和 T_1 为发热点的温升和温度;τ_2 和 T_2 为正常相对应点的温升和温度;T_0

为环境参照体的温度。

（5）环境温度参照体。环境温度参照体是指用来采集环境温度的物体,它具有与被检测设备相似的物理属性,与被检测设备处于相似的环境之中。

（6）红外成像检测原理。红外成像检测技术是通过光电红外探测器采集被检测设备的红外辐射能量,通过光敏元件将辐射信号转换成电信号,经过放大电路处理,以数字或二维热图像的形式显示设备表面温度值或温度场分布(见图6-60)。

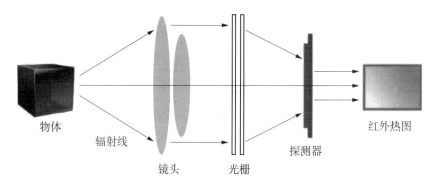

图6-60　红外成像检测技术原理图

红外热成像技术是一种被动红外夜视技术,可以以"面"的形式对运行设备整体进行实时成像,通过显示的图像色彩和热点追踪等功能就能初步判断运行设备发热情况和故障位置,同时对发射率、距离、环境温度等参数进行补偿,利用软件对拍摄的图片进行分析,从而实现运行设备故障在线监测和诊断。

红外热成像技术能对电网设备的运行故障及绝缘性能进行可靠预测,其广泛用于变压器、断路器、隔离开关、输电线路等电气设备的在线状态检测,是现代电力状态检测的发展趋势。

（7）红外成像检测技术的主要特点:① 被动式非接触检测,检测速度快,效率高,隐蔽性好;② 不受电磁干扰,操作方便,安全可靠,能实现电气设备24 h全天候在线检测和诊断;③ 空间分辨率较高,检测精度高,能直观显示电气设备表面的温度场,不受强光影响,应用广泛;④ 不能越过障碍物检测电气设备。

6.7.4　紫外成像检测

紫外线是由原子的外层电子受到激发后产生的,紫外线的波长范围是10~400 nm。太阳光中也含有紫外线,当太阳紫外辐射通过大气层时,由于大气层中的臭氧层对300 nm以下紫外辐射具有强烈的吸收作用,实际照射到地球上的太阳紫外线波长都在300 nm以上,所以将低于300 nm波长区间称为太阳盲区。

根据波长及能量，紫外线可分为近紫外线、远紫外线和超短紫外线等（见表6-8）。

表6-8　紫外线的划分

名称	缩写	波长范围/nm	光子能量/eV
长波紫外	UVA	400～315	3.10～3.94
近紫外	NUV	400～300	3.10～4.13
中波紫外	UVB	315～280	3.94～4.43
中紫外	MUV	300～200	4.13～6.20
短波紫外	UVC	280～200	4.43～12.4
远紫外	FUV	200～122	6.20～10.2
真空紫外	VUV	200～100	6.20～12.4
浅紫外	LUV	100～88	12.4～14.1
超紫外	SUV	150～10	8.28～124
极紫外	EUV	121～10	10.3～124

电气设备发生放电，产生电晕或电弧，会使空气中氮气电离产生部分波长小于280 nm紫外线，处在太阳盲区内，紫外成像仪就是通过特殊滤镜，采集和处理波长240～280 nm的紫外信号，确定电气设备放电位置及强度。

与红外成像检测技术一样，紫外成像检测技术也是常用带电运行设备检测技术之一，通过接收电气设备放电产生的紫外线，经过信号处理与可见光影像重叠显示，达到确定电气设备放电位置及强度的目的，为带电运行设备在线监测及诊断提供可靠依据。

1）电晕放电

电晕放电是指气体介质在不均匀电场中的局部自持放电，是最常见的一种气体放电形式。在曲率半径很小的尖端电极附近，由于局部电场强度超过气体的电离场强，使气体发生电离和激励，因而出现电晕放电。发生电晕时在电极周围可以看到光亮，并伴有嗞嗞声。电晕放电可以是相对稳定的放电形式，也可以是不均匀电场间隙击穿过程中的早期发展阶段。

2）光强

光强是指光源在单位立体角内辐射的光通量，是表示光源光强弱程度的物理量，用I表示。

$$I = \frac{\mathrm{d}\varphi}{\mathrm{d}\Omega} \tag{6-32}$$

式中，I 为光强，单位为坎德拉(cd)；$d\varphi$ 为光通量，单位为流明(lm)；$d\Omega$ 为立体角，单位为球面度(sr)。

在紫外成像检测技术中，光强是指在紫外成像仪中通过人的视觉感知放电点亮度及通过光子数反映出的紫外线辐射量。

3）紫外光子数

紫外光子数是表征电气设备放电强度的主要指标之一，它是紫外成像仪在一定增益下单位时间内观测到的光子数量。当单位时间内光子数重复出现最大值且不小于 9 000 个/秒(或面积比不小于 90%)时，电晕放电强烈，空气击穿裕度较小。

4）带外抑制

在紫外成像检测中，把紫外成像仪对规定紫外工作波段以外信号的抑制能力，称为带外抑制。

5）紫外检测灵敏度

在规定的检测方法和条件下，紫外成像仪可以检测到的最小紫外线强度，称为紫外检测灵敏度。

6）放电检测灵敏度

在规定的检测方法和条件下，紫外成像仪可以检测到的放电点的最小放电量，称为放电检测灵敏度。

7）零值绝缘子

内部击穿电压为零的瓷绝缘子称为零值绝缘子。

8）紫外成像检测原理

当电气设备周围的电场强度达到某一临界值时，就可能发生电晕放电现象，其周围空气将发生电离，在电离过程中，空气分子中的电子不断从电场中获得能量，当电子从激励态轨道返回原来稳态电子能轨道时，将以电晕、火花放电等形式释放能量，此时，会辐射出紫外线，紫外检测仪通过接收电气设备放电产生的紫外线，经信号处理与可见光影像重叠显示，可确定电气设备放电位置及强度，从而保障电网安全运行。如图 6-61 所示为紫外成像检测原理。

紫外成像检测技术可以检测电力设备电晕放电、表面局部放电特征以及外绝缘状态和污秽程度，与红外成像检测技术形成有效的互补。高压导体的粗糙表面、终端锐角区域、绝缘层表面污秽区、高压套管及导体终端绝缘处理不良处以及断股高压导线等有绝缘缺陷的电气设备，在高电压运行时，会因为电场集中而发生电晕放电，出现可听噪声、无线电干扰和电能损失等故障，都可以用紫外成像检测技术进行在线监测和评估。

9）紫外成像检测技术的主要特点

紫外成像检测技术的主要特点如下：

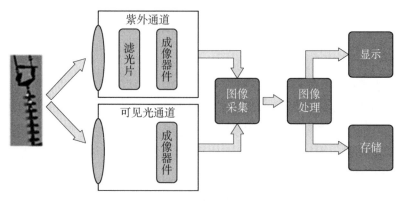

图 6 - 61　紫外成像检测原理

（1）非接触检测，检测速度快，效率高。

（2）分辨率较高，检测精度高，日盲型紫外成像仪不受日光干扰，在日光下工作，图像清晰。

（3）不能越过障碍物检测电气设备；可以动态监测电气设备放电过程。

（4）在污秽严重且大气湿度大于 90% 时，宜进行紫外成像检测。

6.7.5　声发射检测

材料因裂纹扩展、塑性变形或相变等引起应变能快速释放而产生的应力波，称为声发射现象。通过接收和分析材料的声发射信号来评定材料性能或结构完整性的无损检测方法称为声发射检测技术。

1）声发射源

与超声波检测一样，声发射源是声发射检测技术的核心。材料中有许多机制可以产生声发射源，如裂纹萌生与扩展、应力腐蚀及裂纹产生等。声发射源分两大类，一是将声发射源看作一个能量发射器，用应力、应变等宏观参量来获得稳定结果，称为稳态源；二是应用局域在源附近随时间变化的应力应变场，计算与源行为有关的动力学变化，称为动态源。

金属材料的声发射源很多，如材料滑移形变，材料孪生形变，材料裂纹形成、扩展及断裂，材料相变，材料磁畴运动等。岩石、玻璃和陶瓷等非金属材料强度高、韧性差，其声发射源主要为材料开裂。复合材料分为扩散增强复合材料、颗粒增强复合材料及纤维增强复合材料，扩散增强复合材料与颗粒增强复合材料的声发射源主要是基体开裂和第二相与基体材料脱开，纤维增强复合材料声发射源比较多，包括基体开裂、纤维与基体材料脱开、纤维断裂等。

2）声发射信号

声发射信号的产生是由于在金属加工中分子的晶格发生畸变、裂纹加剧以及材料在塑性变形时释放出的一种超高频应力波脉冲信号。根据声发射波形特征,可分为突发型声发射信号(见图6-62)和连续型声发射信号。

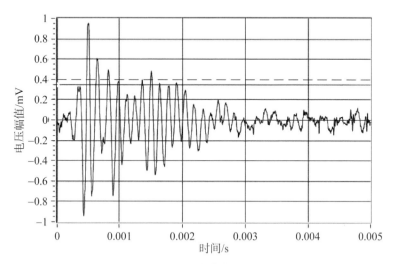

图6-62　突发声发射信号

声发射信号断续,且在时间上可以分开,称为突发型声发射信号。突发型声发射信号的声波脉冲与背景噪声有明显区别,在时间上可分开,如刀具突然断裂产生的声发射信号,就属于突发型声发射信号,由高幅度的不连续、持续时间很短的信号构成,与裂纹的形成和扩展有关。

声发射信号没有间断,在时间上不可以分开,称为连续型声发射信号。连续型声发射信号由一系列低幅连续信号构成,主要与塑性变形有关。连续声发射信号的单个脉冲不可分辨,如液体的泄漏和某些材料在塑性变形时均可产生连续声发射信号。

3）声发射信号的处理

在声发射检测技术中,声发射信号处理是影响声发射检测技术准确度的关键,除了常规声发射信号分析方法外,声发射信号处理技术包括模态声发射分析技术、频谱分析技术、小波分析技术、模式识别技术、人工神经网络模式识别技术。这些声发射信号处理技术的目的是通过分析记录的声发射信号时域波形来获得声发射源的位置及产生机制。

4）声发射源定位

对于突发型声发射信号和连续型声发射信号需采用不同的声发射源定位方法,常用的声发射源定位方法包括时差定位法和区域定位法。

根据同一声发射源所发出的声发射信号到达不同传感器的时间差,经波速、传感器间距等参数的测量和算法运算,确定声发射源的准确位置,称为时差定位法。时差定位法是一种精准而复杂的定位技术,可以用于各种构件的声发射检测,但是这种定位方法容易丢失大量低幅度信号,定位精度受材料特性、结构形状等变量影响。区域定位法是将探头所覆盖的区域按已知的时差数据曲线分割成小区域,对于某一声发射源,只要将声发射信号到达各换能器的时差与计算机内存储的数据相比较,就可以确定声发射源的位置。区域定位法是一种简单、快速、粗略的定位技术,主要用于声发射频率高、传播衰减大、检测通道数量有限,难以采用时差定位方法的场合。

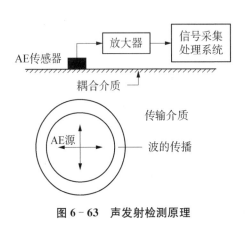

图 6-63 声发射检测原理

5) 声发射检测原理

从声发射源发射的弹性波最终传播到达材料的表面,引起可以用声发射传感器探测的表面位移,这些探测器将材料的机械振动转换为电信号,然后再被放大、处理和记录,如图 6-63 所示。固体材料中内应力的变化产生声发射信号,在材料加工、处理和使用过程中有很多因素能引起内应力的变化,如位错运动、孪生、裂纹萌生与扩展、断裂、无扩散型相变、磁畴壁运动、热胀冷缩、外加负荷的变化等。人们根据观察到的声发射信号进行分析与推断从而了解材料产生声发射的机制。

6) 声发射检测技术的主要特点

声发射检测技术有以下 5 个方面的特点。

(1) 可对各种不同材料,如钢铁、有色金属、非金属、复合材料等进行检测与监测;是一种监测材料对载荷动态响应的被动探测方法。

(2) 对材料结构内缺陷的扩展和变化比已存在的静态缺陷更敏感。

(3) 可对应力作用下不连续的生长进行动态实时监测。

(4) 可在设备运行状态下进行结构监测。

(5) 通过远距离安装的传感器可确定结构中扩展不连续的位置。

由于声发射检测是动态检测,且探测的是机械波,因此也存在一定局限性:① 不发生扩展的不连续情况通常不产生声发射信号,但泄漏或腐蚀的检测可通过检测泄漏噪声信号或腐蚀物断裂信号间接检测泄漏或腐蚀情况,此时不连续并未扩展;② 重复加载至相同应力水平时,不能识别仍然具有活性的不连续;③ 对噪声敏感。

6.7.6 激光超声检测

激光超声检测(laser ultrasonic testing),是指利用激光脉冲在被检测工件中激发超声波,并用激光束探测超声波的传播,从而获取被检工件厚度、内部及表面缺陷、材料参数等信息的一种新型无损检测技术。通常采用的检测方法主要有穿透法、脉冲反射法以及表面波法、兰姆波法等,但应用最广泛的是脉冲反射法和穿透法。

热弹机制和烧蚀机制是激光产生超声波的两种方式,其中热弹机制不会造成工件表面损伤,应用较广泛。激光超声波的接收方式有压电接收和干涉仪接收,其中干涉仪接收方式不需要接触工件,具有一定技术优势。

激光超声检测的基本原理:通过 PC 控制激光激励单元将脉冲激光发射到被检工件表面,被检工件因热弹效应产生超声波,超声波在工件中传播,激光接收单元(干涉仪)接收气孔、裂纹等缺陷反射或衍射超声波信号并传到 PC 控制进行数据处理及分析,从而获得被检工件材料缺陷信息等,如图 6-64 所示。

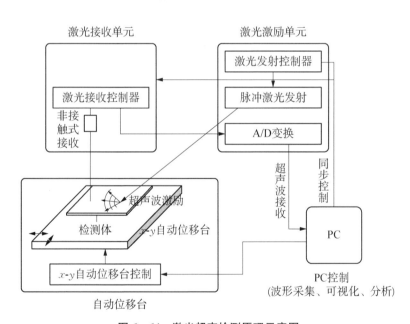

图 6-64 激光超声检测原理示意图

与常规压电超声检测技术相比,激光超声检测具有以下一些优点。

(1) 不需要耦合剂,为非接触检测。避免了耦合剂对检测精度的影响和对被检工件表面产生的各种污染。非接触检测应对恶劣环境及复杂形状工件,如高温、腐蚀、放射性等恶劣条件及复杂工件的焊缝根部、小口径管等更方便。

(2) 精度高。利用激光脉冲可重复产生很窄的超声脉冲,实现微米量级的空间分辨率,能够对缺陷进行精确定位及尺寸定量。

（3）抗干扰能力强。利用其不同的超声波特性进行测量,扩大测量范围。

（4）有别于常规压电超声检测技术的一种换能器产生一种超声信号,激光脉冲作用到固体表面,可同时产生纵波、横波及表面波,因此可实现在一些绝缘体、陶瓷及有机材料中激发不同模式的超声检测。

（5）检测效率高。可应用于自动控制系统中被检工件的在线检测。

6.7.7　电磁超声检测

电磁超声主要利用电磁耦合方法激励和接收超声波。

1）电磁超声检测原理

将通有高频脉冲电流的线圈置于金属试件表面,由于线圈产生的交变磁场作用,在试件表面产生涡流,它由运动的带电质点组成,在金属试件表面放置永久磁铁或直流电磁铁以产生恒定磁场,金属试件中涡流与恒定磁场相互作用,带电质点会受到洛伦兹力的作用而产生高频振动,从而在试件内激发超声波,超声波的频率与高频脉冲电流频率相同,改变高频脉冲电流频率就能改变电磁超声波的频率,如图 6-65 所示。

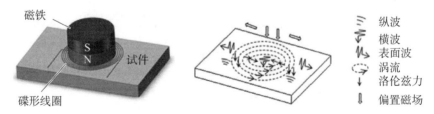

图 6-65　电磁超声检测原理

通过电磁激励声波原理,可以在试件内激发出纵波、横波、瑞利波、兰姆波及导波等不同形式的超声波。

电磁超声激励/接收装置主要由高频线圈、外加磁场、试件本身三部分组成。产生电磁超声有两种效应:洛伦兹力效应和磁致伸缩效应。高频线圈通以高频激励电流时就会在试件表面形成感应涡流,感应涡流在外加磁场的作用下会受到洛伦兹力的作用产生电磁超声;同时,强大的脉冲电流会向外辐射一个脉冲磁场,脉冲磁场和外加磁场的复合作用会产生磁致伸缩效应,磁致伸缩力的作用也会产生不同波形的电磁超声。在电磁超声检测中,洛伦兹力效应和磁致伸缩效应往往同时存在,哪种效应占主要作用与外加磁场的大小、激励电流的频率有关。磁致伸缩探头一般采用具有电磁能与机械能相互转换的功能材料,如镍、铁、钴、铝类合金和镍铜钴铁氧陶瓷。

洛伦兹力探头与磁致伸缩探头很相似,都属于电磁超声探头,主要应用于长距离超声导波检测。

2) 电磁超声检测技术主要特点

电磁超声检测技术的主要特点如下:

(1) 非接触检测,不需要耦合剂,不需要对工件表面进行特殊处理,工件表面油渍、氧化皮等因素对电磁超声检测影响不大,可透过包覆层。

(2) 能产生各种波形。通过改变磁场和涡流的方向可以产生不同模式的超声波来满足各种工件检测。

(3) 检测速度快。传统的压电超声的检测速度一般都在 10 m/min 左右,而电磁超声检测可达到 40 m/min,甚至更快。

(4) 发现自然缺陷的能力强。对于工件表面的折叠、重皮及孔洞等不易检测的自然缺陷,电磁超声检测具有非常好的检测能力。

(5) 被检测工件必须是导电体。

6.7.8　超声导波检测

超声导波检测技术是一种长距离检测技术,广泛应用于长输管道、海洋平台、铁路交轨等工程结构检测。在电力行业中,超声导波检测技术可以用于 GIS 组合电器壳体、钢管塔、母管等电气设备检测。

1) 超声导波检测原理

机械振动在三维无限均匀固体中的自由传播称为弹性波(体波)。在半无限弹性介质表面处,由于介质性质的不连续性,超声波经一次反射或透射产生波型转换。各种类型的反射波和透射波及界面波均以各自恒定的速度传播,而传播速度只与介质材料密度和弹性性质有关,不依赖于波动本身的特性。当固体弹性特征没有变化时,体波将在上下边界内不断反射,并沿着波导的方向传播,称为超声导波,如图 6 - 66 所示。

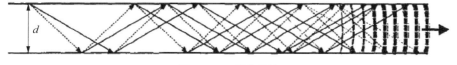

图 6 - 66　超声导波

平板、管、棒及层状的弹性体都是典型的导波,在管状弹性体中传播的超声导波有三种模态,分别是纵向模态(L 模态)、弯曲模态(F 模态)和扭转模态(T 模态),L 模态和 T 模态是轴对称模态,F 模态是非轴对称模态,如图 6 - 67 所示。

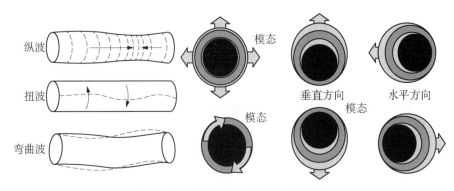

图 6-67　管状构件中超声导波的模态

群速度和相速度是导波的基本物理概念,在超声导波传播过程中,导波群速度是指脉冲的包络上具有某种特性(如幅值最大)的点的传播速度,是波群的能量传播速度;而相速度是波上相位固定的一点传播方向的传播速度。在有界介质中,超声导波由于受到边界约束,在边界处产生较为复杂的反射和折射,使得在波导中传播的超声波的速度随频率变化而变化,从而导致超声波的几何弥散,即导波的相速度随频率的不同而改变,这称为频散现象。频散现象是超声导波的特性,导波的频散现象可以通过绘制频散曲线来表示(见图 6-68)。在实际检测中,可以利用工件频散曲线来选择超声导波的模态及频率。

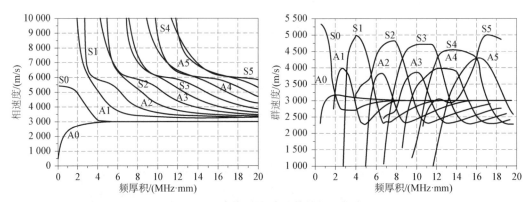

图 6-68　钢板中超声导波的频散曲线

超声导波检测的原理:在一定频带范围的电脉冲激励下,超声导波探头产生的轴向导波沿着被检工件轴向方向传播,在工件横截面变化或局部变化的地方产生回波信号,经过仪器处理、分析,可以判断被检工件中存在的缺陷及缺陷形态。

2)超声导波检测技术特点

超声导波检测技术的主要特点如下:

（1）检测成本低，对于有外表面保温层或包覆层的工件，只需要拆除探头放置位置的保护层就能满足检测要求，大大降低了检测成本。

（2）检测效率高，检测距离长，一次扫查能检测数十米距离，且能对工件的内外表面及内部质量进行100%检测，特别适用于役管道内外壁腐蚀及管道焊缝裂纹、错边等缺陷的检测。

（3）超声导波的频率较低，对缺陷检测的灵敏度及精度要低于常规超声检测。

（4）超声导波检测的是工件截面缺失率，对于工件的细小裂纹、小腐蚀坑等单个缺陷检出率较低。

（5）管道上的法兰、焊缝余高等结构形状会影响超声导波检测结果评价。

6.7.9 超声相控阵检测

与常规超声检测相比，超声相控阵检测技术具有独特的声速偏转与聚焦性能，在信号控制、数据处理、图像显示等高新技术的综合应用下，已广泛用于各行业无损检测中。

1）超声相控阵检测原理

超声相控阵技术是通过电子系统控制探头中的各个阵元，使其按照一定的延迟时间规则发射和接收不同指向性的超声波波束，产生不同形式的声束效果，如图6-69所示，该技术可以模拟各种斜聚焦探头的工作，并且可以电子扫描和动态聚焦，无需或少移动探头，检测速度快，探头放在一个位置就可以生成被检测物体的完整图像，能实现自动扫查且可检测复杂形状的物体。

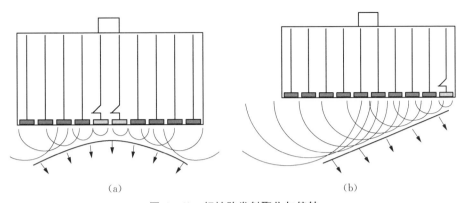

（a）　　　　　　　　　　　　　　（b）

图6-69　相控阵发射聚焦与偏转

（a）相控阵聚焦原理；（b）相控阵声束偏转原理

超声相控阵检测需设计不同形状的超声相控阵探头来满足检测需求。按阵元排列方式来分，超声相控阵探头分为一维线阵列、二维面阵列及二维圆环阵列等。

以线性阵列探头为例介绍相控阵平行线性扫描、扇形扫描以及动态聚焦的原理。如图 6-70(a)所示,阵列换能器阵元的激励时序是从左到右,由若干个阵元组成一组发射声束,通过控制的阵元的激励,使声束也沿着线阵的方向从左到右移动,进行平行线性扫描,类似医学上的实时扫描。如图 6-70(b)所示,将阵列阵元逐个等间隔的加大延时发射,使合成的波阵面具有一个偏角的平面波,这就是相控阵偏转,改变延时间隔的大小,可在一定范围的空间进行扇形扫描。如图 6-70(c)所示,通过控制阵列阵元发射信号的相位延时,使两端的阵元先发射,中间的阵元延迟发射,并指向一个垂直方向移动的聚焦点,使聚焦点位置的声场最强。

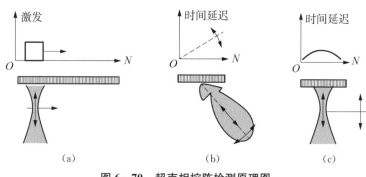

图 6-70 超声相控阵检测原理图

(a) 平行扫描;(b) 扇形扫描;(c) 深度聚集

换能器发射的超声波遇到目标以后产生回波信号,其到达各阵元的时间存在差异。按照回波到达各阵元的时间差对各阵元接收到的信号进行延时补偿,然后合成相加,进而根据信号处理的结果判断出回波声源的位置。

2) 超声相控阵检测技术特点

超声相控阵检测可以应用于 GIS 组合电器壳体焊缝、支柱绝缘子、耐张线夹液压质量、地脚螺栓等工件检测。其主要特点如下:

(1) 通过电子扫描方式能实现声束角度偏转和聚焦,对于结构形状复杂的工件,在不移动探头的条件下,超声声束能覆盖全部检测区域,避免了常规超声检测受工件探测面的限制。

(2) 能同时进行 B 扫描、C 扫描、S 扫描等多种方式,可建立一个三维立体图形,缺陷显示直观明了。

(3) 采用 S 扫描时,不需要更换多种角度的探头,检测效率高,能实现自动化在线检测。

(4) 能实现自动聚焦功能,其灵敏度和分辨率高。

6.7.10 衍射时差法超声检测

衍射时差法(TOFD)超声检测技术是一种依靠从被检试件中缺陷的"端角"和"端点"处得到的衍射能量来检测缺陷的方法,可以用于缺陷的检测、定量和定位。随着超声检测技术的发展,TOFD超声检测可以精准测量缺陷埋深和自身高度,能为工件质量安全评估提供可靠的依据。

1) TOFD超声检测原理

衍射现象是超声波的基本特性,如图6-71所示,TOFD超声检测原理见图6-72所示。当超声波在被检工件中传播遇到缺陷时,根据惠更斯原理,缺陷波阵面上的各点都可以看作子波的波源,各子波波源叠加构成反射波的波阵面,超声波入射角度决定反射波的反射角度,缺陷端点的独立子波源构成衍射波的波阵面,类似球面波的波阵面,且衍射波无明显的方向性,可以沿各个方向传播。

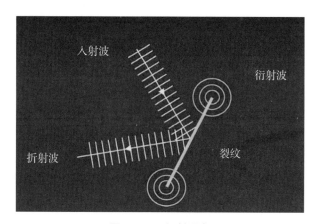

图6-71 衍射现象

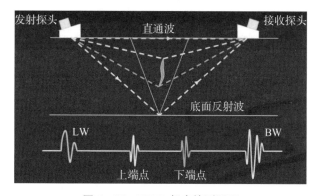

图6-72 TOFD超声检测原理

衍射波的强度比反射波弱很多,且缺陷端点越尖锐,衍射特性越明显。

TOFD 超声检测采用一发一收两个宽带窄脉冲探头,探头相对于焊缝中心线对称布置。发射探头产生非聚焦纵波波束以一定角度入射到被检工件中,其中部分波束沿近表面传播被接收探头接收,称为直通波;部分波束经底面反射后被探头接收,称为底面波。接收探头通过接收缺陷尖端的衍射信号及其时差来确定缺陷的位置和自身高度。

2) TOFD 超声检测技术特点

TOFD 超声检测可以应用于 GIS 组合电器壳体焊缝、钢管塔焊缝等工件检测。其主要特点为:

(1) 检测效率高,一次扫查能覆盖整个焊缝区域(上下表面盲区除外)。

(2) 可靠性好。TOFD 检测接收的是衍射波,衍射波信号不受声束影响,具有很高的缺陷检出率。

(3) 精度高。一般情况下,对于线性缺陷或面积型缺陷,TOFD 检测误差小于1 mm;对于裂纹和未熔合缺陷,TOFD 检测误差只有零点几毫米。

(4) 无法检测工件上下表面缺陷,存在一定的检测盲区,需与常规超声检测相结合才能实现工件缺陷 100% 检测。

(5) 无法检测粗晶材料制的工件;横向缺陷检出率低。

(6) 对缺陷进行定性存在较大困难。

6.7.11 交流电磁场检测

交流电磁场检测(ACFM)技术是一种发展很快的新型检测和诊断技术,于 20 世纪 80 年代由英国伦敦大学机械工程系无损检测中心基于交流电压降(ACPD)原理,用表面磁场模型代替 ACPD 检测中的表面电磁模型而提出的。ACFM 是一种非接触式、受工件表面影响小、可用于所有铁磁性材料和非铁磁性导电材料的表面和近表面缺陷检测和测量的电磁场无损检测技术。

ACFM 技术的理论基础是电磁感应原理。即当载有交变电流的激励线圈靠近被检工件时,交变电流就会在被检工件周围的空间中产生交变磁场。由于趋肤效应,产生的感应电流就聚集于被检工件的表面。当被检工件中无缺陷时,感应电流线彼此平行且密度相同,并且工件表面的强磁场分布比较均匀;当被检工件中存在缺陷时,由于电阻变大,其电流场和感应磁场均发生畸变,影响电流的分布,从而使得电流线在缺陷附近发生偏转。通过检测被检工件的表面感应磁场特征、信息及构建的数学模型,就可以得出被检工件中的缺陷尺寸大小。交流电磁场检测原理如图 6-73 所示,其中垂直于工件表面的磁感应强度 B_z 产生正负峰值对应于缺陷的长度,而平行于被检工件表面和裂纹走向的磁感应强度 B_x 的极小值对应缺陷的深度。

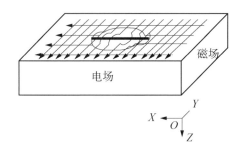

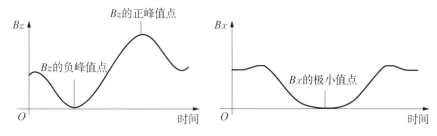

图 6-73 交流电磁场检测原理示意图

与常规无损检测方法相比,ACFM 具有以下优点:

① 不需要要标定,对工件表面要求比较低。由于探头和工件不需要接触,属于非接触检测,不会破坏结构表面保护层,所以,也就不需要清理被检工件表面的油漆、涂层、杂质覆盖物等介质。

② 实际检测出缺陷尺寸与从理论上建立的数学模型计算结果误差小,精度高。

③ 缺陷的定性、定量一次完成,检测速度快。

④ 操作简单,现场使用方便,成本低。

由于 ACFM 技术是建立在铁磁性材料的高磁导率这一特征之上,所在的环境磁场容易对被检工件表面磁场产生干扰,所以,在检测过程中要注意扫描方向、扫描面积、几何效应以及被检工件的涂层厚度、材质变化、磁化状况等干扰因素的影响。比如 ACFM 对垂直于扫描方向的缺陷是无法检测出来的,也无法检测裂纹垂直于扫描方向的位置,此时须将探头旋转 90°扫描。

6.7.12 漏磁检测

漏磁检测是指铁磁材料被磁化后,因试件表面或近表面的缺陷而在其表面形成漏磁场,通过检测漏磁场的变化而发现材料缺陷。

1) 漏磁场

当材料存在切割磁力线的缺陷时,材料表面的缺陷或组织状态的变化会使磁导率发生变化,由于缺陷的磁导率很小,磁阻很大,使磁路中的磁通发生畸变,磁感应线流向会发生变化,除了部分磁通会直接通过缺陷或材料内部来绕过缺陷,还有部分磁通会泄漏到材料表面上空,通过空气绕过缺陷再进入材料,于是就在材料表面形成了漏磁场。

2)磁化方式

漏磁检测的磁化方式包括交流磁化、直流磁化及永磁磁化等。

用交流电对工件进行磁化,称为交流磁化。交流磁化容易产生趋肤效应,磁化的深度随着频率增加而减小,这种磁化方式形成的漏磁场只能检测工件表面和近表面缺陷。

用直流脉冲电流或直流恒定电流对工件进行磁化,称为直流磁化。直流磁化对电源有一定的要求,可通过控制电流大小来调节磁化强度。

永磁磁化是以永磁体作为激励磁源,它不需要电流源,与直流磁化具有相同的特性,一般通过磁回路设计来调节磁化强度。

各种磁化方式都有自己的优缺点,如表6-9所示。

表6-9　各种磁化方式的优缺点

	优　点	缺　点
交流磁化	① 可以用来检测表面粗糙的工件;② 信号幅度与缺陷深度之比对应关系较好;③ 适合局部磁化,能对较大工件进行检测	① 不适合埋藏深度较大的缺陷检测;② 在管外壁磁化时,只能检测外壁缺陷
直流磁化	① 可检测有一定埋藏深度的缺陷,如十几毫米深度的缺陷;② 缺陷信号幅度与缺陷埋藏深度成比例关系;③ 能同时检测管内外壁缺陷	① 磁化强度有一定的限制;② 需要退磁
永磁磁化	① 不需要电源;② 适合在线漏磁检测	磁化强度调整比较复杂

3)影响漏磁场强度的因素

漏磁场强度直接关系漏磁检测质量,在实际漏磁检测中,必须考虑影响缺陷漏磁场强弱的各种因素,影响缺陷漏磁场的因素如下。

(1)磁化场对漏磁场的影响。当磁化程度较低时,漏磁场偏小,且增加缓慢。当磁感应强度达到饱和值80%左右时,漏磁场不仅幅值较大,而且随着磁化场的增加会迅速增大。漏磁场及其分量与钢管表面的磁感应强度大小成正比。漏磁场及其分量与磁化场方向和缺陷侧壁外法向矢量之间的夹角余弦成正比。

(2)缺陷方向、大小和位置对漏磁场的影响。当缺陷与磁化场方向垂直时,漏磁场最强;缺陷与磁化场方向平行时,漏磁场几乎为零。缺陷在工件表面的漏磁场随着离开表面中心水平距离的增加迅速减小。缺陷深度较小时,随着深度的增加漏磁场增加较快,当深度增大到一定值后增加缓慢。缺陷信号的幅值与缺陷宽度对应,缺陷长度对漏磁信号几乎没有影响;缺陷宽度相同时,随深度的增加,漏磁场随之增大。

(3)工件材质及工况对漏磁场的影响。钢材的磁特性是随其合金成分(尤其含碳量)、热处理状态而变化,相同的磁化强度、相同的缺陷对于不同的磁性材料,其缺陷漏磁场不一样,主要表现如下:

① 对于几何形状不同的被测物体,如果表面的磁性场相同而被测物体磁性不同,则缺陷处的漏磁场不同,磁导率低的材料漏磁场强度小。

② 被测材料相同,如果热处理状态不同,则磁导率不一样,缺陷处的漏磁场也不同。

③ 当工件表面有覆盖层(涂层、镀层)时,随着覆盖层厚度的增加,漏磁场强度将减弱。

4)影响漏磁检测信号的因素

在进行漏磁检测时,影响信噪比的因素有以下 6 个方面:

(1)磁路设计必须能使被测材料得到近饱和磁化,以便增大漏磁,提高信噪比。

(2)传感器类型的选择和布局。常用的传感器有两种,一种是线圈感应器,线圈感应器通过切割磁力线来产生信号电压,它是漏磁场磁场强度和探头扫描速度及线圈匝数的函数,因此,线圈感应器对扫描速度敏感,在设计时应考虑到这个因素,为方便信号的处理和提高信噪比,一般采用匀速扫描和提高线圈匝数;另一种是霍尔感应传感器,它是根据霍尔效应将漏磁信号转换成电信号,其灵敏度较高,但对温度变化敏感,线性较差,单个传感器覆盖范围小,而线圈传感器就不受此影响,这就影响信号的滤波处理。综上所述,一般选用线圈传感器。

(3)扫描速度的控制。适当的速度控制对于各种传感器都是必须的,对于线圈传感器,速度增大会提高信噪比。进行扫描时实际上是在进行时空转换,因此信号的频谱结构和速度有关,提高速度就是时域压缩,在频域上就进行了扩展,从而影响信号的频谱结构,对滤波器的工作会产生影响,所以滤波器一定时,速度控制的范围比较小。

(4)噪声的去除。噪声的来源有两部分,一是外部干扰,可以采用屏蔽去除,根据信号的相关性通过时宽、幅度的判别来去除;二是由于检测对象表面不平滑导致探头振动形成的高频干扰,还有电源的不稳定造成的低频干扰,用带通滤波去除,在结构上采取消振措施。

(5)被测物体材料的属性。对于漏磁检测来说,被测工件是铁磁性材料,不同铁磁性材料的磁渗透性不同会影响检测结果。检测试样和被测工件材质应相同或相近,否则会造成误判。

(6)缺陷深度。缺陷深度是影响漏磁信号幅度的一个重要因素。缺陷的数量和形状也影响漏磁信号的幅度。

5）漏磁检测原理

将被测铁磁材料磁化后，若材料内部材质连续、均匀，材料中的磁感应线会被约束在材料中，磁通平行于材料表面，被检材料表面几乎没有磁场；如果被磁化材料有

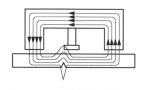

图 6-74　漏磁检测原理图

缺陷，磁导率很小、磁阻很大，使磁路中的磁通发生畸变，磁感应线会发生变化，部分磁通直接通过缺陷或从材料内部绕过缺陷，还有部分磁通会泄露到材料表面的空间中，从而在材料表面缺陷处形成漏磁场。利用磁感应传感器（如霍尔传感器）获取漏磁场信号，然后上传计算机进行信号处理，对漏磁场磁通密度分量进行分析能进一步了解相应缺陷特征（宽度、深度等），如图 6-74 所示。

6）漏磁检测的特点

相比于渗透、磁粉等方法，漏磁检测有以下优点：

（1）易实现自动化。由传感器接收信号，软件判断有无缺陷，适合于组成自动检测系统。

（2）有较高的可靠性。从传感器到计算机处理，降低了人为因素影响引起的误差，具有较高的检测可靠性。

（3）可实现缺陷的初步量化。这个量化不仅可实现缺陷的有无判断，还可以对缺陷的危害程度进行初步评估。

（4）对于壁厚 30 mm 以内的管道能同时检测内外壁缺陷。

（5）可获得很高的检测效率。

漏磁检测的局限性如下：

（1）只适用于铁磁材料。因为漏磁检测的第一步就是磁化，非铁磁材料的磁导率接近 1，缺陷周围的磁场不会因为磁导率不同出现分布变化，也不会产生漏磁场。

（2）不能检测铁磁材料的内部缺陷。若缺陷离表面距离很大，缺陷周围的磁场畸变主要出现在缺陷周围，而工件表面可能不会出现漏磁场。

（3）不适用于检测表面有涂层或覆盖层的工件。

（4）不适用于形状复杂的试件。磁漏检测采用传感器采集漏磁通信号，试件形状稍复杂就不利于检测。

（5）不适合检测开裂很窄的裂纹，尤其是闭合性裂纹。

第 7 章　腐蚀检测及表面防护

腐蚀是指材料在周围介质(水、空气、酸、碱、盐、溶剂等)作用下发生损耗与破坏的过程。腐蚀检测是指对材料的腐蚀所进行的系统测量,目的在于弄清腐蚀过程和了解腐蚀控制的应用情况以及控制效果。而腐蚀的防护是指针对腐蚀的原因和特点,制订防止腐蚀或减缓腐蚀速率的策略。

7.1　金属腐蚀

金属腐蚀的现象十分复杂,根据金属腐蚀的机理不同,通常可分为化学腐蚀、电化学腐蚀和生物腐蚀。

7.1.1　化学腐蚀

金属化学腐蚀是指金属材料与干燥气体或非电解液直接发生化学反应而引起的化学腐蚀和破坏。钢铁材料在高温气体环境中的腐蚀通常是化学腐蚀。

1) 钢铁的高温氧化

钢铁材料在空气中加热时,铁与空气中的 O_2 发生化学反应,在 570℃ 以下的反应为

$$3Fe + 2O_2 = Fe_3O_4$$

反应生成的 Fe_3O_4 是一层蓝黑色或棕褐色的致密薄膜,阻止了 O_2 与 Fe 的继续反应,起了保护膜的作用。

钢铁材料在 570℃ 以上生成以 FeO 为主要成分的氧化皮渣,反应如下:

$$2Fe + O_2 = 2FeO$$

生成的 FeO 是一种既疏松又极易龟裂的物质,在高温下 O_2 可以继续与 Fe 反应,使腐蚀向深层发展。

不仅空气中的氧气会造成钢铁的高温氧化,高温环境中的 CO_2、水蒸气也会造成

钢铁的高温氧化,反应如下:

$$Fe + CO_2 = FeO + CO$$
$$Fe + H_2O = FeO + H_2$$

温度对钢的高温氧化有很大影响。随着温度升高,腐蚀速率显著增加。因此,当钢材在高温氧化介质(O_2、CO_2、H_2O 等)中加热时,会发生严重的氧化腐蚀。

2)钢的脱碳

钢中含碳量的多少与钢的性能密切相关。钢在高温氧化性介质中加热时,表面的 C 或 Fe_3C 极易与介质中 O_2、CO_2、水蒸气、H_2 等发生反应:

$$Fe_3C(C) + \frac{1}{2}O_2 = 3Fe + CO$$
$$Fe_3C(C) + CO_2 = 3Fe + 2CO$$
$$Fe_3C(C) + H_2O = 3Fe + CO + H_2$$
$$Fe_3C(C) + 2H_2 = 3Fe + CH_4$$

上述反应降低了钢工件表面的碳含量,称为"钢的脱碳"。钢工件表面脱碳后,硬度和强度显著降低,直接影响零件的使用寿命,严重时零件将报废,对生产造成重大损失。

3)氢脆

含氢化合物在钢材表面发生化学反应。

酸洗反应:

$$FeO + 2HCl = FeCl_2 + H_2O$$
$$Fe + 2HCl = FeCl_2 + 2H$$

硫化氢反应:

$$Fe + H_2S = FeS + 2H$$

高温水蒸气氧化:

$$Fe + H_2O = FeO + H_2$$

这些反应中产生的氢在初始阶段以原子状态存在,小体积的原子氢容易沿晶界扩散到钢中,引起钢的晶格变形,产生强应力,降低钢韧性,导致钢脆性。这种破坏过程称为"氢脆"。在合成氨、甲醇等含氢化合物的合成过程中,钢铁设备存在氢脆的危害,特别是高强度钢构件的氢脆危害应引起重视。

4)高温硫化

钢铁材料在高温下与含硫介质(硫、硫化氢等)作用,生成硫化物而损坏的过程称

为"高温硫化",其反应如下:

$$Fe + S = FeS$$
$$Fe + H_2S = FeS + H_2$$

高温硫化反应一般发生在钢铁材料表面的晶界处,并沿晶界向内部逐渐扩展。高温硫化后,零件的机械强度明显下降,甚至报废。高温硫化腐蚀在采油、炼油和高温化工生产中经常发生。变压器绕组铜材也会在含硫绝缘油中发生类似的油硫腐蚀。

5) 铸铁的"肿胀"

腐蚀性气体沿晶界、石墨夹杂物和细裂纹渗入铸铁,发生化学反应。由于得到的化合物尺寸较大,不仅使铸铁构件的机械强度大大降低,而且构件的尺寸显著增加。这种失效过程称为铸铁的"肿胀"。研究表明,当最大加热温度超过铸铁的相变温度时,肿胀速率会大大增加。

$$阳极反应: Fe = Fe^{2+} + 2e^-$$
$$阴极反应: 2H^+ + 2e^- = H_2$$

水膜中 H^+ 在阴极得电子后放出 H_2, H_2O 不断电离, OH^- 浓度升高并向整个水膜扩散,使 Fe^{2+} 与 OH^- 相互结合形成 $Fe(OH)_2$ 沉淀, $Fe(OH)_2$ 还可继续氧化成 $Fe(OH)_3$:

$$4Fe(OH)_2 + 2H_2O + O_2 = 4Fe(OH)_3$$

$Fe(OH)_3$ 可脱水形成 $nFe_2O_3 \cdot mH_2O$, $nFe_2O_3 \cdot mH_2O$ 是铁锈的主要成分。由于这种腐蚀有 H_2 析出,故称为析氢腐蚀。

水溶液中通常溶有 O_2,它比 H^+ 更容易得到电子。

$$阴极反应: O_2 + 2H_2O + 4e^- = 4OH^-$$
$$阳极反应: Fe - 2e^- = Fe^{2+}$$

阴极产生的 OH^- 及阳极产生的 Fe^{2+} 向溶液中扩散,生成 $Fe(OH)_2$,进一步氧化生成 $Fe(OH)_3$,并转化为铁锈,这种腐蚀称为吸氧腐蚀。

在强酸性介质中,由于 H^+ 浓度较高,故析氢腐蚀是钢材的主要腐蚀因素。在弱酸或中性介质中发生的腐蚀为吸氧腐蚀。

7.1.2　生物腐蚀

生物腐蚀是由于生物活动性导致非生命物质的性质发生不利于人类需求的变化,即非生命物质的内在价值受到削弱。很多生物(微生物、昆虫、啮齿类、藻类、鸟类等)都能引起生物腐蚀。生物腐蚀过程可分为两类。

(1) 机械类,包括非营养物质被昆虫和啮齿动物啃蚀和穿孔。

(2) 化学类,包括同化效应和异化效应。同化效应是指生物利用底物作为营养物质的来源;异化效应是指产生代谢物(如酸性物质),导致腐蚀、变色、变质或无法使用。

1) 生物腐蚀的形式

(1) 生物摄取加速腐蚀。当使用有机质作为防腐剂时,由于与生物相互作用而消耗了部分有机质,使防腐剂的防腐效果变差。例如,一些有机缓蚀剂在使用过程中会被细菌分解。

(2) 生物新陈代谢产物加速腐蚀。生物代谢产物包括硫酸、硫化物、有机酸等,增加了对环境的腐蚀。

(3) 形成氧浓差电池,加速腐蚀。在生物活性领域,由于氧浓度和盐浓度的变化,形成氧浓度差电池,促进金属腐蚀。

(4) 生物活动影响阴阳极反应过程,加速腐蚀。生物活性促进电极反应的动态过程,如硫酸盐还原菌的存在可以促进金属腐蚀的阴极去极化过程。

2) 生物腐蚀的机理与特点

(1) 微生物腐蚀。常见的微生物腐蚀有如下三种。

硫酸盐还原菌:厌氧的硫酸盐还原菌是影响地下钢结构腐蚀的最重要的细菌之一。在油田,生产油井 80% 的管道腐蚀都与硫酸盐还原菌有关。硫酸盐还原菌在其生命活动过程中,不断氧化存在于环境中的 H_2 或设备腐蚀过程中析出的 H_2,从而使硫酸盐、亚硫酸盐还原成硫化物。

硫氧化菌:好氧的硫氧化菌的存在,能将硫及硫化物氧化成硫酸。

铁细菌:铁细菌分布广泛,形态多样,能使二价铁离子氧化成三价,并沉积于菌体内外。

(2) 大生物腐蚀。真菌和霉菌能吸收有机质并产生有机酸,如草酸、乳酸、醋酸、柠檬酸等。真菌可以生长在各种各样的基质上,如皮革或其他织物,并能破坏橡胶、暴露或涂过漆的金属表面。一般来说,真菌不会造成严重的机械损伤,但会影响产品外观。真菌产生有机酸,可导致缝隙腐蚀。水生生物如贝壳、藻类等生长在河流、海洋和湖泊中,其腐蚀特征是由于它们紧密附着在固体表面,导致缝隙腐蚀。

3) 生物腐蚀的防止措施

(1) 阴极保护和涂层。这两者常联合应用,以防止土壤中的微生物腐蚀。控制土壤中钢铁构件的保护电极在 $-0.950\ V$ 以下(相对 $Cu/CuSO_4$ 电极),可有效防止硫酸盐还原菌的腐蚀。

(2) 杀菌、灭藻、除鳞、改善环境条件。例如,氯和含氯化合物可以添加到铁细菌中,铬酸盐可以添加到硫酸盐还原细菌中以控制腐蚀。

7.1.3　电化学腐蚀

电化学腐蚀是指金属与电解液接触时,由于腐蚀电池的作用而引起的金属腐蚀现象。腐蚀过程可以分为两个相对独立的同时发生的阳极(氧化)和阴极(还原)过程。其特点是腐蚀区域为作为阳极的金属表面,腐蚀产物往往在阳极和阴极之间产生,但产物不能覆盖腐蚀区域,故通常没有保护作用。电化学腐蚀与化学腐蚀的显著区别是电化学腐蚀过程中产生电流。对于大多数工业部门,电化学腐蚀远比化学腐蚀常见。

腐蚀电池过程包括三个基本过程:阳极过程、阴极过程和电流流动。

阳极过程:金属溶解,以金属离子的形式进入介质,并将电子留在金属表面。

$$M \rightarrow M n^+ + n e^-$$

阴极过程:从阳极流过来的电子被电解质中能够吸收电子的氧化性物质 D(称为去极化剂)接收,通常为 O_2、H^+。

$$D + n e^- \rightarrow [D \cdot n e^-]$$

电流的流动:在金属内部(相当于短接的导线)以电子为载体,电流由正极流向负极,电解质中以带电粒子为载体,由阳极流向阴极(负极→正极),构成一个电流回路。

以上三个过程构成了一个完整的腐蚀电池过程。一般金属的腐蚀破坏集中于阳极区,阴极区一般不会发生可察觉的金属损失。

根据构成腐蚀单元的电极的大小、形成腐蚀单元的主要因素以及金属腐蚀的表现形式,腐蚀单元可分为宏观腐蚀电池和微观腐蚀电池两类。

1) 宏观腐蚀电池

这种腐蚀电池通常由肉眼可见的电极构成,一般会引起金属或金属构件的局部宏观腐蚀破坏。有以下几种构成方式。

(1) 异种金属接触电池。当两种不同的金属或合金接触(或连接在一起)并在电解质溶液中,具有负电极电位的金属被持续腐蚀和溶解,而具有正电极电位的金属被保护,这种腐蚀称为接触腐蚀或电偶腐蚀。两种金属之间的电位差越大,电偶腐蚀就越严重。此外,阴阳极面积比、电解质电导率等因素也会影响电偶腐蚀速率。

(2) 浓差电池。浓差电池的形成是由于同一种金属的不同部位所接触介质的浓度不同。常见的浓差电池有溶液浓差电池、氧浓差电池和温差电池。

① 溶液浓差电池。当金属与含有不同浓度金属离子的溶液接触时,低浓度金属

的电极电位为负,高浓度金属的电极电位为正,从而形成金属离子浓度腐蚀电池。低浓度的金属充当阳极,易腐蚀和溶解。

② 氧浓差电池。当金属与含有不同数量氧气的溶液接触时就会发生这种反应。如当铁桩插入土壤时,下部容易发生腐蚀,是因为土壤上部含氧量高,下部含氧量低,形成了氧浓度差电池。高氧含量的上电极具有高电位,是阴极;低氧含量的下电极电位低,是阳极,金属就在那里被腐蚀。再如铁锈形成的裂纹和某些结构引起的金属裂纹也容易形成氧浓度差池,使金属受到腐蚀和损伤。

③ 温差电池。温差电池是由于金属处于电解质溶液中的温度不同形成的。高温区是阳极,低温区是阴极。温差电池腐蚀常发生在换热器、浸式加热器及其他类似的设备中。对于温差形成的腐蚀电池,其两个电极的电位属于非平衡电位,故不能简单地套用 Nernst 公式说明其极性。

上述的宏观腐蚀电池在实际中并不如此单一,往往是几种类型的腐蚀电池共同作用的结果。

2)微观腐蚀电池

处在电解质溶液中的金属表面上由于存在着许多极微小的电极而形成的电池称为微观电池,简称微电池。微电池是由于金属表面的电化学不均匀性引起的。

(1) 金属化学成分的不均匀性。工业上使用的金属常含有许多杂质。因此,当金属与电解质溶液接触时,这些杂质以微电极的形式与基体金属构成众多的短路微电池体系。倘若杂质作为微阴极存在,它将加速基体金属的腐蚀;反之则基体金属会受到某种程度的保护而减缓其腐蚀。譬如,工业纯锌中的 Fe 杂质、碳钢中的渗碳体 Fe_3C、铸铁中的石墨、工业纯铝中的杂质 Fe 和 Cu 以及 Fe 和 Cu 与 Al 形成的化合物等,都是微电池的阴极。当与电解质溶液接触时,这些杂质成为无数个微阴极,从而加速了微阴极周围基体金属的腐蚀。

(2) 组织结构的不均匀性。这里的组织是指合金晶粒的组成类型、组成成分及其排列方式。同一金属或合金中存在不同的结构,因此电极电位也不同。例如,金属的晶界是原子排列松散无序的区域,杂质原子容易富集,导致所谓的晶界吸附和晶界沉淀。这种化学上的不均匀性通常导致更活跃的晶界比晶内具有更大的负电极电位。

(3) 物理状态的不均匀性往往导致金属零件在加工过程中变形和应力状态的不均匀性。一般变形大、应力集中的部位易成为阳极,腐蚀首先从这些部位开始。

(4) 金属表面膜的不完整性。此处讨论的表面膜是初生膜。如果膜不完整(即不致密)、存在破损或有孔隙,则孔隙以下或缺口处的金属相对于完好的表面具有负电极电位,其将成为微电池的阳极并受到腐蚀。

7.2　腐蚀检测方法

根据腐蚀的形式,金属腐蚀可分为全面腐蚀和局部腐蚀。全面腐蚀一般简化为均匀腐蚀考虑,均匀腐蚀是发生在与介质接触的整个金属表面的最常见的腐蚀形式,如钢在大气和海水中的腐蚀以及高温下的氧化。均匀腐蚀的特点是腐蚀失效均匀地发生在整个表面。由于金属表面状态的不同,可以有两种不同类型的均匀腐蚀,一种是金属表面没有钝化膜,处于活化状态的均匀腐蚀;另一种是金属处于钝化状态的均匀腐蚀。

与均匀腐蚀相对应的另一种腐蚀形态是局部腐蚀,即在金属表面局部区域上发生严重的腐蚀,而表面的其他部分未遭受腐蚀破坏或者腐蚀破坏程度相对较小。常见的局部腐蚀有电偶腐蚀、点蚀、缝隙腐蚀、晶间腐蚀、应力腐蚀等。虽然金属表面发生局部腐蚀时破坏的区域小,腐蚀的金属总量也小,但是由于其具有腐蚀破坏的突然性和破坏时间的不易预见性,因而局部腐蚀往往成为工程技术应用中危害性最大的腐蚀类型。全面腐蚀造成灾难性失效事故相对较少,但是全面腐蚀的发展可以为局部腐蚀形成创造条件,导致更严重的局部腐蚀类型的发生。

7.2.1　腐蚀检测和监控

腐蚀检测和监控是对设备腐蚀或破坏的测量。其目的是了解设备的腐蚀行为,了解腐蚀控制情况,并据此采取有效措施。腐蚀检测和腐蚀监控的分界线并不总是清晰,检测通常是指根据维护和大修计划通过短时间内一次性测量,监控是对腐蚀破坏进行长周期连续测量,掌握腐蚀的实时状态,获得腐蚀速率随着时间推移的变化,研究腐蚀过程的起源和发展,积累历史数据,及时调整和控制腐蚀的变化。

腐蚀检测和监控具有以下主要作用。

(1) 确定系统的腐蚀状况,给出明确的腐蚀诊断信息。

首先,通过对仪器、设备、金属结构等当前腐蚀状态的检测,如是否有裂纹产生,是否有局部腐蚀穿孔的危险,容器或管路的剩余壁厚是否在安全范围内等,对当前的腐蚀情况进行必要判断,主要目的是为了控制危险性和防止突发性事故,即利用腐蚀速率可以推算出设备还能安全操作的时间,提供一个早期的预警。

其次,通过腐蚀监测还能够确定腐蚀产生的原因,检测因介质作用使设备发生腐蚀的速度大小,更重要的是可以对系统正在进行的腐蚀控制和维护方案的有效性进行评价。通过解释过程参数变化与它们对系统腐蚀性的联系,可找出腐蚀的原因以及腐蚀与腐蚀控制参数,如压力、温度、pH 值、流速等的关系,或者对一些防腐蚀方法的效果进行判断。

（2）制订维护和维修策略。

制订和实施正确、有效的腐蚀监测策略，帮助工厂更有效地运行，延长设备寿命，并确保系统在最佳的条件下运行，通过对设备的连续检查，在设备发生变化前采取相应的有效措施。常规的腐蚀试验需要按照检修计划定期停机，这会造成产量下降，同时腐蚀失效会导致产品质量下降、外腐蚀泄漏、环境污染、重大安全事故等经济损失。为系统或部件提供诊断信息的腐蚀检测在系统预测和以可靠性为中心的维护策略中扮演着重要的角色。腐蚀测试能够改善设备运行状态，提高设备的可靠性，或延长设备运转周期和缩短停车检修时间以获得巨大的经济效益，还可以使设备在接近设计的最佳条件下运行，对于确保设备的操作人员的安全，减少环境污染起到有益的作用。

随着理论的发展，生产上的迫切需要，腐蚀检测与监测技术得到了长足的发展。传统检测主要是利用试片法，在检修期间对设备进行内部检查，然后通过开发旁路实验装置实现不停车对设备进行腐蚀测量。后续又实现了在设备运转过程中装入和取出试样，利用线性极化法和其他电化学技术、无损检测技术的实际应用，尤其是现代电子技术，特别是电子计算机的广泛应用，使得一些现代的腐蚀监测技术实现了实时检测和在线监测。由于腐蚀速度取决于过程变量，如浓度、温度、流速和其他不可知量，因此预测比较困难。在线腐蚀监测系统可以及时提供腐蚀状态信息，减少不定期停机检修，延长检修间隔时间。腐蚀监测系统非常复杂，从简单的手持式到大型的具有远程数据传输和数据管理能力的工厂应用系统，系统越完善，所得到的效益就越大。

为了使用腐蚀监测系统评价金属或合金在某种介质中的耐蚀性或者某种防腐蚀措施的效果如何，需要通过特定的手段进行腐蚀状态的检测，因此必须要有能准确可靠地模拟设备自身腐蚀行为的探头，工业现场中应用较多的探头有电阻式探针和电化学探针。目前应用较多的是电化学探头（见图 7-1），主要有三种类型，一种是同种

图 7-1　电化学探针

材料双电极型,另一种是同种材料三电极型,还有一种是研究电极和参比电极为同种材料,而辅助电极为异种惰性材料的三电极型。

能够详细给出腐蚀缺陷的尺寸和特征,已成为当今正在发展中的无损检测工作的主要目标。将各种各样的无损技术应用于监测器、探头,利用传感器获取对象的信息并进行模拟和分析,将信息转变为材料和缺陷的参数,通过解释,将所测出的响应和所要求的材料性能或试验物体的性质联系起来,检测的数据再经专家系统进行解释,并提出解决问题的策略和建议。一个理想的在线监测系统应能够给操作者警示信息,即显示腐蚀的类型,预测腐蚀失效的时间和辅助分析发生腐蚀的原因。

腐蚀监测点的选择是腐蚀监测的重要环节,腐蚀状况与系统和部件的几何因素有关。监测点的选择是基于对整个腐蚀过程的全面了解,如系统的具体几何形状、外部影响因素以及系统腐蚀状态的历史记录。通常情况下,最好能够监测系统中最坏的条件,即预计腐蚀破坏最严重的部分。监测点的选择应考虑探头的进出口位置,特别是在压力系统中,通过安装旁路装置,可以在不影响生产装置正常运行的情况下检测腐蚀。

由于腐蚀的类型很多,且腐蚀的形态可以是表面的均匀腐蚀,也可能是局部范围的局部腐蚀,平均腐蚀速度的分布也可能不均匀,即使相距很近的区域,腐蚀速度也可能相差很大,考虑到这些不确定的因素,不可能有一种测量技术能够用来检测所有条件下不同种类的腐蚀,因此建议使用多种腐蚀监测技术,而不是仅仅只依赖于某一种技术。

7.2.2　常用腐蚀检测监控技术

1) 宏观检查法

宏观检查是腐蚀监测的主要手段。对腐蚀表面进行仔细观察和评价是腐蚀检测过程的重要组成部分,也是最简单、最常用的无损检测方法。宏观检查是指表面状态的详细观察,以便确定腐蚀的程度和性质,推断设备或样品的腐蚀状况。它是最基本的腐蚀检测方法,直观,可获得第一手资料,但它只是一种定性方法,常被用作腐蚀检测的辅助手段,是进行其他检查的第一步,以确定设备是否有腐蚀、磨损、裂纹和其他损伤。从表观检测可以得到如下有用信息:

(1) 金属表面的外部形态,包括光泽、颜色、斑点、蚀坑、孔隙、裂缝等。

(2) 环境介质发生的变化,包括是否透明、颜色变化、有无沉淀物、悬浮物等。

(3) 腐蚀产物的状态,包括腐蚀产物的颜色、是否结垢或沉淀成膜、分布均匀与否以及附着性等。

2) 挂片法

挂片是工厂设备腐蚀检测中最常用的方法。用专用夹具固定试样,将试样与夹具隔离,试样与试样隔离,防止电偶腐蚀;尽量减小试样与支撑架之间的支撑点,防止缝隙腐蚀。带试样的支架固定在设备上,在生产过程中腐蚀一段时间后,取下支架和试件进行表观检查和失重测定。特殊支架也可用于夹紧 U 形弯加载或三点弯曲加载下的应力腐蚀试件。安装支架的配置和尺寸应根据设备的实际情况、试样的结构和尺寸以及生产工艺进行设计。支架本身的材料应具有足够的耐蚀性和必要的绝缘性,有多种支架构型可供选用,如图 7-2 所示为几种专用支架和试片。通常要求试片的材料、组织状态和表面状态应尽可能与设备材料相同,但试片的加工状态和结构状态往往很难与设备装置一致。试片的形状和尺寸,除特定用途外,一般不做具体规定,但要求试片的比表面积(表面积与重量之比)应尽可能地大,以便提高测定失重的灵敏度。

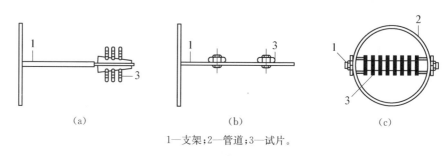

| (a) | (b) | (c) |

1—支架;2—管道;3—试片。

图 7-2 几种专用支架和试片

(a) 立盘式;(b) 水平盘式;(c) 框式

挂片法的局限性:

(1) 试验周期只能由生产条件和维修计划(两次停车之间的时间间隔)所限定,这对于腐蚀试验来说是很被动的。

(2) 只能提供两次停车之间的腐蚀总量,提供试验周期内的平均腐蚀速度,并不能反映腐蚀状态随介质条件改变发生的变化,也不能检测短期内的腐蚀量或偶发的严重局部腐蚀状态。

改进方法之一:在设备装置上附加一个暴露试片的旁路系统,譬如附加一个小试验罐,或者附加一个小型试验性热交换器。通过切断旁路,随时可以装取试片。在某些情况下,可利用有关设备材料制成试验性冷凝管、蒸发器或管路系统中的一段管子,置于旁路系统中监测试验。

另一种改进方法:在设备的特定位置安装一个可伸缩支架,在设备运行时,可以通过用填料盖密封的阀门随时装取试片。

通常采用失重法确定挂片腐蚀量和计算腐蚀速度。当发生点腐蚀时,可利用最大点蚀深度和点蚀系数等评定手段。这种方法需辅之金相显微镜,以检查是否存在孔蚀、晶间腐蚀、应力腐蚀开裂等局部腐蚀。

3）警戒孔监视法

警戒孔监视法（即腐蚀裕量监测法，又称哨孔监视法）是通过监测腐蚀裕量从而监视设备或管道腐蚀的一种方法。警戒孔多设在设备或管道的腐蚀敏感部位，在外壁上钻出一些精确深度的小孔，直径为 3.2 mm（针对不同情况，可在 1.6～7.5 mm 之间选定）。孔深可根据设计的工作压力和工作温度计算的最小允许壁厚来确定，其深度使得剩余壁厚就等于腐蚀裕量，或为腐蚀裕量的一部分（见图 7-3）。

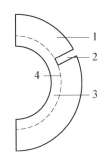

1—管壁；2—警戒孔；3—设计的腐蚀裕量；4—腐蚀性流体。

图 7-3　监视管壁腐蚀的警戒孔法

由于腐蚀或冲蚀的作用，使剩余壁厚（腐蚀余量）逐渐减少，直至警戒孔处产生小的泄漏，一旦产生泄漏（由丝缕轻烟、液态锈斑、透过外径绝缘层的渗漏或包覆层上的锈斑识别），对此应及时把锥度为 1∶50 的金属销钉（塞子，又称堵头）打入警戒孔，以封闭泄滞。这并不会降低设备或管道内的压力或流速，设备仍可继续正常运行。接着应当用超声测厚法检查设备的其余部分，以确定其他部位的安全性，进而决定是否需要停车检修，以防设备产生更大的损坏。也可在警戒孔上部焊接一个带螺纹的金属块，通过拧入一个尖头螺钉来封闭泄漏的警戒孔。

警戒孔法的要点是正确地选择钻孔位置。应选择在预期会产生强烈腐蚀的部位，例如在 T 形部件、异型、接管、弯头外侧面、阀体、法兰和底盘等处钻孔，在管线上则应在焊接热影响区钻孔。

还可用"分级"警戒孔测量实际腐蚀速度。在管壁或设备壁上钻出一系列不同深度的警戒孔，当渗漏从一个小孔发展到另一个小孔时，根据各警戒孔渗漏的时间便可计算出实际腐蚀速度。

本方法的一个重要优点是当腐蚀或侵蚀造成的金属损伤使设备不能再使用时，警戒孔将发出报警指示。此外，警戒孔法不需要复杂的测试设备和仪器，也不需要定期测量。

警戒孔法一般用于监测携载液体或气体介质（包括高于其自燃温度的气体）的容器或管道，在石油工业上应用较多。一般情况下，由于外部大气温度低，不会泄漏着火，即使有一点点火苗，也很容易被销钉堵头熄灭。但是对于盛放易燃易爆或有毒物料的装置，应严格防止可能产生的泄漏危险，这限制了警戒孔的广泛使用。

警戒孔法具有一定的可靠性，但它只是维持设备装置安全性的一个附加措施，往往与其他腐蚀监控技术（如超声测厚）联合使用。

4）超声波测厚法

该方法是一种基于金属中超声波响应的孔蚀、裂纹缺陷和厚度监测方法。通常分为超声脉冲回波法和基于连续波的共振法。脉冲回波法（即反射法）：将压电

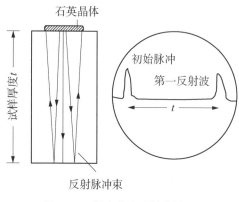

图 7-4 超声脉冲反射法原理

晶体传感器探头的声脉冲发射到被测金属材料，声脉冲被金属的正面和背面反射，也会受到两个面之间的缺陷反射，反射波被一个压电晶体或另一个专供接收用的压电晶体接收放大后，显示在阴极射线示波器上，或者用刻度盘显示器、数字显示器或长图表记录器来记录信号。材料厚度或缺陷位置可根据时间坐标轴上声波的反射和返回的时间确定（见图 7-4），缺陷尺寸可根据该缺陷信号的波幅得到。

共振法：把由一个频率可变的电子振荡器产生的交变电压施加到一个石英晶体上，后者把电能转换成机械振动能，晶体与金属之间的耦合剂保证把这种机械振动能传送到金属中，即声波传递。适当调节超声频率，当工件厚度为超声波波长的 $\frac{1}{2}$ 或 $\frac{1}{2}$ 的整数倍时，出现共振，导致金属中产生驻波，并以更大的振幅引起共振。通过探头记录振幅。在测定一系列共振频率的响应之后，由两个连续谐波之间的频率差确定基本共振频率 f，根据其声波性质可确定金属厚度 t：

$$t = \frac{v}{2f} \tag{7-1}$$

式中，v 是声波在金属中的速度。

作为一种腐蚀监测技术，超声波测原法已广泛用于监测工厂设备的缺陷、腐蚀磨损，以及测量设备和管道壁厚。该技术的主要优点是只需在设备的单侧检测，不受设备形状限制，现场检测能力强、速度快、操作安全。但对操作人员的技能和经验要求较高，结果易受操作人员的主观因素影响。此外，如果探头与腐蚀金属表面耦合不好，也会影响检测效果。

为了使发射的声波传递到待测材料，要求金属表面清洁，使压电晶体和待测构件之间紧密接触，这需要使用各种耦合剂或凝胶，但耦合剂的使用温度限制了它在高温条件下的使用。超声波法可探测的金属表面最高温度为 550℃。

实际测量精度通常低于仪器的精度，主要取决于构件前锋面的制备程度和背面的状态，特别当发生孔蚀时将导致多次回波，构件背面状态的影响就更大。尽管超声探测仪的测量精度可达到约 0.02 mm，但单个的在线测量精度不会好于 ±0.2 mm，关键取决于操作人员的技术。

孔蚀在某些情况下使得这种检测方法不能得到共振,用反射法得到的结果也是无序的。在孔蚀表面检测到的材料厚度会是孔深和壁厚的某种混合值。

由于许多未知因素的影响,现场超声波测厚的结果往往带有统计性质。因此对超声波测厚(或探伤)的结果应当采用统计方法加以分析。

5）涡流检测法

涡流检测法是利用交变磁场诱导金属物体在磁场中产生涡流。涡流的分布和强度与交流激励的频率、金属材料、被测件的尺寸和形状、检测线圈的形状、尺寸和位置有关。它还与金属材料或近表面缺陷有关,涡流在裂纹或凹坑处受到扰动。因此,通过检测线圈可得到由激发线圈激发的涡流大小、分布和变化,就可检测材料的表面缺陷和腐蚀状态,如可能的腐蚀孔、裂纹、晶间腐蚀、选择性腐蚀和整体腐蚀。

涡流法测试仪器包括三部分:电磁激发源(助磁线圈)、检测感应涡流变化的传感器(检测线圈)和指示或记录这些变化值的测量系统。涡流密度随进入金属深度而衰减的速度是金属的电阻率和磁导率以及激励电源频率的函数。因此,涡流检测的最佳频率随待测金属厚度而定。

涡流测量腐蚀损伤的灵敏度取决于被测金属的电阻率和磁导率以及用于激励探针线圈的交流频率。对于铁磁性材料,涡流的有效穿透性非常弱,因此只能用于检测铁磁材料表面的腐蚀情况。对于非磁性材料,可以选择合适的频率在设备的外壁测量,从而检查内壁各部分的状态,实现对设备的在线监测。由涡流确定的逆电势对线圈和金属之间的距离很敏感,这一特性可以用来确定各种有色材料上的非导电涂层的厚度。但被测表面的粗糙度会影响测量结果,尽管涡流计具有补偿的"辐射"效应可以减小误差。

如果腐蚀产物在金属表面形成或沉积磁性垢层,或存在磁性氧化物,涡流检测结果也可能带来误差。此外,如果存在应力腐蚀裂纹或孔腐蚀,则对测量结果的解释需要丰富的经验。涡流探伤法是对超声探伤的补充,前者测量裂缝长度,后者测量裂缝深度。如果两个测量值不匹配,裂纹就会出现分支或弯曲。这两种技术比单独使用任何一种技术能提供更多的信息。由于涡流法与被测金属的电导率密切相关,为了提高测量精度,应保持被测系统恒温。涡流检测方法可应用于各种黑色和有色金属检测,也可用于厚度测量和腐蚀损伤检测、整体腐蚀检测和局部腐蚀检测、涂层检测等,在一定条件下还可用于工业设备的在线检测。

6）电化学阻抗谱法

电化学阻抗谱方法是一种有力的和足够精确地测量电极反应速度的方法。为了获得正比于检测界面的电化学反应速度的极化电阻或电化学传递电阻,使用交流阻抗的仪器记录阻抗的实部和虚部,根据阻抗图谱的形状,用适当的电路模型描述,并用拟合程序进行拟合,拟合的质量取决于曲线和拟合曲线的符合程度,通过对模型参

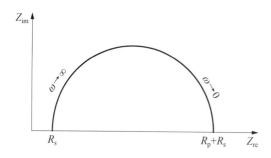

Z_{re}—阻抗实部;Z_{im}—阻抗虚部;R_s—溶液电阻;R_p—极化电阻;ω—测量信号角频率。

图 7-5 典型交流阻抗谱

数的分析,将其转化为电化学反应的相关参数。当用一个角频率为 ω 的振幅足够小的正弦波电流信号对一个稳定的电极系统进行扰动时,相应的电极电位就做出角频率为 ω 的响应,从被测电极与参比电极之间输出一个角频率为 ω 的电压信号,此时电极系统的频响函数就是电化学阻抗。在一系列不同角频率下测得的一组频响函数值就是电极系统的电化学阻抗谱(见图 7-5)。极化电阻在电化学阻抗谱中,就相当于在电位 φ 下测得的阻抗谱频率为 0 时的法拉第阻抗。在电化学阻抗谱上,角频率 ω 趋近于无穷大时的阻抗实部即为溶液电阻,而当 ω 趋近于 0 时的阻抗实部则为溶液电阻和极化电阻之和。因此对腐蚀金属电极进行电化学阻抗谱的测量,可以同时测得极化电阻和溶液电阻,这样测得的极化电阻值不受溶液电阻的影响。

金属和溶液之间有一个界面电容。界面电容的大小与金属的表面状态和溶液的组成有关。在一定的体系中,界面电容的变化反映了腐蚀金属电极表面状态的变化。当金属表面形成致密的钝化膜时,界面电容一般比普通双层电容小得多。当电极表面产生多孔固体含水腐蚀产物时,电极表面相当于多孔电极表面,界面电容值会变得非常大。通过测量电极表面电容,可对腐蚀金属电极的表面状态变化进行研究,包括在腐蚀过程中金属表面的粗糙度的变化、缓蚀剂的吸附、钝化膜的形成和破坏以及固体表面腐蚀产物的形成。由于交流阻抗法可以在较宽的频率范围内测量涂层系统,因此可在不同的频率段获得涂层性能和失效过程的相关信息。同时,由于交流阻抗法采用振幅较小的正弦干扰信号,在测量过程中涂层系统不会发生太大的变化,所以可对涂层系统进行多次测量。根据实测图建立物理模型并进行分析,可对涂层体系的结构和性能进行推测并进行定量评价。通过涂层的电容和电阻的变化可以知道电解质溶液渗透到有机涂层中的程度。阻抗测量结果可以灵敏地反映镀层/基体金属界面的结构变化信息及反映镀层在界面中的损伤过程,如光谱变化可以清晰地显示腐蚀正处于哪个阶段:是否在电解质溶液渗透的初始阶段,还是电解质溶液已经逐渐渗透到金属界面形成了涂层下的腐蚀微电池,或者涂层由于大面积的出现气泡而失去了保护作用。此外,交流阻抗技术可用于研究缓蚀剂在腐蚀金属电极界面的吸附和抑制作用。

电化学技术是依靠对传感器元件极化来获取腐蚀信息的,在这个意义上它与线性极化电阻具有某种联系。对于电化学阻抗谱,传感器的扰动信号和发生相位移动的响应都是交流性质的,为了详细地表示出腐蚀行为特征,需要在整个频率范围内进行测量。全频扫描提供的相移信息可用于等效电路模型,利用等效电路模型可以说明比较复杂的腐蚀现象,并获得相应的动力学信息。电化学技术多用于检测均匀腐蚀破坏。由于电化学检测设备复杂、昂贵,操作时间冗长,不适合现场使用,数据处理困难,因此全频谱分析很少用于现场。目前,已特别开发了用于现场检测的有限频率装置,它可与线性极化电阻装置相比,还设计出一种基于交流阻抗法测量原理,能自动记录金属腐蚀瞬时速度的腐蚀监测仪,可在两个频率下进行测量(常用频率是0.1 Hz 和 100 kHz),以取得动力学信息。

电化学阻抗谱是一种利用小振幅的正弦电位(或电流)作为扰动信号的电化学测量方法。一方面,对电信号幅值较小的系统进行扰动可以避免对系统产生较大的影响,另一方面,扰动与系统的响应呈近似线性关系。同时,电化学阻抗谱是一种频域测量方法。该方法利用宽频率范围的阻抗谱对电极系统进行研究,可以获得比传统电化学方法更多的动态信息和电极界面结构信息。研究金属腐蚀过程的稳态测量需要使用对系统有较大干扰的信号,因此被测系统会受到检测信号的干扰。瞬态测量的数学模型复杂,数学推导繁琐,时域瞬态响应数据测量容易产生误差。在阻抗谱测量过程中,电极在稳定电位周围被小幅度的正弦波对称极化。此外,由于在同一电极上通过交流电进行阳极和阴极交替处理,即使测量信号长时间应用于系统,也不会出现极化的累积发展。对于表面有有机涂层的腐蚀金属电极,不能使用常规方法测量其稳态或准稳态极化曲线,但利用阻抗光谱测量的状态可以获得涂料的质量和涂层下金属腐蚀过程的信息。为了在低频率下进行有意义的测量,腐蚀电位必须非常稳定,应用电位扰动可能会影响腐蚀敏感元件,特别是在长时间反复应用时。

与交流阻抗法相似的另一种方法是谐波分析。谐波分析技术是对三个元件中的一个元件施加交流电位干扰,得到相应的电流响应,其电流响应与该点的电化学阻抗谱相当。该技术不仅用于分析主频率,而且主要用于分析高次谐波振荡。相关研究已经系统地建立了谐波分析理论,可以在理论上快速地确定所有重要的动力学参数,从而明确地计算出所有的动力学参数(包括塔费尔斜率)。目前该技术主要在实验室中使用,其可靠性和应用性能还有待测试。

7) 线性极化法

当电流通过电极时引起电极电位移动的现象,称为电极的极化。线性极化电阻技术是一种使用三电极或双电极的电化学方法,在这种方法中,把一个小的电位扰动在自然腐蚀电位附近 ±10 mV 进行电化学极化时施加到感兴趣的传感器电极上,并测量产生的直流电流,电位与电流变化之比称为极化电阻,它与均匀腐蚀速率成反比。该方法在快速测定金属瞬时腐蚀速度方面独具优点。

测量极化电阻的设备主要由极化电源和电极系统两部分组成。既可以使用电流,也可以使用电位作为激发信号,电极系统一般做成探针形式,如图 7-6 所示的两电极型电化学探针。电极必须与探针的其他部分绝缘,探针必须能够承受环境温度和压力,并防止介质泄漏。双电极系统具有两个相同的电极,适用于低电阻率介质。当溶液电阻率较高时,测量误差较大。双电极体系结构简单,但受溶液电阻的影响较大。三电极系统更精确,但仪器昂贵。恒电量是一种暂态方法,其理论基础由 Stern 公式[①]建立,但测量方法不同于线极化法:外部电源在电极上增加了已知的电荷量,使电极电位略有变化,即电极表面的双层充电;随着腐蚀反应对电荷的消耗,电极电位逐渐衰减,由电位衰减曲线可以计算出腐蚀电流。这种方法的优点是它可以用于高电阻溶液方案;测量时间短,可以在几毫秒至几秒钟内完成;由于电极表面状态的微小变化,测量是在接近自然状态下进行的。除测量极化电阻外,还可以测量极化曲线的塔费尔(Tafel)斜率和电极表面微分电容。

图 7-6　两电极型电化学探针

极化电阻测量能够快速确认腐蚀状况,及时采取应对措施,能够延长设备服役寿命和使不定期的停车次数减少。如果进行连续监测,则极化电阻方法能够发挥最大的效能。该技术已成功使用了 30 年,几乎可用于任何一种水溶液腐蚀体系,现已成功地用于工业腐蚀监控,如氨厂脱碳系统的腐蚀监控、酸洗槽中缓蚀剂的自动监测与调整等。线性极化法的优点是测量迅速,可以测得瞬时速度,且测量比较灵敏,可以及时反映设备操作条件的变化。但是线性极化法只适用于电解质溶液,并且要求溶液的电阻率应小于 10 kΩ m,当电极表面除了金属腐蚀反应以外还伴有其他电化学反应时,由于无法将它们区分开而导致测量误差,甚至得出错误的结果。通过单独测量溶液电阻并从表观极化电阻值中减去它,可以提高这种技术的准确度。线性极化

---

① Stern 公式:

$$i_{腐} = \frac{i}{\Delta\varphi}\left[\frac{b_a \cdot b_k}{2.303(b_a + b_k)}\right],$$

式中,$\frac{i}{\Delta\varphi}$ 的倒数称为极化电阻,b_a 和 b_k 分别为阳极和阴极的 Tafel 常数,即是两条外延直线的斜率。

电阻技术广泛用于全浸水溶液条件,可直接解释测量结果,实现连续在线监控;因为测量时间为几分钟,灵敏度高,在适当的环境中能实现实时监控。为了准确测量,要求环境具有相对比较高的离子导电性。

7.3　表面防护

7.3.1　金属镀层防护技术

金属镀层可分为两大类,一类是电化学沉积镀层,另一类是热浸镀层。

电化学沉积镀层。采用电化学沉积得到镀层的方法主要有两种,一种是电镀,另一种是化学镀。电镀是采用直流电通入电解质溶液(镀液)中,使金属或合金沉积到阴极表面的过程。化学镀是利用适当的还原剂使镀液中的金属离子还原成金属并沉积在被镀基体表面上的化学还原过程。利用电化学沉积方法可得到单金属镀层,如锌、镍、铜、铅、银等;多元合金镀层,如锌镍合金、锌钴合金、锡镍合金、铜锡合金、铜锌合金、镍钨磷合金等。这些镀层按其用途可分为防护性镀层、装饰性镀层和功能性镀层。其中功能性镀层又可分为耐磨性镀层、减磨性镀层、抗氧化性镀层、磁性镀层、磁光记录镀层等。

热浸镀层。热浸镀简称热镀,是将被镀的金属浸于其他熔点较低的液态金属或合金中,使被镀金属表面敷上一层其他金属镀层的过程。热浸镀的镀层可以是单金属层或合金镀层。可用于热浸镀的低熔点金属有锌、铅、锡及其合金。

7.3.1.1　电镀

1) 金属表面的镀前处理

(1) 预处理的目的。为了获得良好的镀层质量,确保镀层与母材牢固结合,要求被镀金属在电镀前做到表面清洁。但金属在机械加工过程中,其表面会留下油污、毛刺、氧化皮等;金属产品在放置过程中,金属表面会有灰尘、锈蚀等。因此,在电镀前,金属表面应进行预处理,以获得表面的清洁。在电镀过程中,当镀层与母材发生分子间和金属间结合时镀层与母金属才能牢固结合,而且这个过程只能发生在干净的表面上。

(2) 预处理的方法。常见的预处理工艺有机械处理、脱脂(除油)处理、浸蚀处理等。

机械处理。一般采用磨光、抛光、滚光、喷沙等方法。

脱脂处理。主要有有机溶剂脱脂法、化学脱脂法、电化学脱脂法等。

浸蚀处理。金属制品在机械加工或搁置时表面会产生氧化层或锈蚀,为除去这些氧化物,一般采用酸性试剂进行处理,这样的处理方法称为酸浸蚀。浸蚀的方法有化学浸蚀和电化学浸蚀两种。无论采用哪种方法,都可分为强刻蚀和弱刻蚀。强刻蚀是去除大量氧化物;弱刻蚀是去除不易察觉到的薄层氧化物,它是强刻蚀后进入镀液前的最后一道生产工序。

2) 单金属镀层

金属与含有该种金属离子的溶液达到平衡时,电极体系的电极电位称为平衡电极电位。在电镀时将被镀件和外电源的负极相连,发生还原反应,即阴极反应。如溶液中的金属离子为 Ni^{2+},将发生镍还原反应。如果将一金属镍板与外电源的正极相连,镍板将发生氧化反应即阳极反应,镍板上的镍原子溶解下来进入溶液。但是阴极上 Ni^+ 的还原在平衡电位是不能发生的,只有当电极表面的电流达到一定数值,溶液中的金属离子(Ni^{2+})有了足够的活化能,能够克服势垒时,溶液中的金属离子才能从液相进入固相,即发生金属的析出。通常将金属在阴极表面开始析出时的电位称为该金属的析出电位,不同金属的析出电位不同,同一金属在不同条件下的析出电位也不相同。进行单金属镀层电镀时要达到该金属的析出电位,析出的金属需要进入金属晶格,即发生电结晶。因此镀层的形成就是一个晶核的形成和晶体长大的过程。过电位越大,晶核形成概率越大,形成的晶核数量越多,晶核越小,得到的镀层组织越致密。电镀时,阴极上不断沉积出金属,阳极上的金属不断溶解,溶液中的金属离子浓度基本保持不变。如果阳极为不溶性阳极,就必须间歇地向溶液中补充金属盐以保证溶液中的金属离子浓度。

电镀层质量的优劣,主要看镀层结晶的致密程度、厚度的均匀程度、与基体金属结合的牢固程度。影响镀层质量的因素有以下几种。

① 溶液的组成:溶液的组成成分对镀层质量的影响情况如下。

对于溶液中以简单金属离子形式存在的镀液,如果金属离子还原时阴极极化作用不大,这时镀层结晶粗糙,则应在镀液中加入适当的添加剂和光亮剂,以提高阴极极化,增加镀液的分散能力和深镀能力。

如果金属离子是以配离子形式存在于溶液中,则应注意配合剂的用量,以保持镀液的稳定性。

对于阴极极化比较小的电极反应,其主盐的浓度越高,则镀层结晶颗粒越粗大,因此,应该降低主盐的浓度,同时采用添加剂或提高阴极电流密度。

镀液中附加盐的加入,目的是为改善镀液的导电性、增强阴极极化的能力、稳定镀液的 pH 值,改善阳极溶解。

添加剂在镀液中的作用主要是吸附在阴极表面,阻碍金属离子在阴极上的还原反应,或阻碍放电离子的扩散,影响沉积和结晶过程,并提高阴极极化。

添加剂可分为光亮剂、整平剂、润湿剂、应力消除剂等,添加剂大部分是有机化合物。添加剂的作用是改善镀层组织、表面形态和物理、化学及力学性能等。

② 电镀工艺规范的影响。

阴极电流密度的影响：一般电流密度过低时，阴极极化作用小，金属结晶的晶核形成速度慢，而晶核成长的速度快，这样只能得到粗大的结晶，增大阴极电流密度，可提高阴极极化。阴极过电位的提高，使得晶核形成速度增大，晶核的增多使镀层致密，但是阴极电流密度有一定范围，当超过上限值时，镀层会发黑或烧焦。

温度的影响：温度升高时，使溶液中的离子具有更大的活化能，因而降低了电化学极化。同时，温度升高增大了溶液中离子的扩散速度，这将降低浓差极化。阴极极化由电化学极化和浓差极化两部分组成。因此，温度的升高会导致阴极极化的减小，从而使涂层晶体变粗。考虑到物质的溶解度，当温度升高时可以制备出浓度较高的溶液。对于高浓度镀液，可以通过提高电流密度来提高阴极极化率。因此，当温度、浴液浓度、电流密度三者适宜，则也能得到较好的镀层。

搅拌的影响：搅拌可增强电解液的流动，从而降低阴极浓差极化。搅拌同时也增大了阴极电流密度，改善镀液的分散能力，可提高镀层质量。

③ 析氢的影响：阴极上金属沉积时，如果金属的析出电位较低，或氢在阴极上的析出过电位较低，会伴有氢气的析出，这样会影响镀层质量，其中以氢脆、针孔、起泡最为严重。

④ 基体金属对镀层的影响主要包括以下两方面内容。

金属材料性质的影响：涂层与基体金属的结合力与基体金属的化学性能密切相关。如果母材的电势比镀层的电势低，就不容易得到良好结合的镀层。例如硫酸铜溶液镀铜，铁产品比铜铁电极电位低，铁产品到电镀槽后会发生置换反应，铜附着在铁表面，因此置换涂层附着力差、疏松，在此基础上电镀得到的镀层与基体金属结合不牢固。

另外，有的金属表面有一层氧化膜，如不锈钢，在这样的金属上电镀，镀层和基体金属结合也不会牢固，对这类金属电镀前要对金属表面进行活化处理。

表面加工状态的影响：被镀件镀前的加工比较粗糙，表面粗糙多孔，或杂质较多，在这样的金属表面上电镀，镀层往往凹凸不平、多孔，甚至不能得到连续的镀层。

⑤ 镀前预处理的影响：电镀前预处理的目的是去除金属表面的毛刺、油脂、氧化层等，使金属表面干净。对于一些金属表面钝化膜或需要对金属表面做特殊处理的金属，除一般电镀前处理外，还要进行活化处理才能得到活性体表面。在产品表面清洁性好、活性强的情况下，析出的金属与基体结合良好，镀层优良。镀前预处理不好会导致镀层剥落、起泡、多孔等现象，不能得到好的镀层。

(1) 镀锌。电镀锌是应用最广泛的镀种，在电镀生产中，镀锌占电镀总量的60%以上。锌是两性金属，纯净的锌在干燥的空气中比较稳定，在潮湿空气中锌的表面生成一层薄膜，薄膜是由锌的碳酸盐和氧化物组成的，可防止锌被进一步腐蚀。锌的标准电极电位为-0.762 V,比铁的电极电位(-0.441 V)低。当与铁组成原电池时,锌是阳极,铁是阴极,锌发生阳极溶解反应,铁可以得到保护,所以称锌镀层为"防护性镀层"。但是在温度高于70℃的热水中,锌的电位高于铁的电位,成为阴极性镀层。锌广泛用于钢铁制品的保护层。作为防腐蚀的镀锌层一般经过钝化处理以提高其防腐蚀性能。例如,用铬酸钝化,得到一层铬酸盐薄膜,具有很高的化学稳定性,可使基体金属的防腐能力提高5~8倍。锌对一般的油类,如汽油、柴油、润滑油等也有防腐能力。针对不同的环境条件,要求镀锌层的厚度不同,一般条件下厚度为$6\sim12\ \mu m$,在比较恶劣的环境下要求厚度为$20\ \mu m$以上。

(2)镀镍。镍具有银白色金属光泽,在空气中稳定性很高,这是由于镍表面形成一层钝化膜,具有很高的化学稳定性,可抵抗大气、碱和某些酸的腐蚀。镍的标准电极电位为-0.25 V,比铁电位高,钝化后电位更高。在铁上镀镍后,属于阴极镀层,因此只有在镍镀层完整时,才能以阻隔腐蚀介质的方式保护铁。镀镍层的孔隙率较高,一般采用多层镀镍或与其他金属镀层组成多层镀层来达到防护的目的。镍的硬度较高,镀镍后可提高耐磨性。

镀镍溶液类型很多,如硫酸盐低氯化物型、硫酸盐高氯化物型、氯化物型、氨基磺酸盐型、氟硼酸盐型、柠檬酸盐型、碱性铵盐型等。

(3)镀铬。金属铬具有强烈的钝化能力,表面很容易生成一层极薄的钝化膜。镀铬层和基体金属结合性好、硬度大、具有很好的耐磨性,并且摩擦系数较低。镀铬层在干燥或潮湿的大气中很稳定,不受大气中H_2S、SO_2、CO_2的腐蚀。铬不与碱、硝酸、硫酸、硫化物、碳酸盐、有机酸反应,但能溶于氢卤酸和热的浓硫酸中。对于钢铁制品,镀铬层为阴极镀层。当镀铬层较薄时则会有微孔或裂纹,而只有当镀层厚度超$20\ \mu m$时,才能对基体金属起到保护作用。

3)合金镀层

随着工业和科学的发展,仅靠一种单金属镀层很难满足金属表面性能的新要求,而合金镀层可以解决单金属镀层不易解决的问题。而且合金镀层品种远大于单金属镀层。二元、三元合金的一些特殊物理、化学和机械性能,使合金镀层在抗腐蚀性、硬度、耐磨性能、耐高温性能、弹性、焊接性、外观等方面都优于单金属镀层。

4)复合镀层

通过电镀,将溶液中的不溶性固体颗粒沉积在阴极上,形成两相或多相复合镀层,这种方法称为复合电镀。与其他获得复合材料的方法相比,复合电镀具有许多优点,如无须在高温、高压、高真空等极端条件下,操作简单,易于控制,设备成本低。

关于复合电镀的原理曾提出过多种解释。第一种解释:颗粒本身带有正电荷,在电场力的作用下,向阴极迁移,在阴极和放电的金属离子一起沉积在阴极表面。第二种解释:镀液在机械搅拌过程中,颗粒物碰撞到电极上,被放电的金属离子俘获。

第三种解释：颗粒受分子间力的影响,吸附到阴极表面,被沉积出的金属夹在镀层内。

以上各种解释的共同点是进入复合镀层的颗粒要求比较小,只有这样才可以稳定地或较长时间地悬浮在溶液内,即形成悬浮状分散体系。实验用较为合适的粒径为 $0.01\sim100\ \mu m$,更大的颗粒不能再用一般的搅拌方法,而要用特殊方法处理。用于复合电镀的不溶性颗粒材料很多,包括氧化物、碳化物、氮化物、陶瓷材料、金属粉末、石墨、金刚石、树脂粉末、聚四氟乙烯等。不同的不溶性固体颗粒得到的复合镀层性能也不同。下面介绍几种常用的复合镀层。

(1) 耐磨镀层:用镍做复合的基体,添加可改善耐磨的细微颗粒材料,如 Al_2O_3、ZrO_2、SiC、B_4C、Cr_2O_3、WC、Si_3N_4 等,可得到耐磨性能优良的复合镀层。使用 Co、Cr、$Co-Ni$ 合金等作为复合的基体,添加上述颗粒也可得到耐磨复合镀层。

(2) 润滑镀层:将固体润滑颗粒分散在某种金属或合金中形成的镀层,这种复合镀层的摩擦系数较低,称为自润滑复合镀层或减磨复合镀层。其复合的基体金属常用 Ni、Cu、Sn 等,常用的固体润滑颗粒有石墨、MoS_2、BN、聚四氟乙烯等。

润滑复合镀层属于干膜润滑,比液体润滑使用更方便。润滑复合镀层的化学稳定性高,温度适用范围宽。在高负荷时也有很好的耐磨性能。

(3) 防护复合镀层:以某种基体金属夹带固体颗粒也可以提高镀层的防腐性能,例如,在镀锌层内夹带金属铝粉的复合镀层的防腐性能明显高于纯锌镀层。以铜、镍、铁、为基体,复合铝、铬、磷或合金粉末可提高其防腐蚀性能。

7.3.1.2　化学镀

在金属的催化作用下,利用还原剂使金属离子在被镀金属表面上经自催化还原沉积出金属镀层的方法称为化学镀,也称无电镀或自催化镀。

由于是沉积的镀层本身起催化作用,所以当化学镀开始在不同的金属基板上时,金属不能起催化作用。这时,可以采用不同的方式来启动反应。一旦反应开始,在基体金属表面就会沉积,因沉积层本身就是催化剂,它会使反应持续进行,直到被镀金属从镀液中取出。

化学镀应具备以下条件:

① 被还原的金属镀层具有催化活性,这样反应才能继续,镀层加厚。

② 镀液中还原剂被氧化的电位要明显低于金属离子被还原的电位,即保证氧化还原反应的发生,使金属能够沉积出来。

③ 镀液要稳定,即镀液本身不分解,当与催化表面接触时才发生金属的还原反应,且反应过程中的反应生成物不影响镀层的沉积。

化学镀所使用的还原剂除次磷酸盐外,还有硼系列化合物,如硼氢化钠($NaBH_4$)、二甲胺基硼烷、二乙胺基硼烷。此外,还可使用水合肼(N_2H_4)、甲醛等。

能够进行化学镀的金属有 Ni、Co、Cu、Ag、Pt、Pd 等和它们的合金,使用最多的是化学镀镍和化学镀铜。

1) 化学镀镍磷合金

使用次磷酸盐做还原剂,化学镀镍的过程中会同时有磷还原出来,和镍一起生成 Ni‑P 合金镀层。磷的含量为 3%~14%,可通过改变反应条件调整 Ni、P 的含量比。

化学镀 Ni‑P 合金镀层的特点:① 具有高硬度和高耐磨性,合金镀层的硬度近似于硬铬的耐磨性;② 很好的防腐蚀性能,Ni‑P 合金镀层在盐、碱、氨、海水中都有良好的防腐蚀性能;③ 化学镀层致密,孔隙少,厚度均匀,成分均匀。

2) 化学复合镀镀层

使用化学镀的方法也可以将不溶性固体颗粒夹带在化学镀镀层中,形成复合镀层。复合镀层的形成可用微粒、金属或合金的共沉积机理解释。

在搅拌的状态下,分散在溶液中的不溶性微粒随溶液的流动传输到镀件表面,并在镀件表面发生物理吸附。

微粒黏附在镀件表面并能在镀件表面停留一定的时间,黏附的发生和微粒、镀件、镀液的成分、性质都有关系。微粒在镀件表面上停留的时间除了和微粒的黏附力有关外,还与溶液流动速度及对微粒的冲击力、金属镀层的沉积速度有关。

吸附在镀件表面上的微粒被还原出来的金属原子埋在镀件之中,最终形成复合镀层。

可进行化学复合电镀的颗粒粒度非常小。颗粒在溶液中,或具有一定的胶体性质,或选择性地吸附溶液中的某些离子。粒子表面被溶解,在溶解界面存在一个电位,这也促进了粒子与金属的共沉积。

化学复合镀镀层和电镀复合镀一样分为耐磨型和自润滑型两类。

7.3.1.3 热浸镀

热浸镀是一种通过将被镀金属浸入其他熔融金属或合金中获得金属镀层的方法。被镀金属或合金需要熔化成液态金属,其熔点远低于被镀金属的熔点。可用作镀层的金属种类不多,一般为锡、锌、铝、铅及其合金。被镀材料主要是钢铁,或者铜。

无论用何种金属做镀层,在热浸镀过程中,镀层金属和被镀金属的界面由于高温作用,会发生物理、化学反应。例如,在界面处会有两种金属的扩散、两种金属原子间的化学反应等,进而形成两种金属的合金。因此,热浸镀的镀层由镀层金属和镀层金属与被镀金属的合金组成。热浸镀需经过镀件的镀前处理、热浸镀、后处理等步骤才能形成制品。

镀前预处理:包括去除表面油污、氧化膜等。油污可用碱液或溶剂去除,氧化膜可用酸洗去除,从而得到干净、新鲜的表面。

热浸镀:将镀件浸入熔融的液体中形成镀层。

后处理：热浸镀后对制品进行化学处理（如铵化）和物理处理（涂油防护、整形等）。

热浸镀得到的镀层较厚，能在恶劣环境中长期使用。不同镀层的金属具有不同的特性因而就具有不同的防腐蚀性能。

7.3.2　金属表面氧化层技术

金属的氧化是指人为地将金属表面氧化，得到比金属自然氧化膜更厚、更牢固的氧化膜，可增加金属的防腐蚀性能和机械性能，并可作为装饰加工技术。金属的氧化技术分为化学氧化技术和电化学氧化技术。

化学氧化是通过化学氧化反应在金属表面形成氧化层的过程。许多金属利用氧化技术改善其表面性能，不同金属的化学氧化反应不同，但其氧化生成反应均为局部化学反应。不同的金属产生不同种类的氧化物，如铝和锌只有一种氧化态，表面也只有一种氧化物；而铁有一种以上的氧化态，其金属表面有一种以上的氧化物，且氧化物的组成可能不完全符合化学计量公式。

电化学氧化技术是在特定的介质与条件下通过对金属施加外电流，在金属表面上形成一层氧化膜的过程。由于在金属氧化过程中一般金属处于阳极，所以电化学氧化又称为阳极氧化。

1）钢铁的化学氧化

钢铁的化学氧化是在钢铁的表面生成一层稳定的、带有磁性的 Fe_3O_4 膜，膜层的颜色取决于钢铁的表面状态和氧化处理时的工艺条件，一般为蓝黑色或黑色，因此钢铁的氧化俗称发蓝。膜层的厚度为 $0.6\sim1.54\ \mu m$，不会影响制品的精度。氧化后需做后处理以提高耐蚀性，钢铁的氧化方法分为碱性氧化法和酸性氧化法。

碱性氧化法，其原理是在 $100\,^{\circ}\mathrm{C}$ 以上的强碱溶液中，氧化剂（如 $NaNO_3$ 或 $NaNO_2$）和铁发生反应生成亚铁酸盐和铁酸盐，之后这两种盐再发生反应生成 Fe_3O_4 氧化膜。

酸性氧化法，酸性氧化法的原理是基于 Fe、Cu^{2+}、亚硫酸之间发生的反应。

2）铝的电化学氧化

铝的电化学氧化也称铝的阳极氧化，铝浸在特定的电解液中作为阳极，通入直流电后，在铝的表面上生成 Al_2O_3 氧化层。特定的电解液可使用硫酸、铬酸、草酸等。电解液的选择要考虑电解液对氧化层的溶解速度，例如在盐酸溶液中，氧化层溶解速度大于生成速度，则氧化层不能生成。对于氧化层有中等溶解速度的溶液，例如硫酸、铬酸、草酸等，氧化层生成后，同时存在化学溶解。由于生长速度大于溶解速度，氧化层缓慢生长并加厚。当氧化层的生长速度和溶解速度相等时，氧化层的厚度不再增加。对于氧化层溶解速度小的溶液，阳极氧化时，得到的氧化层溶解很少，由于氧化层的绝缘性能,氧化层很快就会停止生长,得到的 Al_2O_3 氧化层很薄,而且致密无孔。

7.3.3 非金属覆盖层

用于非金属覆盖层的材料分为无机非金属材料和有机材料,当前使用范围最广,效果最好的非金属覆盖层是有机材料,也称为涂料,俗称油漆。但是现在所用的有机涂料已经超出油漆的范畴。涂料涂覆在金属表面上,形成薄膜,其作用表现在如下三个方面:①保护功能,涂层可隔离腐蚀性介质,保护金属;②装饰功能,涂层有各种颜色,可起到美化的作用;③赋予特殊的功能,例如导电涂料、阻燃涂料、隐形涂料、防污涂料等。

涂料的组成一般包括如下四个部分。

成膜物质:成膜物质是组成涂料的主要部分,它具有黏结其他部分形成涂膜的功能,其基本特性是能形成薄膜涂层。用作成膜物质的品种很多,按成膜物质本身结构和所形成涂膜的结构可分为两大类:一类是成膜物质在成膜过程中结构不发生变化,称为非转化型成膜物质,例如硝基纤维素、氯化橡胶、天然树脂等;另一类是使成膜物质在成膜过程中结构发生变化的物质,称为转化型成膜物质,例如天然漆、醇酸树脂等。

颜料:颜料除了使涂膜呈现不同的颜色外,还有遮盖被涂物件表面的能力,可起到保护作用,并能加强涂膜的机械性能。防腐涂料中颜料还有防腐蚀的功能。

颜料按来源分为天然颜料和合成颜料;按化学成分分为无机颜料和有机颜料;按颜料在涂层中的作用分为着色颜料、体质颜料、防锈颜料和特种颜料。

助剂:也称为辅助材料。助剂自身不能形成涂膜。但是在成膜后存在于涂层里,对涂层或涂料的某一特性起着改进的作用。根据涂料的用途或对涂料的不同要求,需使用不同的助剂。助剂可分为如下四个类型:①对涂料生产过程起作用的助剂,如润湿剂、分散剂等。②对涂料储存起作用的助剂,如防沉淀剂、防结皮剂等。③对涂料施工起作用的助剂,如固化剂、流平剂、催干剂等。④对涂料性能起作用的助剂,如增塑剂、阻燃剂等。

溶剂:使液态涂料完成施工的组分。但溶剂不是涂膜的组分,涂膜干燥后溶剂也不会留在涂膜中。溶剂的作用是将成膜物质溶解或分散为液态,便于施工。当前也开发了既起溶解作用(或分散作用),也参与成膜的溶剂。这种溶剂和成膜物质发生化学反应形成新的物质留在涂膜中。

1) 涂料的分类

(1) 按涂料的形态分:①固态涂料,也称粉末涂料;②液态涂料,可分为有溶剂涂料和无溶剂涂料。

（2）按涂料使用层次分：①底漆；②二道底漆；③面漆。

（3）按涂料的成膜机理分：①非转化型涂料如挥发性涂料；②转化型涂料如热固化涂料、化学交联型涂料。

2）涂料的成膜机理

（1）物理成膜机理。由非转化型成膜物质构成的涂料以物理成膜方式成膜。涂料从可流动的液态形式到形成固态的涂膜过程通常称为干燥或固化。这个过程使涂料从具有一定黏性的液体变成了具有黏弹性的固体。完成这个过程可分为如下两种方式。

① 溶剂或分散介质的挥发方式。涂料为便于施工，一般都用溶剂或分散剂稀释到一定的黏度。在涂覆后，溶剂或分散介质挥发，形成固态膜。涂膜的干燥速度与溶剂或分散介质的挥发能力有关，也与溶剂在成膜物质中的扩散速率有关。一般在蒸发初期从涂层表面向空气中扩散，类似于溶剂的蒸发。随着蒸发的进行，涂层黏性增大，溶剂向空气中的扩散必须先经过溶剂在涂层中的扩散过程，才能到达涂层表面挥发。这一阶段挥发速度很慢，会有少量溶剂残留在涂膜内，使涂膜硬度下降。如沥青漆、橡胶漆等都以这种方式成膜。

② 聚合物颗粒凝聚方式。通过这种方式，成膜材料中的聚合物粒子相互结合，形成连续的固体膜。这是分散涂层形成薄膜的方法。当分散介质挥发时，聚合物分子凝结。随着分散介质挥发，聚合物分子之间的距离减小，形成毛细管型间隙。表面张力对聚合物分子施加压力，当压力大于聚合物分子的阻力时，聚合物分子就会发生团聚。最后，从粒子之间的凝结变为分子状态的凝结，形成连续的膜。

（2）化学成膜机理。化学成膜方式可分为以下 5 类。

氧化聚合方式：涂料形成材料的组分为干性油，即混合不饱和脂肪酸的甘油。在空气中氧的作用下，不饱和脂肪酸的双键被氧化，在催化剂的作用下，产生过氧化物自由基。自由基与双键断裂后形成的亚甲基结合，使链分子形成网状大分子结构，形成涂膜。

引发剂聚合方式：涂料成膜的聚合反应是由引发剂引发的。引发剂分解产生自由基，作用于不饱和基团，将链式分子连接成网状分子结构。

能量引发聚合方式：涂料成膜的聚合反应需要一定的能量引发，例如紫外光、辐射能等。

缩合反应方式：成膜材料中含有能发生缩合反应的官能团，根据缩合反应机理形成膜。在缩合反应中形成立体结构的涂层，如在缩合反应中，醇酸树脂中的羟基与氨基树脂的醚基结合以去除醇。

外加交联剂、固化剂方式：如果涂料是由两种含有不同官能团的成膜物质组成，当两种物质混合时，发生交联反应成膜，或外加固化剂使成膜物质成膜。例如环氧树脂涂料,这种涂料一般都采取分别包装的方式,即双组分涂料。

3)防腐蚀涂料

(1)涂料的防腐蚀机理,包括涂膜对腐蚀介质的屏蔽作用,涂膜的阴极保护作用和涂料的阳极钝化和缓蚀作用。

涂膜对腐蚀介质的屏蔽作用:当涂料在金属表面形成连续的涂膜以后,可以将金属和腐蚀介质隔离开。根据电化学腐蚀原理,如果能完全将腐蚀介质、氧气隔离,使其不和金属接触,就可以避免金属的腐蚀。但是实际的涂膜不是完全无孔的,有机涂料一般都是由有机高分子聚合物构成,故涂膜即由这些高聚物分子形成,任何一种高聚物膜都有透气性和透水性。这是因为膜的孔径虽然很小[平均直径一般为 $10^{-6} \sim 10^{-4}$ mm,但是水分子和氧分子更小(小于 10^{-7} mm)],为防止水分子、离子、O_2 的穿透,可用多层涂膜,或采用一定厚度的涂膜,以减少离子和气体的透过。从试验数据得到,膜的厚度要达到 0.4 mm,才有明显的阻挡离子和气体的作用。另外成膜物质的结构、颜料种类、涂装工艺等都对涂膜的屏蔽作用有影响。如高聚物分子为直链,支链少、透气性小,加入交联剂后,使高聚分子之间的交联密度增大,则可以减少透气性。此外,涂料中的颜料的腐蚀产物能够阻塞膜层的孔隙,也可阻挡离子及气体的通过,起到防腐蚀的作用。

另外,从离子扩散的观点考虑,在涂料形成过程中,由于聚合物的交联密度不均匀,或成膜物质和颜料颗粒之间界面结合得不好,则会有被水渗透的可能。水聚集在聚合物分子的亲水基团附近,离子从外部向渗透进水的区域扩散,离子从一个亲水基团向另一个亲水基团附近的水区域扩散,达到内层,这个过程即对涂膜外壁的穿透。因此得到一个均匀完整的涂膜,外层是很重要的。

涂膜的阴极保护作用:有机高分子聚合物一般都是绝缘体,如果在成膜物质中加入能成为牺牲阳极材料的金属颜料,当金属颜料和金属表面直接接触,有腐蚀介质渗入后,金属颜料被腐蚀,可以保护金属。例如富锌底漆中的颜料为金属锌的粉末,将其涂刷在钢板上时,锌可作为牺牲阳极。

涂料的阳极钝化和缓蚀作用:在涂料中添加水溶性颜料,当水渗入涂膜后,颜料溶解会起到缓蚀或使金属表面钝化的作用。例如,含铬酸盐的颜料水溶解后,铬酸盐的强氧化作用会使金属表面钝化。含碱性物质的颜料,遇水后可使金属表面保持微碱性,起到缓蚀的作用。

(2)多层防腐蚀涂膜的构成一般包括底漆、中间层漆和面漆。

底漆和金属表面直接接触,需具备以下特点:

① 和金属表面的结合力好,具有很好的润湿性。底漆直接和金属接触,只有润湿性好,才能使与金属表面细微不平处的接触渗透到金属表面的凹凸不平处或沟缝中。

② 含有阴极保护性颜料或阳极缓蚀性颜料。底漆也是腐蚀介质渗入涂膜后的最后一道防线,因此,底漆要有防腐蚀作用,一般底漆中都有防腐蚀的颜料,如下所示。

阴极保护类颜料:包括锌粉、铝粉及其合金等,它们都可起到牺牲阳极的作用;还有制成鳞片状的金属颜料,涂装时,鳞片平行地重叠在一起,既可起到屏蔽作用,又可起到牺牲阳极的作用。

钝化、缓蚀类颜料:例如铅丹、铬酸盐类颜料等,这类颜料在含少量水时,会有缓蚀作用或使金属表面钝化的作用。

屏蔽类颜料:除上面提到的鳞片状金属颜料外,还有鳞片状的氧化物和鳞片状的非金属材料,如云母氧化铁、玻璃鳞片、云母、石墨等。

③ 底漆的成膜物质具有很好的屏蔽作用,能阻止腐蚀介质的渗透。

中间层漆起着连接底漆和面漆的作用。需根据不同的要求要使用不同的面漆,因而面漆与底漆不一定是同类型的成膜物质,互相之间的结合力也受到影响。这就要求中间层漆与底漆、面漆都有很好的结合力,同时中间层漆要有很好的屏蔽作用。

面漆直接接触腐蚀介质,因此使用面漆时要注意以下要求:

① 根据腐蚀环境选择不同性质的面漆,例如船舶的面漆要具有防海洋气候的性能。在生产 H_2SO_4 工厂中的设备,其面漆要有防酸腐蚀的性能。

② 为减少孔隙度,最后一层面漆使用不含颜料的清漆,可获得致密的涂膜。

③ 针对不同的要求,使用特殊功能的面漆。例如,船舶底部为防止因海洋生物的附着而造成腐蚀,一般使用防污漆。

7.3.4 热喷涂技术

热喷涂是用热源将喷涂材料加热到熔化或熔融状态,利用热源的动力或高速气流使熔化的喷涂材料雾化或形成粒子束,喷射到基体表面形成涂层的工艺方法。

在喷涂过程中或喷涂形成后,对基体金属和涂层加热,使涂层熔融,从而和基体金属形成冶金结合的喷焊层,称为热喷焊,简称喷焊,其也属于热喷涂的一种。热喷涂涂层可以起到保护、强化基体表面以及赋予基体表面特殊功能的作用。热喷涂可广泛应用于机械、能源、交通、石油、航空、纺织、兵器等领域。

1) 基本原理

热喷涂过程要经历喷涂材料的加热融化,熔融的喷涂材料的雾化,熔滴粒子的加速喷射形成粒子束流,粒子束流以一定的速度和基体金属碰撞黏附于基体金属表面等几个步骤。

在喷涂材料的加热融化阶段,如果喷涂材料是线材,端部熔化后,在外加高速气流的作用下,熔化部分脱离线材,并被雾化。如果喷涂材料是粉末,则被熔化后不需要雾化过程,直接被气流推动喷射。形成的粒子束先被加速,在飞行过程中减速,粒子束流在和基体金属接触时,具有一定的速度和温度,发生猛烈的碰撞,熔化的液滴产生变形,呈扁平状黏结在基体金属表面上,同时放出热量,许多液滴交错重叠在一起形成涂层。

在形成涂层的过程中,熔融的液滴会被空气中 O_2 氧化,生成氧化物。各个液滴相互重叠时也会出现孔隙,因此涂层中会有孔隙同时夹杂着氧化物。如果对涂层进行处理(如熔融),可消除孔隙和氧化物,使涂层成为均质结构,这样不仅可改变涂层的结构,也会改变涂层和基体结合状态。

涂层的形成包括涂层粒子之间的结合与涂层粒子和基体金属的结合。前者的结合强度称为内聚力,后者的结合强度称为结合力。两者之间的结合都属于物理-化学结合,包括机械结合(即涂层粒子和基体金属表面不平处的互相嵌合以及粒子与粒子之间不平处的嵌合)和合金化结合(即在涂层和基体金属表面出现扩散和合金化)。在一些特种喷涂技术中,在粒子束的速度很高,热量也高的情况下,更容易发生合金化结合,例如等离子喷焊、激光喷涂。

在熔融的液滴撞击到基体金属表面时,除发生变形外,同时热量损失也很快,动能也转换成热放出,熔融液滴快速冷却并凝固。由于涂层和基体金属材质方面的差异,会产生涂层的残余应力,在喷涂工艺中要设法消除残余应力的影响。

2)热喷涂的特点

与其他涂层技术相比,热喷涂有以下一些优点。

喷涂方法多样:目前已有十多种喷涂或喷焊的方法,可根据不同的要求,选取不同的生产涂层手段。

涂层品种多样化:喷涂材料广泛,几乎所有的金属、合金、陶瓷、塑料都可作为喷涂材料,因而可以制成具有各种性质的涂层。

可用于各种基体材料:作为被喷涂的基体材料,除金属外,玻璃、陶瓷、塑料、木材等都可作为基体材料。而且被喷涂物件的大小不限,既可对大型设备大面积喷涂,又可对局部喷涂,也可喷涂小零件。

可改变基体材料的表面功能:根据不同的需要,可喷涂具有不同性能的涂层,使原基体具有防蚀、耐磨、导电、绝缘、抗高温氧化等功能。

操作简单,工效高:热喷涂工艺程序少,操作简单、快速,制备相同厚度的镀层的时间远小于电镀的时间。

成本低,效益高。

热喷涂技术目前仍在发展中,存在许多问题和不足:①涂层与基体的结合强度较低,尚需进一步改进;②涂层孔隙率较高,均匀性较差;③影响涂层质量的因素较多,需严格控制工艺条件;④喷涂操作环境较恶劣,需要采取劳动保护措施和环境保护措施,例如提高喷涂自动化程度等。

3）热喷涂金属及合金涂层的防腐蚀性能

在钢铁基体材料上热喷涂锌、铝及其合金涂层,可对钢铁进行防护。不同涂层在防腐蚀性能方面有不同的特点。

按照电化学腐蚀原理,涂层的电极电位比钢铁的电极电位低,则涂层为阳极,钢铁为阴极,这时为阴极保护。带有涂层的钢铁材料在腐蚀介质中可对钢铁形成保护:一是涂层的完整性隔断了腐蚀介质与钢铁的接触,不能构成腐蚀电池;二是涂层作为牺牲阳极对钢铁有阴极保护作用;三是涂层本身的耐腐蚀性能。当这三个方面都有较好的性能时,对钢铁的保护效果最好。

（1）锌、铝及其合金涂层。锌、铝的电极电位较铁的电位低,涂层属阴极保护层。铝的电极电位低于锌,但在大气中,铝表面生成致密的氧化膜（Al_2O_3）,因此,铝的阳极特性不如锌,即作为阴极保护的牺牲阳极,铝的性能不如锌。但铝在工业气氛中的耐腐蚀性高于锌,而锌、铝组成的合金,例如 Zn(85％)- Al(15％)合金,在人工海水中的电位为－1.000 V,而锌、铝的电位在人工海水中的电位分别为－1.050 V 和－0.850 V,这表明合金的电位更接近于锌,即阴极保护效果提高了。合金的腐蚀速率与铝相近。因此,Zn - Al 合金的综合性能优于单纯的锌涂层和铝涂层。

（2）铝镁合金涂层。Al - Mg 合金中,Mg 含量为 5％,Al - Mg 合金在人工海水中的电极电位为－1.100 V。为了加强合金涂层和基体金属的结合强度,一般加入微量的稀土元素。Al - Mg 合金的表面会生成一层尖晶石结构的氧化膜,这层膜可阻隔金属离子和氧的扩散,因此具有很好的防腐蚀能力。又由于合金电极电位较低,因此对钢铁基体起到很好的阴极保护作用。

（3）复合涂层。由于涂层的孔隙以及涂层在基体上的不完整和损伤,腐蚀介质有可能穿透基体金属形成腐蚀电池。复合涂层是覆在金属涂层上的一层有机涂层,有机涂层不仅起到封孔的作用,还能保护金属涂层。

有机涂层一般由底层和表面层组成,底层不仅起密封孔的作用,还起连接上下的作用。因此,在选择底漆类型时,既要考虑与基体金属的结合,也要考虑与表面层的结合。可将能钝化母材（钢）表面的物质添加到底层涂层中以提高耐腐蚀性。表面涂层应考虑腐蚀环境、耐腐蚀性和老化等因素,复合涂层的耐蚀性和有机涂层对环境的适应性也有关。复合涂层的耐腐蚀性是单一金属涂层或单一有机涂层的几倍。

第8章 失 效 分 析

失效分析是一门仍然处于发展中的新兴学科,它是指根据失效模式和现象,通过分析和验证,模拟重现失效的过程,找出失效的原因,挖掘出失效机理的一种分析活动。其在提高产品质量、技术开发、改进以及仲裁失效事故等方面具有很强的现实意义。常用的失效分析方法有理化检验和无损检测。本章简要介绍失效分析的基础知识。

8.1 失效分析的定义及分类

8.1.1 失效与失效分析

各类机电产品的机械零部件、微电子元件和仪器仪表及各种金属和其他材料形成的构件都具有一定的功能从而承担各种使用功能,如承载、传输能量、完成一些规定动作等。当这些部件失去其原有功能时,则称该零件失效。

零件失效即失去其原有功能的含义包括以下三种情况:

(1) 零件由于断裂、腐蚀、磨损、变形等,完全丧失其功能。

(2) 零件在外部环境作用下,部分失去其原有功能,虽然能够工作,但不能完成规定功能,如由于磨损导致尺寸超差等。

(3) 虽然这些部件能够工作并完成规定的功能,但当继续使用时,其安全性和可靠性无法得到保证。如压力容器及其管道经过长期高温运行,内部组织发生变化,当达到一定时间后,连续使用可能会产生开裂。

失效分析通常是指查找产品失效的原因和制订预防措施所采取的技术活动,即研究失效现象的特征和规律,从而找出失效模式和失效原因。失效分析是一项综合性的质量体系工程,是一项解决材料、工程结构、系统构件等质量问题的工程。它的任务不仅是揭示产品功能失效的模式和原因,了解失效的机理和规律,还需要给出纠正和预防失效的措施。

按照失效分析工作进行的时序(在失效的前后)和主要目的,失效分析可分为事前分析、事中分析和事后分析。

事前分析，主要采用逻辑思维方法（故障树分析法、事件时序树分析法和特征-因素图分析法等），其主要目的是预防失效事件的发生；事中分析，主要采用故障诊断与状态监测技术，用于防止运行中的设备发生故障；事后分析，采用试验检测技术与方法，找出某个系统或零件失效的原因。

通常所说的失效分析是指事后分析，实际上事前分析和事中分析必须以事后分析积累的大量统计资料为前提。

8.1.2　失效形式的分类

失效形式是多种多样的，为了便于对失效现象进行研究以及处理有关产品失效的具体问题，人们从不同的角度对失效的类型进行了分类。

1）按失效的形态分类

按照产品失效后的外部形态将失效分为过量变形、断裂和表面损伤三类（见表 8-1）。这种分类方法便于将失效的形式与失效的原因结合起来，方便在工程上进行更进一步的分析研究，因此是工程上较常用的分类方法。一般情况下习惯地将工程结构件的失效分为断裂、磨损与腐蚀三大类，这种分类方法便于从失效模式上对失效件进行更深入地分析和理解。

表 8-1　失效形式的分类及原因

序号	失效类型	失 效 形 式	直 接 原 因
1	过量变形失效	扭曲（如花键）； 拉长（如紧固件）； 胀大超限（如液压活塞缸体）； 高低温下的蠕变（如动力机械）； 弹性元件发生永久变形	由于在一定载荷条件下发生过量变形，零件失去应有功能不能正常使用
2	断裂失效	一次加载断裂（拉伸、冲击、持久等）	由于载荷或应力强度超过当时材料的承载能力而引起
		环境介质引起的断裂（应力腐蚀、氢脆、液态金属脆化、辐照脆化和腐蚀疲劳等）	由于环境介质、应力共同作用引起的低应力脆断
		疲劳断裂：低周疲劳，高周疲劳，弯曲、扭转、接触、拉-拉、拉-压、复合载荷谱疲劳与热疲劳，高疲劳等	由于周期（交变）作用力引起的等低应力破坏
3	表面损伤失效	磨损：主要引起几何尺寸上的变化和表面损伤（发生在有相对运动的表面），主要有黏着磨损和磨粒磨损	由于两物体接触表面在接触应力下有相对运动，造成材料流失所引起的一种失效形式
		腐蚀：氧化腐蚀和电化学腐蚀、冲蚀、气蚀、磨蚀等；局部腐蚀和均匀腐蚀	环境气氛的化学和电化学作用引起

断裂是设备失效最常见也是危害最大的一种形式,其分类方式多种多样。常见的断裂分类如下。

(1)力学工作者常根据断裂时变形量的大小,将断裂失效分为脆性断裂和延性断裂两类。

(2)从事金相学研究的,按裂纹走向与金相组织(晶粒)的关系,将断裂失效分为穿晶断裂和沿晶断裂。

(3)金属物理工作者着眼于断裂机制与形貌的研究,其习惯上对断裂失效做以下分类:①按照断裂机制分为微孔型断裂、解理型(准解理型)断裂、沿晶断裂、疲劳型断裂等;②按照断口的宏观形貌分为纤维状、结晶状、细瓷状、贝壳状及木纹状、人字形、杯锥状等;③按照断口的微观形貌分为微孔状、冰糖状、河流花样、台阶、舌状、扇形花样、蛇形花样、龟板状、泥瓦状及辉纹等。

(4)工程技术人员按加工工艺或产品类别对断裂(裂纹)进行分类:按加工工艺分为铸件断裂、锻件断裂、磨削裂纹、焊接裂纹及淬火裂纹等;按产品类别分为轴件断裂、齿轮断裂、连接件断裂、压力容器断裂和弹簧断裂等。

(5)失效分析工作者从致断原因(断裂机理或断裂模式)的角度将断裂失效分为过载断裂失效、疲劳断裂失效、材料脆性断裂失效、环境诱发断裂失效和混合断裂失效。

2)按失效的机理分类

失效的诱发因素包括力学因素、环境因素和时间(非独立因素)三个方面。根据失效的诱发因素对失效进行如下分类:

机械力引起的失效,包括弹性变形、塑性变形、断裂、疲劳及剥落等。

热应力引起的失效,包括蠕变、热松弛、热冲击、热疲劳、蠕变疲劳等。

摩擦力引起的失效,包括黏着磨损、磨粒磨损、表面疲劳磨损、冲击磨损、微动磨损及咬合等。

活性介质引起的失效,包括化学腐蚀、电化学腐蚀、应力腐蚀、腐蚀疲劳、生物腐蚀、辐照腐蚀及氢致损伤等。

3)按失效的时间分类

一批相当数量的同类产品在使用中可能会出现:一部分产品在短期内发生失效,另一部分产品要经过相当长的时间后才失效。失效按使用时间可分为三个阶段:早期失效、偶然失效和耗损失效。

早期失效:产品使用初期的失效,这一时期出现的失效多为设计、制造或使用不当所致。

偶然失效:产品在正常使用状态下发生的失效。其特点是失效率低且稳定。这是产品的最佳工作时期,又称使用寿命,它反映产品的质量水平。

耗损失效：产品进入老龄期的失效。在正常情况下，厂家对产品的故障不承担责任。但如果厂家规定的使用寿命过短，产品过早进入磨损失效期，则仍然是产品质量问题。

4）按失效的后果分类

在失效分析工作中，特别是对重大失效事故的处理上，往往涉及有关单位和人员的责任问题，此时将对失效从经济法的观点进行分类。

产品缺陷失效，又称本质失效，是由产品质量问题产生的早期失效。失效的责任由产品生产单位来负责。

误用失效，属于使用不当造成的失效。通常情况下应由用户及操作者负责。但如果产品生产单位提供的技术资料中，没有明确规定有关注意事项及防范措施，产品制造者也应当承担部分责任。

受用性失效，属于它因失效，如火灾、水灾、地震等不可抗拒的原因导致的失效。

耗损失效，属于正常失效。制造厂一般不承担责任。但如果制造厂没有明确规定其使用寿命，并且过早地发生失效，制造厂也要承担部分责任。

除以上分类方法外，还有其他分类方法，如按照失效的模式（失效的物理化学过程）、失效零件的类型等进行分类。

8.2 失效分析的基本方法

8.2.1 失效分析的思想方法

在实际分析失效问题时，在具备相关的专业知识体系的同时，也要有规范合理的思维方法。失效分析近年来引起了广泛的关注，众多研究学者对其进行了研究和讨论，得到了一套在失效分析时应遵循的规范原则和有效方法。在进行失效分析工作时应严格按照以下这些规范原则进行。

1）整体观念原则

进行失效分析工作时应坚持整体思考的原则。比如工厂里的一台机器或者一条生产系统在正常运转的时候因为某个部分失效而停止运转，在分析故障原因的时候一般会从以下几个方面进行：其内部零部件的故障，机器运转环境的变化，工人的操作和机器日常的保养维护等。所以导致机器停止运转的原因有很多，在进行失效分析时应始终把握整体观念的原则，分析多个影响因素以及它们之间互相的影响关系，逐个研究分析讨论，排除不相关和干扰因素，进行专业的分析和对应的解决，不可管中窥豹，简单的局限于某个部分。

在进行失效分析工作时，不论是大型仪器、系统或者小型的零部件，都要从整体观念原则出发,对整个分析对象进行系统研究。比如某公司车间配备的蓄能设备,在存放了一段时间以后发现已经失效,不能在满足使用需求,失效分析工作人员经过调研后发现这些蓄能设备里发生了严重的材料腐蚀现象,导电性和机械强度发生严重损坏,而原因是环境中有机质的腐蚀导致,但车间里并没有有机质腐蚀来源,导致失效分析论证不足。这就是没有遵从整体观念原则,只分析了车间里的影响因素。在对车间环境进行整体的重新调研以后,发现在车间用来通风的窗户外边就有一个当地居民建设的民用沼气池,大量的挥发性有机质通过车间窗户对蓄能设备产生了腐蚀,造成的设备失效。这是失效分析学里面一个比较经典的案例,深刻体现了在失效分析工作中整体观念原则的重要性。

2) 从现象到本质的原则

在实际的失效分析工作中,工作人员首先要做的就是收集观察研究对象的具体表象,即失效的宏观表现,然后根据专业知识分析引起失效的本质原因,这体现了从现象到本质的原则。从失效对象的表观现象出发,分析造成失效的原因,从而找到正确处理失效的方法,即从现象到本质的原则。比如接到一个分析管道断裂失效的任务,它的工作要求是承受交变载荷。在分析样品时发现在断口上存在类似贝壳的裂纹,从而得到结论:应该是疲劳断裂导致的失效。得出这样的结论以后,研究人员应根据疲劳断裂的理论进行更深层次的研究,找到产生疲劳断裂的原因,从而在根本上解决问题。

3) 动态原则

失效分析的研究对象其工作环境一般都是动态可变的,比如湿度、温度、压力和腐蚀介质等都随着时间的变化而变化,同时材料自身也随着服役时间的增加而发生着变化,所以在失效分析时应遵守动态原则,合理地选择失效分析体系对研究对象进行科学分析。

4) 一分为二原则(两分法原则)

一分为二原则指的是对于任何研究对象都不要盲目地根据经验进行判断,要根据事实分析,用证据说话。例如在对知名品牌和进口产品进行分析时,研究人员常常武断地认为这些产品在质量上是肯定没有问题的,而只分析这些产品的工作环境和工作条件,以及操作工人的实际水平,实际上以上提到的设备也会发生质量问题。所以在实际失效分析时要遵循这一原则,多方面分析,尊重事实。

5) 纵横交汇原则(立体性原则)

根据动态原则,失效分析的研究对象在工作过程中其服役环境和自身状态一直在发生着动态变化,其失效率随时间的变化可以用"浴盆曲线"来表述,即大多数设备的失效率是时间的函数,典型失效曲线称之为浴盆曲线,该曲线的形状呈两头高,中间低;失效过程具有明显的阶段性,可划分为早期失效阶段,随机失效阶段和疲劳失效阶段。这使得失效分析的工作更加复杂,应该综合考虑多重影响因素,立体性地考虑失效分析问题。

除上述基本原则外,在分析方法上还应当注意以下几点。

一是多对比。在失效分析时首先要得到的应该是研究对象的正确工作标准和体系要求,然后比较研究对象与标准(要求)的不同,找到失效的表观原因。

二是经验论。虽然在失效分析时不能单纯的根据经验进行分析研究,但大量研究者根据长期实践得到的结论和积累如果能被科学合理地运用,则可以做到事半功倍。

三是方法论。根据相关的专业知识和体系结合研究对象的表观现象,进行科学分析、调研、论证和归纳,从而得到失效的具体原因和解决办法。

研究人员分析具体问题时,首先要找到引起失效的关键点,找到主要原因后再进行展开研究。任何设备发生失效,都会有多种表现,如何快速找到核心关键点,并排除干扰因素,是一个失效分析研究者必备的专业素养。在失效分析时更应做到实事求是,尊重科学。

8.2.2　失效分析的程序及步骤

在对失效的研究对象进行失效分析时,分析程序一般为先考察研究对象的工作场所和失效的表观现象,结合失效的专业知识进行调研,然后讨论研究得到预研究结果,再进行实验论证,得到最终结论,最后根据结论制订解决方案或补救方法,得到最终失效分析的研究报告。

失效分析的一般步骤如下。

1)现场调查

工作人员进行现场调查的时候,首先要保证现场的真实性,避免有其他因素造成现场的改变而干扰调查取证;其次要还原失效发生时的工作环境和失效的过程;然后标记好重要的点和失效的位置,保存好可能的失效遗落件;走访相关的在场人员;最后整理记录。

2)收集背景材料

收集的背景资料为主要设备的一些基本情况,包括生产厂家、性能参数、操作记录、工作环境、维修保养等。

失效分析时,现场调查和收集背景材料是这一工作的关键。收集背景材料时应遵循实用性、时效性、客观性以及尽可能丰富和完整等原则。

3)技术参量复验

技术参量复验主要为将研究对象的成分、组分、内部结构、外观尺寸等一些物理、化学和表观参数进行复核检验。

4）深入分析研究

经过以上三步骤以后就要对研究对象进行深入地失效分析了。主要有以下几个方面：

（1）直观检查（变形、损伤情况，裂纹扩展，断裂源）；

（2）断口的宏观分析，微观形貌分析（常用 SEM）；

（3）无损探伤检查（X 射线、超声波）；

（4）表面及界面成分分析（俄歇能谱等）；

（5）局部或微区成分分析（能谱、电子探针等）；

（6）相结构分析（X 射线衍射法）；

（7）断裂韧度检查，强度、韧性及刚度校核。

5）综合分析归纳，推理判断并提出初步结论

整理现场调研获得的信息，运用相关的知识体系，进行综合归纳、推理判断、分析后，得到初步结论，为下一步的研究做好准备。

6）设计实验论证初步分析结果

在初步得到失效分析结果的基础上，可以设计还原实验，论证结果的正确性、有效性和普适性。在进行重现性试验时，试验条件应尽量与实际失效构件的工作环境相同。论证性实验结果在与实际情况对比时，应进行科学的数学处理，不应简单放大或直接应用。

7）撰写失效分析报告

失效分析报告应写得条理清晰、突出重点、逻辑正确。失效分析侧重于失效情况的调查、取证和验证，在此基础上通过综合归纳得出结论，而不着重探讨失效机理，这就有别于断裂机理的研究报告。

失效分析报告主要包括如下内容：概述失效事件的基本情况，失效事件的调查结果，分析结果、讨论问题，结论与建议。其结论要准确，建议要具体、切实可行。

8.3　断口分析

断口分析主要利用肉眼、低倍放大镜、实体显微镜、电子显微镜、电子探针、俄歇电子能谱、离子探针质谱仪等仪器设备，对断口表面进行观察及分析，以便找出断裂的形貌特征、成分特点及相结构等与致断因素的内在联系。

1）断口的处理

对断口进行分析前，必须妥善地保护好断口并进行必要的处理。对于不同情况下获得的断口，应采取不同的处理方法，通常有以下几种措施：

（1）在干燥大气断裂的新断口，为了防止腐蚀，应立即储存在干燥器或真空室，

并注意防止污染断口和损坏的表面裂缝;部件不能在现场取样时,应采取有效的保护,防止断口的二次污染或腐蚀,应尽快将失效部件转移到安全地方,必要时可采用油封保护断口。

(2) 对于断后被油污染的断口,要进行仔细清洗。先用汽油去除油污,然后再用丙酮、三氯甲烷、石油醚或苯类等有机溶剂溶除去残留物,最后用无水乙醇清洗再吹干。如仍不能去除彻底,可用蒸汽或超声波法进一步去除。

(3) 在潮湿大气中锈蚀的断口,可先用稀盐酸水溶液去除锈蚀氧化物,然后用清水冲洗,再用无水酒精冲洗并吹干。

(4) 在腐蚀环境中断裂的断口,在断口表面通常覆盖一层腐蚀产物,这层腐蚀产物对分析致断原因往往非常重要,因而不能轻易地将其去掉。但为了观察断口的形貌特征而必须去除时,故应先对产物的形貌、成分及相结构进行仔细分析后,再予以去除。

(5) 一般断口进行宏观分析后,还要进行微观分析等工作,这就需要对断口进行解剖取样。一旦确定好主断面及断裂源后,就要开始记录并对断口拍照。影响宏观断口照片质量的主要因素是照相机的参数和照射光源的角度。而断口上的层次效果(放射线、疲劳弧线等显现)则主要依赖于光线的入射角度,一般采用斜入射的方式,角度一般选用 $30°\sim45°$,可得到层次分明、断裂次序及真实感都很强的效果。而采用垂直光线入射时,断口一般显得平坦,有些细节易被掩盖。

2) 断口分析的任务

断口分析包括宏观分析和微观分析两个方面。宏观分析主要用于分析断口形貌;微观分析既包括微观形貌分析,又包括断口产物分析(产物的化学成分、相结构及其分布等)。

断口分析的具体任务主要包括以下几个方面:

(1) 确定断裂的宏观性质,是延性断裂还是脆性断裂或疲劳断裂等。

(2) 确定断口的宏观形貌,是纤维状断口还是结晶状断口,有无放射线花样及有无剪切唇等。

(3) 查找裂纹源区的位置及数量,裂纹源区所在位置是在表面、次表面还是在内部,裂纹源区是单个还是多个,在存在多个裂纹源区的情况下,它们产生的先后顺序情况等。

(4) 确定断口的形成过程,裂纹是从何处产生的,裂纹向何处扩展,扩展速度如何等。

(5) 确定断裂的微观机制,是解理型、准解理型还是微孔型,是沿晶型还是穿晶型等。

(6) 确定断口表面产物的性质,断口上有无腐蚀产物或其他产物,何种产物,该产物是否参与了断裂过程等。

在许多情况下，通过断口分析，可以直接确定断裂原因，并为预防断裂再次发生提供可靠的依据。

3）断口的宏观分析

断口的宏观分析是指用肉眼或放大倍数一般不超过 30 倍的放大镜及体视显微镜，对断口表面进行直接观察和分析的方法。断口的宏观分析法是一种对断裂件进行直观分析的简便方法，广泛用于生产现场产品质量检查及断裂事故现场的快速分析。如利用断口来检查铸铁件的白口情况，用于确定铸件的浇注工艺；利用断口法检查渗碳件渗层的厚度，以确定渗碳件的出炉时间；利用断口法检查高频感应加热淬火件的淬硬层厚度，以确定合理的感应器设计及淬火工艺；利用断口法确定高速钢的淬火质量；利用断口法检查铸锭及铸件的冶金质量（有无疏松、夹杂、气孔、折叠、分层、白点及氧化膜等）。

断口的宏观分析可以了解断裂的整个过程，有助于确定断裂过程与构件几何形状的关系，有助于确定断裂过程与断裂应力（正应力及切应力）的关系。断口的宏观分析可以直接确定断裂的宏观表现和性质，是宏观脆性断裂还是韧断裂，并确定断裂源区位置、数量和裂纹扩展方向。断口的宏观分析是断裂件失效分析的基础。

（1）最初断裂件的宏观判断。如果分析的对象不是一个具体的零件，而是一个复杂的大型机组或是一组同类零件中的多个发生断裂，在对断口进行具体分析前，首先需要确定最初断裂件是哪个部件，然后再做进一步分析，才能找出断裂的真正原因。

（2）主断面（主裂纹）的宏观判断。最初断裂件找到后，紧接着就是确定该断裂件的主断面或主裂纹。所谓主断面就是最先开裂的断裂面。主断面上的变形程度、形貌特点，特别是断裂源区的分析，是整个断裂失效分析中最重要的环节。

（3）断裂（裂纹）源区的宏观判断。主断面（主裂纹）确定后，断裂分析的进一步工作是寻找裂纹源区。由于观察分析手段和目的不同，断裂源的含义也不同。一般工程上所说的裂纹源区是指断裂破坏的宏观开始部位。寻找裂纹源区不仅是断裂宏观分析中最核心的任务，也是光学显微分析和电子显微分析的基础。

根据不同断层的特征确定裂纹的源区。不同的断层具有不同的或相对应的特征，根据这些特征确定裂纹源是断口分析中最直接、可靠的方法。例如，如果在断裂的主截面上观察到三个断裂特征，即纤维区、辐射区和剪切唇，则裂纹的源区应该在纤维区，可得出导致断裂的原因是静载荷故障（或过载故障）；在板试件或矩形截面的静载荷断裂中，常常可以看到撕裂边缘呈现出"人"字纹的分布特征，对于光滑试件，一组人字纹指向的末端为裂纹源区域。圆试件和缺口冲击试件在静载荷断裂、应力腐蚀和氢脆等情况下，撕裂棱线通常是径向的，其辐射中心是裂纹源；在疲劳断口表面，可以看到贝纹纹的特征线，这些线看起来像一组同心圆，其中心就是裂纹源。

总之,不同的断裂类型,在断口上都可以观察到典型的特征形貌。正确的断口分析不仅能够确定断裂的性质,同时能够确定断裂源区,为进一步的分析确定打下基础。

将断开零件的两部分相匹配,则裂缝的最宽处为裂纹源区。如图 8 - 1 所示为实际开裂的管件,两段拼合后,先开裂的部分张口很大,而后开裂的部分(管子下部)则拼合很好。此管的开裂是由于轧制时产生的折叠所致,断裂始于折叠处。

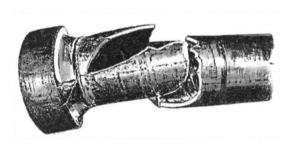

图 8 - 1　按照断口拼合后的张口

根据裂纹的颜色程度可以确定裂纹的源区。根据裂纹颜色和深度确定裂纹源区的方法,主要是观察是否有氧化颜色,生锈的断口和其他腐蚀的颜色不同于原来的金属颜色,可据此确定相应的宏观裂纹源区的位置。这也是断口分析中经常采用的方法。

在有氧化和锈蚀的环境中发生断裂的零件,其断口上有不同程度的氧化及锈蚀。有色彩处为先断裂处,无色彩处(或为金属本色)为后断裂处。色彩深的部位为先断裂处,浅处为后断裂处。

在高温下工作的零件,其断口上通常可见深黄色和蓝色色彩,前者为先断裂处,后者为后断裂处。

水淬开裂的零件可根据断口上的锈蚀情况判断开裂点。油淬时,可以根据淬火油的渗入情况判断起裂点。若断口发黑,说明在淬火前零件上就有裂纹(黑色是高温氧化的结果)。

通过观察断口边缘是否存在台阶、毛刺、剪切唇和宏观塑性变形,可分析裂纹源区位置、裂纹扩展方向和断裂性质。因为随着裂纹的扩展,零件的有效面积不断减小,使实际载荷不断增大。对于塑性材料,裂纹扩展方向可通过裂纹扩展过程中裂纹两侧的塑性变形的增加来确定。在断口表面没有其他特殊模式的情况下,对断口边缘情况的观察往往是确定裂纹源区域和裂纹扩展方向的唯一可靠方法。

(4) 断口的宏观表象观察与致断原因初判。断口的宏观分析中除上述工作外,还应对下述问题做进一步观察和分析。

① 断裂源区和零件几何结构的关系。断裂源区可能发生在零件的表面、次表面

或内部。

对于塑性材料的光滑试件,在单向拉伸状态下,断裂源发生在截面中心部位属于正常情况。为防止出现此种断裂,应提高材料的强度水平或加大零件的几何尺寸。表面硬化件发生断裂时,断裂源可能发生在次表层,为防止此类零件断裂,应加大硬化层的深度或提高零件的心部硬度。

除上述两种情况外,断裂源区一般发生在零件的表面,特别是零件的尖角、凸台、缺口、刮伤及较深的加工刀痕等应力集中处。防止此类破坏显然应从减小应力集中方面入手。

② 断裂源区与零件最大应力截面位置的关系。断裂源区的位置一般与最大应力所在平面相对应。如果不一致则表明零件的几何结构存在某种缺陷或工作载荷发生了变化,但更为常见的情况是材料的组织状态不正常(如材料的各向异性)或零件存在着较严重的缺陷(铸造缺陷、焊接裂纹、锻造折叠等)等。

③ 判断断裂是从一个部位产生的还是从几个部位产生的,是从局部部位产生的还是从很大范围内产生的。通常,应力数值较小或应力状态较柔时易从一处产生,应力数值较大或应力状态较硬时易从多处产生。由材料中的缺陷及局部应力集中引起的断裂,裂纹多从局部产生;存在大尺寸的几何结构缺陷引起的应力集中时,裂纹易从大范围内产生。

4) 断口的微观分析

断口微观分析的内容主要包括断口的产物分析及形貌分析两个方面。

① 断口的产物分析。在特殊介质环境下或高温场合断裂的构件,其断口上常有残存的与环境因素相对应的特殊产物,对这些产物的分析对于致断原因的确定至关重要。例如,奥氏体不锈钢发生的氯脆断裂,其断口上必有 Cl^-;碳钢材料发生的碱脆,其断口上必有 Fe_3O_4;钢铁材料发生的硝脆,其断口上必有 NO_3^-;铜及其合金发生的氨脆,断口上必有 NH_4^+;氢化物形成的氢致断裂,其断口上必有氢化物。

进行断口分析时,根据断口上的特殊产物,一般即可确定致断原因。断口产物的分析又可分为成分分析和相结构分析两个方面。成分的确定可采用化学分析、光谱分析、带有能谱的扫描电镜、电子探针及俄歇能谱仪等手段进行。相结构分析常用 X 射线衍射仪、德拜粉末相机 X 射线衍射、透射式电子显微镜选区衍射及高分辨率衍射等方法。

② 断口的微观形貌分析。目前用于断口微观形貌分析的工具主要是电子显微镜,即透射电镜及扫描电镜。

透射电子显微镜是对从裂缝表面复制的模型进行观察分析。该方法分辨率高,成像质量好,不需破坏断口,可进行多次观察。缺点是不能直接观察到裂缝的表面,且必须制备复型。此外,其对放大率要求高,在低放大率下无法观察。

扫描电镜的优点是可直接观察断口而无须制备复型,消除人为因素造成的假象;放大倍数从几十到几千倍连续变化,因而可以在一个断口上连续地进行分析。其缺点是分辨率低,成像质量不如透射电镜好,对于大型断口需切成小块进行成像。

(1) 解理断裂。解理断裂是正应力作用下金属的原子键遭到破坏而产生的一种穿晶断裂。其特点是解理初裂纹起源于晶界、亚晶界或相界面,并严格沿着金属的结晶学平面扩展,其断裂单元为一个晶粒尺寸。

利用扫描电镜或透射电镜对断口表面或其复型进行观察,解理断裂的形貌特征主要为河流花样及解理台阶。

导致金属零件发生脆性解理断裂的原因有很多,包括材料性质、应力状态及环境等。

从材料方面考虑,通常只有冷脆金属才能发生解理断裂。面心立方金属为非冷脆金属,一般不会发生解理断裂。仅在腐蚀介质存在的特殊条件下,奥氏体钢、铜及铝等才可能发生此种断裂。

当构件的工作温度较低,即处在韧脆转变温度以下时,易发生解理断裂。

只有在平面应变状态(即三向拉应力状态),或者说构件的几何尺寸属于厚板情况下才能发生解理断裂。

晶粒尺寸粗大。因为解理断裂单元为一个晶粒尺寸,粗晶使解理断裂应力显著降低,使韧脆转变温度向高温方向推移,故易促使解理断裂发生。

宏观裂纹的存在。裂纹顶端造成较大的应力集中,并使构件的韧脆转变温度移向高温,其促使冷脆金属发生解理断裂。

除此之外,加载速度偏大及活性介质的吸附作用也会促进解理断裂的发生。

根据上述解理断裂致断原因的分析,可得出以下主要预防措施:

① 消除或减小构件上的裂纹尺寸,避免过大的应力集中。

② 细化晶粒。

③ 消除或减少金属材料中的有害杂质。如对于钢铁材料来说,主要有 P、N、O 等杂质,其中 O 的危害最大。这些杂质元素会显著提高钢材的韧脆转变温度,易促使解理断裂。S 主要降低微孔断裂时的上阶能,而对韧脆转变温度影响不大。

④ 采用双相钢代替单一的马氏体组织材料。例如,采用 M＋A、M＋B_F、M＋F 等材料代替单一的马氏体,有助于减少解理断裂倾向性。

⑤ 如果采用上述措施仍不能彻底防止构件的解理断裂,则需更换材料,即采用抗低温性能更好的材料,甚至采用非冷脆金属。

总之,防止解理断裂的基本出发点是降低构件的韧脆转变温度,使构件在高于韧脆转变温度的条件下工作。

(2) 准解理断裂。准解理型断裂是淬火加低温回火的高强度钢较为常见的一种断裂形式,常发生在韧脆转变温度附近。准解理断裂的断口是由平坦的"类解理"小平面、微孔及撕裂棱组成的混合断裂。在对具有回火马氏体等复杂组织的钢材(Ni - Gr 钢和 Ni - Gr - Mo 钢等)的断裂进行失效分析时,应对这类断裂性质注意区分。

在失效分析时,可根据断口的微观电子图像特征来判定是否为准解理断裂。当断口的电子图像出现下述特征时,即可判定为准解理性质的断裂。

在微观范围内,可以看到"解理"断裂和微孔型断裂的混杂现象,即在微孔断裂区内有平坦的小刻面或在小刻面周边有塑性变形形成撕裂棱的形貌特征。

小刻面的几何尺寸与原奥氏体晶粒大小基本相当,即断裂单元为一个晶粒大小。

小刻面上的河流花样比解理断裂所看到的花纹要短,且大都源于晶内而中止于晶内。

小刻面上的台阶直接汇合于邻近的由微孔组成的撕裂棱上。

造成准解理断裂的原因:从材料方面考虑,必为淬火加低温回火的马氏体组织,回火温度低,则易产生此类断裂;构件的工作温度与钢材的韧脆转变温度基本相同;构件的薄弱环节处于平面应变状态;材料的晶粒尺寸比较粗大;回火马氏体组织的缺陷,如碳化物在回火时的定向析出和较大的淬火相变应力等均使准解理初裂纹易于形成。

由上述分析可知,准解理断裂是高强度钢材淬火加低温回火后,在韧脆转变温度附近发生的一种特殊断裂形式。为了防止此类断裂,最有效的办法就是提高钢材的抗低温脆断的能力,即降低钢材的韧脆转变温度(细化晶粒、减少组织缺陷等),在这方面与预防解理断裂的措施基本相同。

(3)准脆性解理断裂。对于裂缝试件,在断口的微观分析时,观察到的断裂性质是解理的,但是在宏观断口上却可以看到剪切唇。此种解理断裂是在断裂应力大于材料屈服极限的条件下产生的。从工程的意义上说,因其宏观变形量不大,也是一种宏观脆性的解理断裂。这种断裂称为准脆性解理断裂。

对于准脆性解理断裂产生的原因,可以从断裂力学的角度予以解释。准脆性解理断裂在生产实践中应尽量避免,产生准脆性解理断裂的地方对系统破坏性很大。在常温条件下,如果构件上不存在裂缝,此类金属是不会产生宏观脆性解理断裂的,但对于裂缝试件却很容易导致此种断裂。许多工程构件发生的重大工程事故,大都属于此种类型的断裂。

防止准脆性解理断裂的主要措施是减小构件中的裂纹尺寸,因为在无裂纹存在的情况下,构件是不会发生解理断裂的。也就是说,材料的选择还是合理的,构件的工作温度也并非过低,即并不是由于低温引起的。或者说,温度仅是一种影响因素而不是致断的根本原因。在一般情况下,不需要因此更换新材料。

(4)微孔型断裂。微孔型断裂又称为微孔聚集型断裂,是指塑性变形起主导作用的一种延性断裂。微孔型断裂的微观电子形貌呈孔坑、塑坑、韧窝、叠波花样,如图 8-2 所示。在孔坑的内部通常可以看到第二相质点或其脱落后留下的痕迹,这是区别该断裂的主要微观特征。

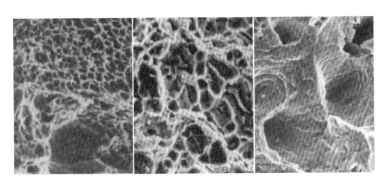

图 8-2　微孔型断裂的微观形貌

按其加载方式,微孔断裂可分为等轴型、撕裂型和滑开型三种,微孔断裂可以是沿晶型的,但多为穿晶型的断裂。

微孔型断裂孔坑的大小不仅与第二相质点的几何尺寸有关,而且主要取决于参与孔坑形成的第二相质点间的距离大小。

在断口分析时,根据断口的微观电子图像的上述特征,可以比较容易地确定此类断裂,同时还可以进一步确定其外加载荷的类型、材料特点及第二相质点的有关性质。

微孔型断裂是一种韧性断裂(但不能等同于宏观韧性断裂),主要有两种类型:一种是宏观塑性的微孔型断裂,另一种发生在高强度材料的裂纹试样上,室温拉伸时出现的宏观脆性的微孔型断裂。两种裂缝的微破裂机理均为微孔聚集,但由于基质材料性质的不同,宏观性能差异很大。从失效分析角度来看,如何防止这两种类型的断裂存在显著差异。前者需要提高材料的抗裂性,防止裂纹的形成;后者需要提高材料的断裂韧性,即通过防止裂纹的形成和延迟裂纹的扩展来防止断裂的发生。在工程中,宏观脆性微孔型断裂的风险较大。

宏观脆性微孔型断裂的微观电子形貌为细小、均匀分布的等轴型微孔,微孔形成和连接时的塑性变形量很小。其特点由高强度材料的组织特点决定。高强度材料的组织特点:在固溶强化的基体上弥散分布着细小的第二相质点,质点的平均间距很小。这种组织对于裂纹的敏感性非常大,也就是说,裂纹顶端的应力集中现象严重。因此,该断裂的名义应力低于材料的屈服极限,而其微观机制却是微孔聚集型的,由于微孔的形成和扩大连接所发生的变形量很小,所以在宏观上表现为典型的脆性断裂特征。

为了预防高强度材料件发生的微孔型断裂,从材料学的角度出发,主要通过提高材料的断裂韧度加以解决。增加材料的断裂韧性 K_{IC} 值,即可提高构件的承载能力或允许构件中存在较大的裂纹尺寸,可有助于防止此类断裂。为了提高材料的断裂韧度,应尽量减少促使微孔形成的内在因素,其具体措施:纯化金属,减少有害杂质的含量;使有害杂质以固溶状态存在;球化异相质点,并改变其分布状态;改变强化相的性质;发挥韧性相的作用。

(5)沿晶断裂。材料在应力作用下沿晶界分离的现象称为沿晶断裂。根据断口的微形态特征可分为两类:一种是沿着晶体的正向断裂,其断口的微电子形态反映了多面体晶粒的界面形态呈典型的冰糖块状;另一种是沿晶粒的韧性断裂,在这些断裂的显微电子图像中可以看到沿晶界分布的大量微孔和第二相颗粒,表明沿晶界断裂发生在塑性变形过程中,其断裂机理和晶体内的微孔型断裂是相同的,即在外力的作用下,在一些薄弱的晶界,围绕着第二相质点首先形成显微孔洞,这些孔洞长大后形成沿晶微裂纹,导致晶间断裂。由于塑性变形局限于晶界局部区域,从宏观上看,这种断裂多为脆性断裂。

利用扫描电子显微镜或透射电镜对材料的新鲜断口或其复型进行高倍观察,发现断口表面呈冰糖块状或岩石状的多面体外形,有较强的立体感,这是由于金属晶粒是多面体形所致。由此即可确定此种断裂属于沿晶型的断裂。利用金相分析法观察裂纹的走向与晶界的关系也能确定此类断裂。

沿晶断裂的致断因素多种多样。氢致损伤、应力腐蚀、蠕变、回火脆性、第二相析出脆性及热脆性、热疲劳等断裂均可能导致沿晶型断裂。在对断口进行微观分析时,按断口形貌及产物的类型可分为这几种类:沿晶正向断裂、沿晶的延性断裂、脆性的第二相质点沿晶界析出引起的沿晶断裂、晶界与环境介质交互作用引起的沿晶断裂和具有疲劳机制的沿晶断裂。

通常,预防沿晶断裂失效的措施如下:
① 提高材料的纯洁度,减少有害杂质元素的沿晶界分布。
② 严格控制热加工质量和环境温度,防止过热、过烧及高温氧化。
③ 减少晶界与环境因素间的交互作用。
④ 降低金属表面的残余拉应力,以及防止局部三向拉应力状态的产生。

8.4 金属材料断裂失效

8.4.1 过载断裂失效

当工作载荷超过金属构件危险截面所能承受的极限载荷时,构件发生的断裂称为过载断裂。一旦材料的性质确定以后,构件的过载断裂主要取决于两个因素:一是构件危险载面上的真实应力,二是载面的有效尺寸。真实应力由外加载荷的大小、方向及残余应力的大小来决定,并受到构件的几何形状、加工状况(表面粗糙度、缺口的曲率半径等)及环境(磨损、腐蚀、氧化等)等多种因素的影响。

过载断裂失效的宏观表现可以是宏观塑性断裂,也可以是宏观脆性断裂。

发生过载断裂失效时,通常显示一次加载断裂的特征。其宏观断口与拉伸试验断口极为相似。

对于宏观塑性的过载断裂失效来说,其断口上一般可以看到三个特征区:纤维区、放射区及剪切唇,通常称为断口的"三要素"。

纤维区位于断裂的起始处,由裂纹在三向拉应力作用下缓慢扩展形成。裂缝的核心在此区域。该区域的微观断裂机制为等轴微孔聚集型,断面垂直于应力轴。

放射区是裂纹的快速扩展。宏观可见放射状条纹,或人字纹。该区的微观断裂机制为撕裂微孔聚集型,也可能出现微孔及解理的混合断裂机制。断面与应力轴垂直。

剪切唇是最后断裂区。此时构件的剩余截面处于平面应力状态,塑变的约束较少,由切应力引起断裂,断面平滑,呈暗灰色。该区的微观断裂机制为滑开微孔聚集型。断面与应力轴呈 45°角。

宏观脆性过载断裂失效的断口特征有以下两种情况:

拉伸脆性材料,其过载断裂的断口为瓷状、结晶状或具有镜面反光特征;在微观上分别为等轴微孔、沿晶正断及解理断裂。

拉伸塑性材料,由于拉伸塑性材料的尺寸较大或存在裂纹时发生脆性断裂,断裂中的纤维面积很小,辐射面积占很大比例,拉伸塑性材料周围几乎不存在剪切唇。

1) 影响过载断裂失效特征的因素

(1) 材料性质的影响。材料的性质对过载断裂失效特征具有很大的影响。不同性质的材料虽然发生的同是过载断裂,但其断口形貌却有很大的差异,在失效分析时,可根据这些差异推断材料的性能特点,这对正确地分析致断原因有很大帮助。

① 大多数的单相金属、低碳钢及珠光体状态的钢,其过载断裂断口上具有典型"三要素"特征。

② 高强度材料、复杂的工业合金及马氏体时效钢等,其断口的纤维区内有环形花样,中心呈火山口状,"火山口"中心必有夹杂物,此为裂纹源。另外,这类材料有放射区细小、剪切唇也较小等特点。

③ 中碳钢和中碳合金钢在调质状态下,断口呈粗大的剪切放射花样,基本没有纤维区和剪切唇。径向剪切是一种典型的剪切脊。这是裂缝开始和扩展时沿最大剪应力方向的剪切变形的结果。这类材料过载断裂失效的另一个特点是裂缝辐射不是

直线,这是由变形约束小、裂纹钝化和传播速度慢引起的。

④ 塑性较好的材料,由于变形约束小,其断口上可能只有纤维区和剪切唇而无放射区。可以说,断口上的纤维区较大,则材料的塑性较好;反之,放射区增大,则表示材料的塑性降低,脆性增大。

⑤ 纯金属可能会出现一种全纤维的断口或45°角的滑开断口。

⑥ 脆性材料的过载断裂,其在断口上可能完全不出现"三要素"特征,而呈现细瓷状、结晶状及镜面反光状等。

(2) 零件形状与几何尺寸的影响。零件的几何形状与结构特点对过载断裂,特别是对宏观塑性过载断裂的断口特征会产生一定的影响。例如,当零件上存在的各式各样的尖角、缺口引起的应力集中现象严重时,会直接影响断裂源产生的部位、"三要素"的相对大小及形貌特征。在进行断裂失效分析时,为了寻找断裂源的部位要特别注意这一变化。

(3) 载荷性质的影响。载荷性质不仅对断口"三要素"的相对大小有影响,而且有时会使断裂的性质发生很大变化。

应力状态的柔性对"三要素"的相对尺寸有很大的影响。三向拉应力是硬的,而三向压缩是柔性的。快速加载是硬状态,而缓慢加载是柔性的。由于材料在硬状态应力作用下脆性较大,辐射面积增大,纤维面积减小,剪切唇形变化不大。

对于同一种材料及尺寸相同的零件,拉伸塑性断口与冲击塑性断口,其形貌会有所不同。

(4) 环境因素的影响。温度的变化及介质性质对过载断裂的断口也有影响。例如,温度升高,一般使材料的塑性增大,因而纤维区加大,剪切唇也有所增加,放射区则相对变小。

总之,过载断裂失效断口的特征受材料性质、构件的结构特点、应力状态及环境条件等多种因素的影响。在失效分析时,应根据它们的关系及变化规律,由断口特征推测材料、载荷、结构及环境因素参与断裂的情况及影响程度。

2) 材料致脆断裂失效分析

金属材料变脆除材料选用不当外,主要有以下几种情况:一是由于生产过程工艺不正确,如调质钢的回火脆性,在加热过程中的过热和过烧,冷却过程中的石墨化析出,第二相脆性质点沿晶界析出等;二是产品在使用过程中环境条件的变化使材料变脆,如低温下冷脆金属的脆性断裂以及腐蚀性介质的影响。

3) 环境致脆断裂失效分析

金属构件的断裂失效不仅与材料的性能和应力状态有关,而且很大程度上取决于材料所处的环境条件。环境脆性断裂是指金属材料与某些特殊环境因素相互作用而产生的具有一定环境特征的脆性断裂,包括低熔点金属的应力腐蚀裂纹、氢致断裂、腐蚀疲劳、热疲劳和脆性断裂。

4）混合型断裂失效分析

工程构件的断裂大都属于混合型断裂。这是因为在裂纹形成及扩展的过程中，其影响因素不是单一的，并且通常是不停地变化的。以下几个方面的原因易导致混合型断裂的产生。

（1）应力状态发生变化引起的混合型断裂。

（2）环境因素变化引起的混合型断裂。

（3）材料的成分及组织结构的不均匀性引起的混合型断裂。

8.4.2 疲劳断裂失效

疲劳断裂的失效形式很多，如按交变载荷的形式不同，可分为拉压疲劳、弯曲疲劳、扭转疲劳、接触疲劳、振动疲劳等；按疲劳断裂的总周次（N_f）大小可分为高周疲劳（$N_f > 10^5$）和低周疲劳（$N_f < 10^4$）；按其服役的温度及介质条件可分为机械疲劳（常温、空气中的疲劳）、高温疲劳、低温疲劳、冷热疲劳及腐蚀疲劳等。但其基本形式只有两种，即由切应力引起的切断疲劳和由正应力引起的正断疲劳。其他形式的疲劳断裂都是由这两种基本形式在不同条件下的复合。

（1）切断疲劳失效。切断疲劳初始裂纹是由切应力引起的。切应力引起疲劳初裂纹萌生的力学条件：切应力/缺口切断强度≥1，正应力/缺口正断强度＜1。

切断疲劳的特点：疲劳裂纹起源处的应力应变场为平面应力状态；初裂纹的所在平面与应力轴约成45°角，并沿其滑移面扩展。

由于面心立方结构的单相金属材料的切断强度一般略低于正断强度，而在单向压缩、拉伸及扭转条件下，最大切应力和最大正应力的比值（即软性系数）分别为2.0、0.5、0.8，所以对于这类材料，其零件的表层比较容易满足切断疲劳失效的力学条件，因而多以切断形式破坏，例如，铝、镍、铜及其合金的疲劳初裂纹，绝大多数以这种方式形成和扩展。低强度高塑性材料制作的中小型及薄壁零件、大应力振幅、高的加载频率及较高的温度条件都有利于这种破坏形式的产生。

（2）正断疲劳失效。正断疲劳的初裂纹是由正应力引起的。初裂纹产生的力学条件：正应力/缺口正断强度≥1，切应力/缺口切断强度＜1。

正断疲劳的特点：疲劳裂纹起源处的应力应变场为平面应变状态；初裂纹所在平面大致上与应力轴相垂直，裂纹沿非结晶学平面或不严格地沿着结晶学平面扩展。

大多数的疲劳失效都是以正断疲劳失效形式进行的。特别是体心立方金属及其合金以这种形式破坏所占的比例更大；正断疲劳的力学条件在试件的内部裂纹处容易得到满足，但当表面加工比较粗糙或具有较深的缺口、刀痕、蚀坑、微裂纹等应力集中现象时，正断疲劳裂纹也易在表面产生。

高强度、低塑性材料、大截面零件、小应力振幅、低的加载频率及腐蚀、低温条件均有利于正断疲劳裂纹的萌生与扩展。

在某些特殊情况下,裂纹尖端的力学条件同时满足切断疲劳和正断疲劳的产生条件。此时,初裂纹也将同时以切断和正断疲劳的方式产生及扩展,从而出现混合断裂的特征。

1) 疲劳断裂失效的一般特征

金属零件在使用中发生的疲劳断裂具有突发性、高度局部性及对各种缺陷的敏感性等特点。导致疲劳断裂的应力一般很低,断口上经常可观察到能反映断裂各阶段宏观及微观过程的特殊模式。对于高周疲劳断裂来说,有如下基本特征。

(1) 疲劳断裂的突发性。虽然疲劳断裂经历了疲劳裂纹萌生、亚临界扩展和失稳扩展三个过程,但在断裂前没有明显的塑性变形或其他明显迹象,因此断裂具有较强的冲击。即使是静态拉伸条件下具有大量塑性变形的塑性材料,在交变应力作用下也会呈现宏观脆性断裂特征。

(2) 疲劳断裂应力很低。循环应力中最大应力幅值一般远低于材料的强度极限和屈服极限。如,对于旋转弯曲疲劳来说,经 10^7 次应力循环破断的应力仅为静弯曲应力的 20%~40%;对于对称拉压疲劳来说,疲劳破坏的应力水平还要更低一些。

(3) 疲劳断裂是一个损伤积累的过程。疲劳断裂不是立即发生的,而是经过很长时间才完成。疲劳初裂纹的萌生与扩展均是多次应力循环损伤积累的结果。通常把试件上产生一条可见初裂纹的应力循环周次(N_o),或将 N_o 与试件的总周次 N_f 的比值(N_o/N_f)作为表征材料疲劳裂纹萌生孕育期的参量。

疲劳裂纹萌生的孕育期与应力幅值的大小、试件的形状及应力集中状况、材料性质、温度与介质等因素有关。

(4) 疲劳断裂对材料缺陷的敏感性。金属的疲劳失效对材料的各种缺陷均敏感。因为疲劳断裂总是起源于微裂纹处。这些微裂纹有的是材料本身的冶金缺陷,有的是加工制造过程中留下的,有的则是使用过程中产生的。

例如,在纯金属及单相金属中,滑移带中侵入沟应力集中形成的微裂纹,或驻留滑移带内大量点缺陷的特别凝聚形成的微裂纹是常见的疲劳裂纹萌生地;在工业合金和多相金属材料中存在的第二相质点及非金属夹杂物,因其应力集中作用引起局部的塑性变形,导致相界面的开裂或第二相质点及夹杂物的断裂而成为疲劳裂纹的发源地。同样,构件表面或内部的各种加工缺陷,往往其本身就是一条可见的裂纹,使其在很小的交变应力作用下就得以扩展。总之无论是材料本身固有的缺陷,还是加工制造或使用中产生的"类裂纹",都会显著降低交变应力作用下构件的使用性能。

(5) 疲劳断裂对腐蚀介质的敏感性。金属材料的疲劳断裂不仅取决于材料本身性能,而且与所处环境条件密切相关。虽然敏感的环境条件对材料的静强度有一定的影响,但其影响程度远小于对疲劳强度的影响。大量实验数据表明,材料在腐蚀环境下的疲劳极限远低于大气条件下的疲劳极限。即使对于不锈钢来说,在交变应力作用下,由于金属表面钝化膜容易被破坏和开裂,使其抗疲劳断裂能力远低于在大气环境中的情况。

2) 疲劳断口的宏观特征

(1) 疲劳断口宏观形貌。由于疲劳断裂的过程不同于其他断裂,因而形成了疲劳断裂特有的断口形貌,这是疲劳断裂分析时的根本依据。

典型的疲劳断口的宏观形貌结构可分为疲劳核心、疲劳源区、疲劳裂纹的选择发展区、裂纹的快速扩展区及瞬时断裂区五个区域,如图 8-3 所示。一般疲劳断口在宏观上也可粗略地分为疲劳源区、疲劳裂纹扩展区和瞬时断裂区三个区域,还可更粗略地将其分为疲劳区和瞬时断裂区两个部分。

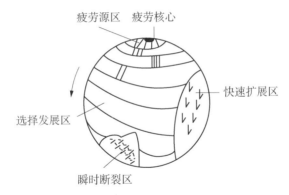

图 8-3　疲劳断口示意图

① 疲劳源区。疲劳裂纹的萌生区域是由多个疲劳裂纹起始点扩散和相遇形成的区域。由于裂纹的缓慢扩展和反复地开闭作用,在断口表面有明亮而细晶的表面结构。这个区域在整个疲劳断口中所占的比例很小,在实际中通常是指放射源的中心点或壳体线的曲率中心点。由于疲劳断裂对表面缺陷非常敏感,这些疲劳源往往位于金属构件的表面。然而,当构件的心部或亚表层存在较大缺陷时,断裂也可以从构件的心部或亚表层开始。一般情况,疲劳断裂只有一个疲劳源,而反复弯曲则会出现两个疲劳源;由于加工缺陷的存在,轴向零件在单向旋转的情况下往往会产生圆周方向的线性疲劳源;在腐蚀环境中,金属表面膜因滑移而破裂,形成许多活性区,从而可能出现更多的疲劳源;在低交变载荷作用下发生疲劳断裂时,金属构件表面的多个缺陷也会形成多个疲劳源。

一般情况下,应力集中系数越高,或者是交变应力的水平越高,则疲劳源区的数目也越多。对于表面存在类裂纹的零件,其疲劳断口上则可能不存在疲劳源区,而只有裂纹扩展区和瞬时断裂区。

② 疲劳裂纹扩展区。疲劳裂纹扩展区是疲劳裂纹的亚临界扩展区,是疲劳断裂最重要的特征区。这个区域的形态各种各样,可以是光滑的,也可以是瓷状的;贝纹线可能出现也可能不出现;可以是水晶状的,也可以是撕裂脊状的。具体的裂纹形式将取决于组件的应力状态及设备运行情况。

③ 瞬时断裂区。即快速静断区。当疲劳裂纹扩展到一定程度时,构件的有效承载面承受不了当时的载荷而发生快速断裂。其断口平面基本与主应力方向垂直,呈粗糙的晶粒状脆断或呈放射线状。高塑性材料也可能出现纤维状结构。

(2) 疲劳断口宏观形貌的基本特征。疲劳弧线是疲劳断口宏观形貌的基本特征,它以疲劳源为中心,呈垂直于裂纹扩展方向的半圆形或扇形弧线,也称为贝纹线(贝壳花样)或海滩花样。疲劳弧线是裂纹扩展过程中,裂纹尖端的应力或状态发生的变化在截面上留下塑性变形的标志。对于光滑试件,疲劳弧线中心一般指向疲劳源区。当疲劳裂纹扩展到一定程度时,就会发生疲劳弧线的转向。当试样表面出现锐缺口时,疲劳弧线中心与疲劳源区方向相反。也可由此作为确定疲劳源区域位置或表面缺口影响的依据。

疲劳弧线的数量(密度)主要取决于加载情况。并不是所有疲劳断口上都可以观察到疲劳弧线,疲劳弧线的清晰度不仅与材料的性质有关而且与介质情况、温度条件等有关。材料塑性好、温度高、有腐蚀介质存在时,则疲劳弧线清晰。材料塑性低或裂纹扩展速度快,以及断口断裂后受到污染和不当清洗时,都难以在断口上观察到清晰的疲劳弧线,但这并不意味着断裂过程中不形成疲劳弧线。

疲劳断口上的亮区也是疲劳断口宏观断口形貌的基本特征。事实上,上述三个典型的宏观疲劳断口形貌区域就是疲劳断口的基本宏观特征。有时断口上看不到疲劳弧线和台阶,只划分亮区和粗糙区,亮区即为疲劳区,粗糙区即为瞬态断裂带。有时明亮的区域只是疲劳的来源。

3) 疲劳断裂的失效类型与鉴别

判断某零件的断裂是不是疲劳性质的,利用断口的宏观分析方法结合零件受力情况,一般即可确定。结合断口的微观特征,可以进一步分析载荷性质及环境条件等因素的影响,对零件疲劳断裂的具体类型做进一步判别。

(1) 机械疲劳断裂。在大多数情况下,光滑零件的断裂表面只有一个或数量有限的疲劳源。只有当断裂发生在应力集中或具有更高水平的循环应力时,才会出现多个疲劳源。对于低循环载荷的零件,大部分的断裂区域是疲劳延伸区。

① 高周疲劳断裂。高周疲劳断口的微观基本特征是细小的疲劳辉纹,依此即可判断断裂的性质是高周疲劳断裂。前述的疲劳断口宏观、微观形态,大多数是指高周

疲劳断口。但要注意载荷性质、材料结构和环境条件对断口微观特征的影响。

② 低周疲劳断裂。发生低周疲劳失效的零件所承受的应力水平接近或超过材料的屈服强度,即循环应变进入塑性应变范围,加载频率一般比较低,通常以分、小时、日甚至更长的时间计算。

宏观断口上存在多疲劳源是低周疲劳断裂的特征之一。其整个断口很粗糙且高低不平,与静拉伸断口有某些相似之处。

低周疲劳断裂的微观特征为粗大的疲劳辉纹或粗大的疲劳辉纹和微孔花样。同样,材料性能、组织和环境条件对低周疲劳断裂微观特征的影响也很大。对于超高强度钢,在加载频率较低和振幅较大的条件下,低周疲劳断口上可能不出现疲劳辉纹而代之以沿晶断裂和微孔花样的特征。

断裂扩展区有时表现出轮胎花纹的微观特征,即在循环载荷作用下裂纹扩展过程中,硬质点在匹配面上留下的压痕。轮胎花纹的出现通常局限于某一局部区域,其在整个断裂延伸区域的分布远不如疲劳辉纹常见,但它是高应力低周疲劳断裂上一种独特的特征形态。

热稳定不锈钢的低周疲劳断口上除具有典型的疲劳辉纹外,常出现大量的粗大滑移带及密布着细小的二次裂纹。

高温条件下的低周疲劳断裂,由于塑性变形容易,一般其疲劳辉纹更深,辉纹轮廓更为清晰,并且在辉纹间隔处往往出现二次裂纹。

③ 振动疲劳(微振疲劳)断裂。由往复机械运动引起的断裂称为振动疲劳断裂。当外部的激振力的频率接近系统的固有频率时,系统将出现激烈的共振现象。共振疲劳断裂是机械设备振动疲劳断裂的主要形式,除此之外,还有颤振疲劳及喘振疲劳。

振动疲劳断口与高频低应力疲劳断口相似。振动疲劳断裂的疲劳核心一般源于最大应力,但断裂的主要原因是结构设计不合理。因此,可通过改变零件的形状和尺寸,调整设备的固有频率来避免。

只有在微振磨损条件下服役的零件,才有可能发生微振疲劳失效。通常发生微振疲劳失效的零件:铆接螺栓、耳片等紧固件,热压、过渡配合件,花键、键槽、夹紧件、万向节头、轴-轴套配合件,齿轮-轴配合件,回摆轴承,板簧以及钢丝绳等。

由微振磨损引起大量表面微裂纹之后,在循环载荷作用下,以此裂纹群为起点开始萌生疲劳裂纹。因此,微振疲劳最为明显的特征是在疲劳裂纹的起始部位通常可以看到磨损的痕迹、压伤、微裂纹、掉块及带色的粉末(钢铁材料为褐色粉末;铝、镁材料为黑色粉末)。

金属微振疲劳断口的基本特征是细密的疲劳辉纹,金属共振疲劳断口的特征与低周疲劳断口的特征相似。

微振疲劳过程中产生的微细磨粒常被带到断口上,严重时使断口轻微染色。这种磨粒都是金属的氧化物,利用 X 射线衍射分析磨粒的结构,可以为微振疲劳断裂失效分析提供依据。

④ 接触疲劳。材料表面受到多次循环的较高的法向压应力和切向摩擦力时,其接触表面将产生的小块或小块金属剥落,形成点蚀点或坑,最后导致构件失效,这称为接触疲劳、接触疲劳磨损或磨损疲劳。接触疲劳主要发生在滚动接触机的零件上,如滚动轴承、齿轮、凸轮、车轮等表面。

一般认为接触疲劳可以分为疲劳裂纹在材料表面或表层的形成以及裂纹扩展两个阶段。当两个接触体相对滚动或滑动时,接触区域会产生较大的应力和塑性变形。由于交变接触应力反复作用很长一段时间,会引起材料表面或表层的薄弱环节产生疲劳裂纹,并逐渐扩大,最后材料以薄片形式断裂剥落下来。如果接触疲劳源在材料表面产生,裂纹的进一步扩展将导致点蚀和表面金属剥落;如果接触疲劳裂纹源在材料的亚表面产生,则表层会被压碎,工作面会剥落,接触表面的点蚀和局部剥落是典型的宏观接触疲劳形式。

对于相对滑动的接触面上,可观察到明显的摩擦损伤,疲劳裂纹即从摩擦损伤底部开始。在裂纹源处有明显的疲劳台阶,微观组织可观察到有因摩擦而形成的扭曲形态。接触疲劳断口上的疲劳辉纹因摩擦而呈现断续状和不清晰的特征。

影响接触疲劳的主要因素:应力条件(载荷、相对运动速度、摩擦力、接触表面状态、润滑及其他环境条件等)、材料的成分、组织结构、冶金质量、力学性能及其匹配关系等。

材料的显微组织,如表面及表层中存在导致应力集中的夹杂物或冶金缺陷,将大幅度降低材料的接触疲劳性能。

采用表面强化技术可以提高材料的接触疲劳性能。材料微观组织的改善对接触疲劳性能有很大的影响。大量研究结果表明,对于轨道钢而言,因为其较细的珠光体层片间距细小,比贝氏体和马氏体具有更高的接触疲劳抗力,而贝氏体和马氏体容易发生接触疲劳(磨损疲劳)。

(2)腐蚀疲劳断裂。金属零件在交变应力和腐蚀介质的耦合作用下导致的断裂,称为腐蚀疲劳断裂。它既不同于应力腐蚀破坏也不同于机械疲劳,同时也不是腐蚀和机械疲劳两种因素作用的简单叠加。实际条件下的绝大多数疲劳断裂都可以认为是腐蚀疲劳破坏。

当断口上既有疲劳特征又有腐蚀痕迹时,显然可判断为腐蚀疲劳破坏。但是,当断口未见明显宏观腐蚀迹象,而又无腐蚀产物时,也不能认为此断裂就一定是机械疲劳。因为不锈钢在活化态的腐蚀疲劳的确受到严重的腐蚀,但在钝化态的腐蚀疲劳,通常并看不到明显的腐蚀产物,而后者在不锈钢工程事故中却是经常会遇到的。

　　由于影响腐蚀疲劳的因素很多,且在很多情况下,腐蚀疲劳与应力腐蚀的断口有许多相似之处,因此,单凭断口特征来判断腐蚀疲劳是危险的,必须综合分析各种因素的作用,才能做出准确的判断。

　　(3)热疲劳断裂。金属材料由于温度梯度循环引起的热应力循环(或热应变循环)而产生的疲劳破坏现象,称为热疲劳破坏。热疲劳实质上是应变疲劳,热疲劳破坏起因于材料内部膨胀和收缩产生的循环热应变。

　　塑性材料抗热应变的能力较强,故不易发生热疲劳。相反,脆性材料抗热应变的能力较差,热应力容易达到材料的断裂应力,故易受热冲击而破坏。长期在高温下工作的零部件,由于材料组织的变化,原始状态是塑性的材料也可能转变成脆性或材料塑性降低,从而产生热疲劳断裂。

　　在高温下工作的构件通常会受到蠕变和疲劳的双重作用。在蠕变/疲劳的共同作用下,材料的损伤破坏模式与单纯蠕变或单纯疲劳加载完全不同,因为蠕变和疲劳属于两种不同类型的损伤过程,会产生不同形式的微观缺陷。

　　与腐蚀介质接触的部件还可能产生腐蚀性热疲劳裂纹。

　　典型的热疲劳失效表面疲劳裂纹呈龟纹状,如图 8-4 所示;根据热应力方向,也形成近似相互平行的多裂纹形态,图 8-5 所示为锅炉减温器套筒在交变的温差应力下产生的热疲劳裂纹。

图 8-4　热疲劳失效的表面裂纹呈龟纹状

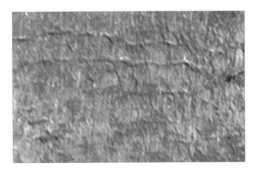

图 8-5　锅炉减温器套筒的热疲劳裂纹

　　由于热蚀作用,其微观断口上的疲劳辉纹粗大,有时还有韧窝花样。裂纹一般源于表面,裂纹扩展深度与应力、时间及温差变化相对应。热疲劳裂纹为多源。裂纹走向可以是沿晶型的,也可以是穿晶型的,一般裂纹端部较尖锐,裂纹内充满氧化物。

　　热疲劳断裂的宏观断口呈深灰色,并被氧化物覆盖。

　　对于疲劳失效分析,除了从断口上去寻找特有的微观特征外,还需从宏观断口特征、载荷特征、服役环境等方面进行综合分析,对断裂性质进行明确判断。

4）疲劳断裂失效的原因与预防

金属零件发生疲劳断裂的实际原因是多种多样的，归纳起来通常包括结构设计不合理、材料选择不当、加工制造缺陷、使用环境因素的影响以及载荷频率或方式的变化等。

（1）零件的结构形状。零件的结构形状不合理，主要表现在该零件中最薄弱的部位，即存在转角、孔、槽、螺纹等形状的突变而造成过大的应力集中，疲劳微裂纹易在这些部位萌生。

（2）表面状态。不同的切削加工方式（车、铣、刨、磨、抛光等）会形成不同的表面粗糙度，即形成不同大小和尖锐程度的小缺口。这种小缺口与零件几何形状突变所造成的应力集中效果是相同的。

（3）材料及其组织状态。材料选用不当或在生产过程中由于管理不善而错用材料会造成疲劳断裂。

表面处理（表面淬火、化学热处理等）可提高材料疲劳抗力，但由于处理工艺控制不当，导致马氏体组织粗大、碳化物聚集、过热等，常常导致零件的早期疲劳失效。组织的不均匀性，如非金属夹杂物、疏松、偏析、混晶等缺陷使疲劳抗力降低而成为疲劳断裂的重要原因。失效分析时，夹杂物引起的疲劳断裂是比较常见的，但分析时要找到真正的疲劳源难度比较大。

（4）装配与联接效应图。正确的拧紧力矩可使零件的疲劳寿命提高5倍以上。使用实践和疲劳试验表明，认为越大的拧紧力对提高连接的可靠性越有利的看法具有很大的片面性。

（5）使用环境。许多在腐蚀环境中服役的金属零件，在表面产生腐蚀坑，由于应力集中的作用，疲劳断裂往往易于在这些地方萌生。

（6）载荷频谱。许多重要的工程结构件大多承受复杂循环加载。在相同等效应变幅值、不同应变路径下，非比例加载低周疲劳寿命远小于单轴拉压低周疲劳寿命。非比例加载低周疲劳寿命强烈依赖于应变路径，与各种应变路径下的非比例循环附加强化程度有直接关系。

预防上述疲劳断裂发生的措施：改善构件的结构设计，提高表面精度，尽量减少或消除应力集中作用；提高零件的疲劳抗力。提高金属零件的疲劳抗力是防止零件发生疲劳断裂的根本措施，其基本途径有以下三个方面。

（1）延缓疲劳裂纹萌生的时间。延缓金属零件疲劳裂纹萌生时间的措施及方法主要有喷丸强化、细化材料的晶粒尺寸及通过形变热处理使晶界成锯齿状或使晶粒定向排列并与受力方向垂直等。

喷丸是提高材料疲劳寿命最有效的方法之一。镀铬前进行有效的喷丸处理可以弥补镀铬后材料抗疲劳性能的下降。

各种能够提高零件表面强度,但不损伤零件表面加工精度的表面强化工艺,如表面淬火、渗碳、渗氮、碳氮共渗、涂层、激光强化、等离子处理等,都可以提高零件的疲劳抗力,延缓疲劳裂纹的萌生时间。

(2)降低疲劳裂纹的扩展速率。发生疲劳微裂纹时,为了防止或减少疲劳裂纹增长,可以采取以下措施:对板材零件表面的局部裂纹可以采用打止裂孔的方法,即在裂纹扩张路径上钻孔以防止裂纹进一步扩展;零件内部的裂纹可采用扎孔法消除;采用刮磨法修复表面局部裂纹是有效的。此外,对于局部表面裂纹,也可以通过增加有效截面或补充金属条等措施来降低应力水平,防止裂纹继续扩大。

(3)提高疲劳裂纹门槛值。疲劳裂纹的门槛值 ΔK_{th} 主要决定于材料的性质。ΔK_{th} 值很小,通常只有材料断裂韧度的 $5\%\sim10\%$。ΔK_{th} 是材料的一个重要性能参数。对于一些要求有无限寿命、绝对安全可靠的零件,就要求它们的工作疲劳裂纹扩展 ΔK 值低于 ΔK_{th}。

正确地选择材料和制订热处理工艺是十分重要的。在静载荷状态下,材料的强度越高,所能承受的载荷越大;但材料的强度和硬度越高,对缺口敏感性也越大,这对疲劳强度是不利的,承受循环载荷的零件需特别注意这一点。根据疲劳强度对材料的要求,综合考虑下列几方面性能进行选材:材料在使用期内允许达到的应力值;材料的应力集中敏感性;裂纹扩展速度和断裂时的临界裂纹扩展尺寸;材料的塑性、韧性和强度指标;材料的抗腐蚀性能、高温性能和微动磨损疲劳性能等。

合理选择材料的先决条件是设计者要充分了解各种材料的各种力学性能和所适用的工作条件。

参 考 文 献

［1］ 吴广河,沈景祥,庄蕾.金属材料与热处理[M].北京:北京理工大学出版社,2018.

［2］ 崔占全,王昆林,吴润.金属学与热处理[M].北京:北京大学出版社,2010.

［3］ 黄超,余茜,肖明葵.材料力学[M].重庆:重庆大学出版社,2016.

［4］ 卢安贤.无机非金属材料导论[M].第3版.长沙:中南大学出版社,2018.

［5］ 张文钺.焊接冶金学(基本原理)[M].北京:机械工业出版社,1995.

［6］ 周振丰.焊接冶金学(金属焊接性)[M].北京:机械工业出版社,1996.

［7］ 胡特生.电弧焊[M].北京:机械工业出版社,1996.

［8］ 赵熹华.压力焊[M].北京:机械工业出版社,1989.

［9］ 李亚江,王娟,刘鹏,等.异种难焊材料的焊接及工程应用[M].北京:化学工业出版社, 2014.

［10］ 田锡唐.焊接结构[M].北京:机械工业出版社,1990.

［11］ 于启湛.非金属材料的焊接[M].北京:化学工业出版社,2018.

［12］ 许江晓.电站金属实用焊接技术[M].北京:中国电力出版社,2011.

［13］ 张全元.变电运行一次设备现场培训教材[M].北京:中国电力出版社,2015.

［14］ 郑玉平.智能变电站二次设备与技术[M].北京:中国电力出版社,2014.

［15］ 肖耀荣,高祖绵.互感器原理与设计基础[M].沈阳:辽宁科学技术出版社,2003.

［16］ 顾幸勇,陈玉清.陶瓷制品检测及缺陷分析[M].北京:化学工业出版社,2006.

［17］ 周勤勇,郭强,卜广全,等.可控电抗器在我国超/特高压电网中的应用[J].中国电机工程学报,2007,27(7):1-6.

［18］ 苑舜,崔文军.高压隔离开关设计与改造[M].北京:中国电力出版社,2007.

［19］ 徐国政,张节容,钱家骊,等.高压断路器原理和应用[M].北京:清华大学出版社,2000.

［20］ 左亚芳.GIS设备运行维护及故障处理[M].北京:中国电力出版社,2013.

［21］ 宋连库,宋有声,宋亚光.输电线路铁塔设计制造维护[M].黑龙江科学技术出版社, 1988.

［22］ 郭绍宗.国内外输电线铁塔的发展及展望[J].特种结构,1998,15(3):43-46.

［23］ 叶君.实用紧固件手册[M].北京:机械工业出版社,2002.

［24］ 董吉谔.电力金具手册[M].第3版.北京:中国电力出版社,2010.

［25］陈泉水,郑举功,任广元.无机非金属材料物性测试［M］.北京：化学工业出版社,2013.

［26］刘粤惠,刘平安.X射线衍射分析原理与应用［M］.北京：化学工业出版社,2003.

［27］刘晓星.现代仪器分析［M］.大连：大连海事大学出版社,2009.

［28］王永胜,陈春雷.自由边界固体圆柱中导波的频散与发射［J］.东北林业大学学报,1998(2)：56－60.

［29］陈厚.高分子材料分析测试与研究方法［M］.(第2版)北京：化学工业出版社,2018.

［30］王晓雷.承压类特种设备无损检测相关知识［M］.北京：中国劳动社会保障出版社,2007.

［31］全国锅炉压力容器标准化技术委员会.NB/T 47013—2015承压设备无损检测［S］.北京：新华出版社,2015.

［32］冷建成,赵瑞金,周国强,等.ACFM技术及其在钻修机械平台无损检测中的应用［J］.无损检测,2013(5)：48.

［33］强天鹏.射线检测［M］.昆明：云南科技出版社,2001.

［34］蔡晖等.发电厂与电网超声检测技术［M］.北京：中国电力出版社,2019.

［35］徐可北,周俊华.涡流检测［M］.北京：机械工业出版社,2009.

［36］沈功田.声发射检测技术及应用［M］.北京：科学出版社,2015.

［37］张国光.电气设备带电检测技术及故障分析［M］.北京：中国电力出版社,2015.

［38］国网山东省电力公司烟台供电公司.电网设备带电检测技术及应用［M］.北京：中国电力出版社,2017.

［39］刘斌,杨理践.长输油气管道漏磁内检测技术［M］.北京：机械工业出版社,2017.

［40］林俊明.漏磁检测技术及发展现状研究［J］.无损探伤,2006(1)：1－5.

［41］刘秀晨,安成强.金属腐蚀学［M］.北京：国防工业出版社,2002.

［42］孙智,江利,应鹏展.失效分析——基础与应用［M］.北京：机械工业出版社,2005.

［43］龚敏.金属腐蚀理论及腐蚀控制［M］.北京：化学工业出版社,2009.

［44］王凤平,康万利,敬和民,等.腐蚀电化学原理、方法及应用［M］.北京：化学工业出版社,2008.

［45］何玉怀.失效分析［M］.北京：国防工业出版社,2017.

［46］张九渊.表面工程与失效分析［M］.杭州：浙江大学出版社,2005.

索　引